Impulse Physik 2

MEDIZIN + PHYSIK

für die Oberstufe der Gymnasien

Idee und Konzept
Wieland Müller

Autoren
Frank Bittmann
Wieland Müller
Rolf Winter

Ernst Klett Verlag
Stuttgart Düsseldorf Leipzig

Das Unterrichtswerk ***Impulse* Physik 2** wurde von Reinhard Bayer, Wilhelm Bredthauer, Klaus Gerd Bruns, Gunter Klar, Prof. Dr. Michael Lichtfeldt †, Martin Schmidt, Peter Wessels entwickelt.

Der Themenband ***Impulse* Physik 2, *Medizin und Physik*** wurde von
Prof. Dr. Frank Bittmann (Universität Potsdam, Institut für Sportmedizin und Prävention),
Dr. Wieland Müller (Universität Potsdam, Institut für Physik – Didaktik der Physik) und
Dr. Rolf Winter (Universität Potsdam, Institut für Physik – Didaktik der Physik)
in Zusammenarbeit und Beratung mit
Prof. Dr. Michael Lichtfeldt † (Martin-Luther-Universität Halle-Wittenberg, Fachbereich Physik – Didaktik der Physik) und ***Prof. Dr. Gerald Moritz*** (Martin-Luther-Universität Halle-Wittenberg, Institut für Zoologie) verfasst.

Meinem Freund Michael Lichtfeldt gewidmet.

Potsdam, November 1998
Wieland Müller

Gedruckt auf Papier aus
chlorfrei gebleichtem Zellstoff,
säurefrei.

1. Auflage A 1 5 4 3 2 1 | 2002 2001 2000 99 98

Alle Drucke dieser Auflage können im Unterricht nebeneinander benutzt werden, sie sind untereinander unverändert. Die letzte Zahl bezeichnet das Jahr dieses Druckes.

Internetadresse: http://www.klett.de

Druck: Appl, Wemding
Einbandgestaltung: Alfred Marzell, Schwäbisch Gmünd
Grafik: Jörg Mair, Eching am Ammersee
Alfred Marzell, Schwäbisch Gmünd
Prof. Jürgen Wirth; Fachhochschule Darmstadt (Fachbereich Gestaltung)

ISBN 3-12-772561-2

Hinweise zur Gliederung des Buches

Dieses Buch soll Schüler/innen und Lehrer/innen durch den fachübergreifenden Unterricht aus der Sicht der Physik begleiten. Es bietet die Möglichkeit, die Themen selbständig durchzuarbeiten und durch Aufgaben zu festigen. Es enthält Informationen und Anregungen, um den traditionellen Physikunterricht interessanter und lebensverbundener zu gestalten.

Die Seiten im Buch sind so aufgebaut worden, dass ein rascher Überblick über deren Inhalt und Gedankengang möglich ist. Dabei werden die Informationen nur mit den tragenden physikalischen und fachübergreifenden Begriffen angeboten, um unnötige Verständnisschwierigkeiten zu vermeiden. Im Tabellenanhang finden sich zusätzliche Informationen.

Gliederung der Kapitel im Buch

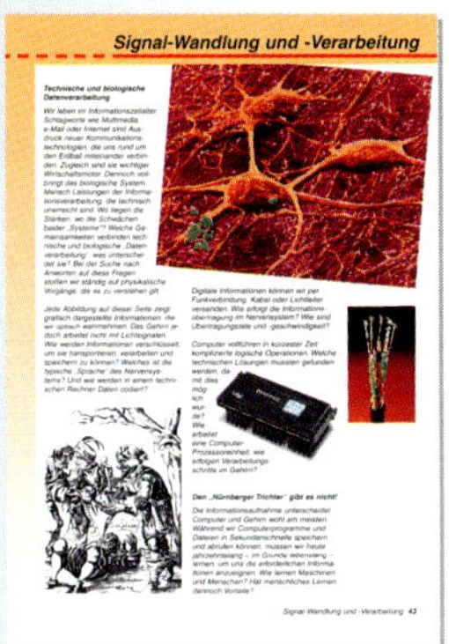

Kapitelbeginn

Überschrift mit Kennfarbe (siehe Inhaltsverzeichnis); die Überschrift wird auf den folgenden Seiten bei der Seitenzahl wiederholt.

Inhalt:
Probleme, die auf den folgenden Stoff hinführen.

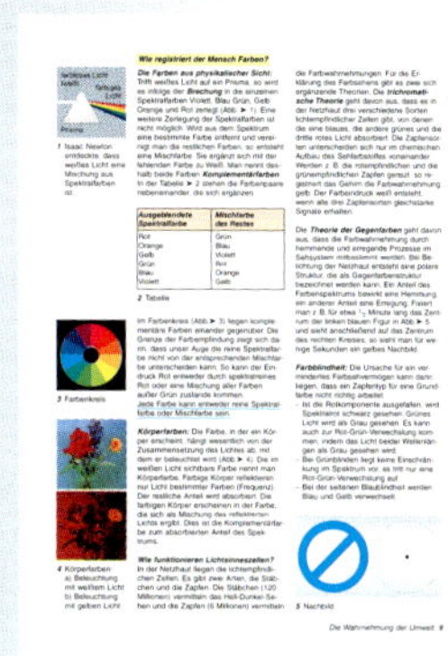

Ergänzungen

Überschriften sind gelb unterlegt.

Inhalt:
Weiterführender Stoff und Zusatzinformationen aus Umwelt, Technik und Geschichte.

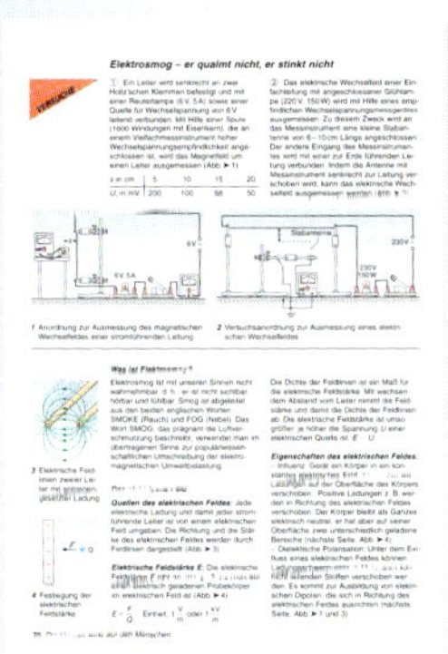

Versuche

Versuchsdreieck in Kapitelfarbe; verschiedene Versuche werden zu Beginn eines Paragraphen zusammengestellt.

Inhalt:
Beschreibung der grundlegenden Versuche, der Beobachtungen und Messergebnisse zur weiteren Auswertung.

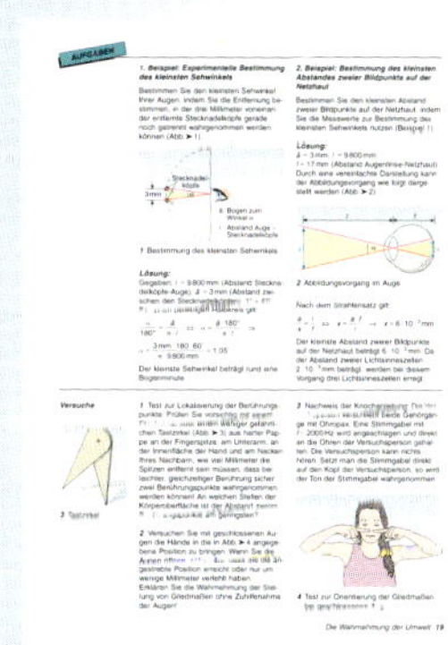

Aufgaben

Aufgabenmarke in Kapitelfarbe.

Inhalt:
Sie enthalten am Ende eines Kapitels zusammengefasste
- Lösungsbeispiele
- Heimversuche
- Fragen zu verschiedenen Stoffgebieten.

Grundwissen

Hauptteil des Buches mit dem notwendigen Wissensstoff.

Inhalt:
Problemgeschichte mit Begriffsdefinitionen, Erklärungen und Folgerungen aus Experimenten (unabhängig von speziellen Versuchsanordnungen).

Zur Orientierung

Inhaltsverzeichnis auf Seite 4
Stoffreihenfolge mit Kapitelkennfarben

Tabellen und Stichwortverzeichnis ab Seite 87
Wichtige Zusatzinformationen und Liste der Begriffe mit Fundstellen

Gefahrenhinweis zu den Versuchen
Sämtliche Versuche dürfen nur von der Lehrkraft oder unter ihrer Aufsicht durchgeführt werden. Fehlende Gefahrenhinweise bedeuten nicht, dass der Versuch immer gefahrlos ist.

Inhaltsverzeichnis

Die Wahrnehmung der Umwelt

Sehen

Das menschliche Auge – Fenster zur Außenwelt – sammelt seine Eindrücke, die uns mit der Realität verbinden. Auch der Fotoapparat liefert uns Bilder von der Realität. Haben Auge und Fotoapparat Gemeinsamkeiten?

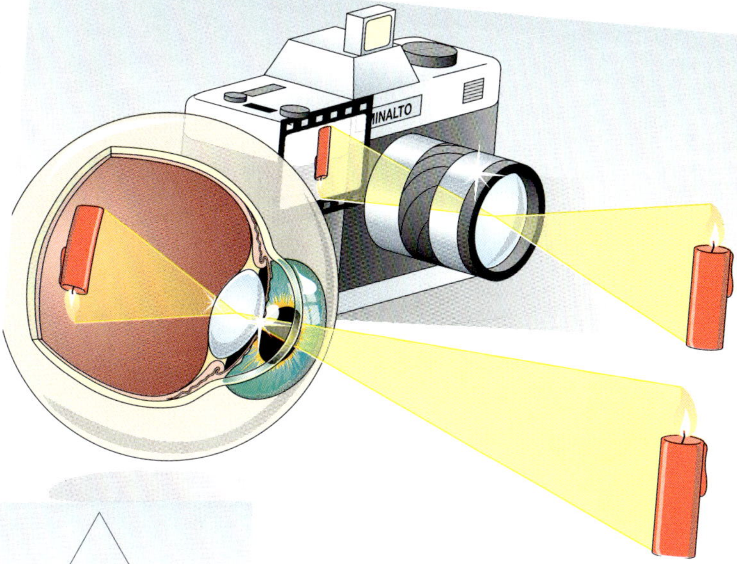

Fixiert man das Zentrum des roten Dreiecks mit einem Auge für etwa eine halbe Minute und blickt man dann auf das Zentrum des daneben stehenden weißen Dreiecks, so sieht man in der Umrahmung ein grünes Dreieck.

Hören

Beim Hören eines Musikstücks können wir deutlich einzelne Musikinstrumente identifizieren. Wie ist das möglich?

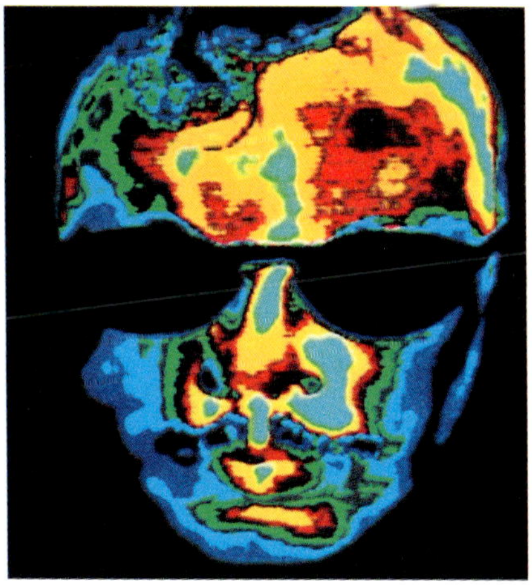

Fühlen

Wir unterscheiden warm und kalt, heiß und eisig. Wir sind aber nicht in der Lage, die genaue Temperatur des Badewannenwassers anzugeben. Warum ist das so? Thermogramme zeigen gut durchblutete und damit warme Gewebebereiche bzw. Gewebe mit geringer Durchblutung an.

Sehen

VERSUCHE

① Lässt man ein Lichtbündel schräg auf eine Wasseroberfläche fallen, so beobachtet man, dass das Lichtbündel beim Übergang von Luft in Wasser seine Ausbreitungsrichtung ändert; es wird gebrochen.

② Wir stellen eine brennende Kerze vor eine Sammellinse. Hinter der Sammellinse befindet sich ein verschiebbarer Schirm. Wir beobachten den Schirm bei unterschiedlichen Entfernungen zur Linse (Abb. ➤ 1). Bei einer bestimmten Entfernung entsteht ein scharfes Bild der Kerze. Verändern wir den Abstand der Kerze zur Linse, wird das Bild wieder unscharf.

③ Wir erzeugen mit weißem Licht und einem Prisma ein kontinuierliches Spektrum. Blenden wir das rote Licht aus und vereinigen das restliche Licht mit einer Sammellinse auf einen Fleck, erscheint dieser grün (Abb. ➤ 2). Blenden wir das gelbe Licht aus, entsteht ein blauvioletter Fleck.

④ Das Licht einer Lichtquelle mit großer Leuchtdichte wird durch einen Leuchtspalt von 0,1 mm Breite geschickt. Eine Sammellinse bildet den Spalt auf dem Schirm scharf ab. Bringt man in den Strahlengang einen dünnen Faden bzw. ein Haar, so registrieren wir auf dem Schirm keinen scharfen Schatten, sondern helle und dunkle Lichtstreifen (Abb. ➤ 3).

⑤ Das Millimeterraster eines Lineals kann in einer Entfernung von 3 m gerade noch getrennt wahrgenommen werden. Der zugehörige Sehwinkel beträgt eine Winkelminute (Abb. ➤ 4).

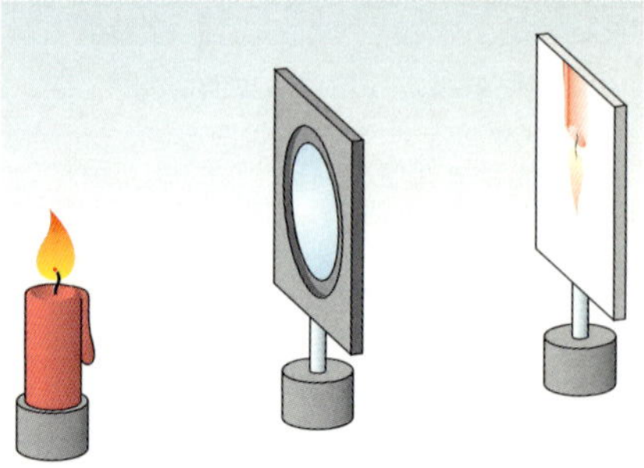

1 Bildentstehung bei der Sammellinse

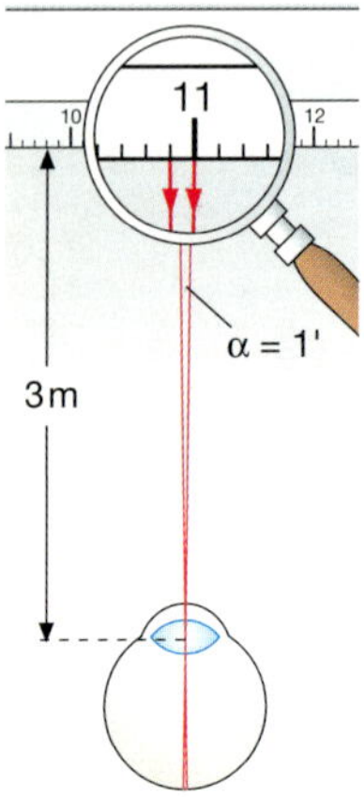

4 Bestimmung des kleinsten Sehwinkels

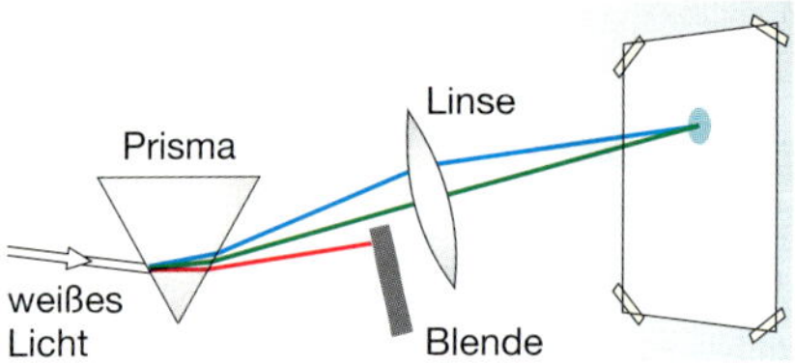

2 Zusammensetzung des weißen Lichts

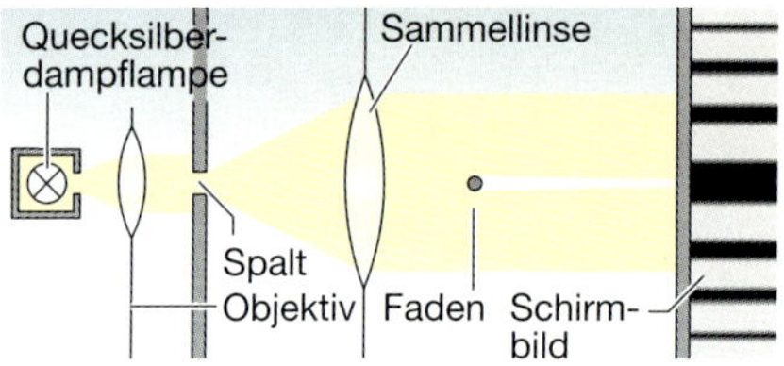

3 Beugung an einem Faden

Bilder auf der Netzhaut

Das Auge ist eines der wichtigsten menschlichen Sinnesorgane, das weitgehend nach physikalischen Gesetzen arbeitet. Es erzeugt ähnlich wie eine Kamera, Bilder auf einer lichtempfindlichen Schicht. Abb. ➤ 5 zeigt den inneren Aufbau des Auges. Durchsichtige Hornhaut, wassergefüllte Augenkammern, Augenlinse, Glaskörper, Regenbogenhaut (Iris) und Sehloch (Pupille) bilden das optische System des Auges.

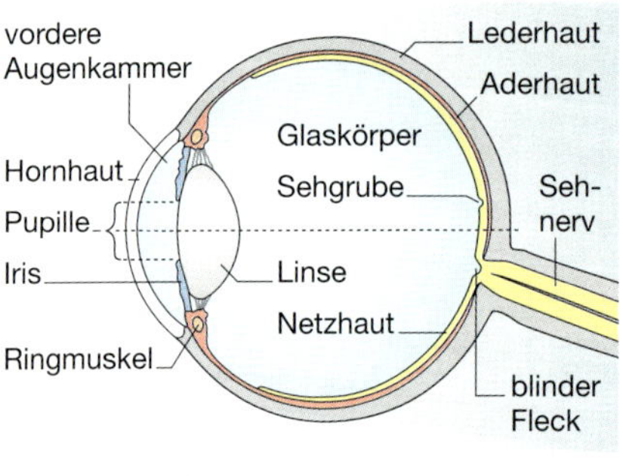

5 Optisches System des Auges

Um einen Gegenstand auf der Netzhaut abzubilden, müssen die vom Gegenstand parallel einfallenden Lichtbündel durch das optische System unserer Augen auf die Netzhaut vereinigt werden. Diese Aufgabe wird durch den Vorgang der ***Brechung*** realisiert.
Das Verhältnis der Ausbreitungsgeschwindigkeiten des Lichtes im Vakuum zu der in

Substrat	*n*
Lederhaut	1,37
Kammerwasser	1,33
Glaskörper	1,33
Linse	1,41

1 Brechungsindices der Materialien des Auges

Brechkraft bei Nahakkommodation
Hornhaut: 42 dpt
Linse: 32 dpt
insgesamt: 74 dpt

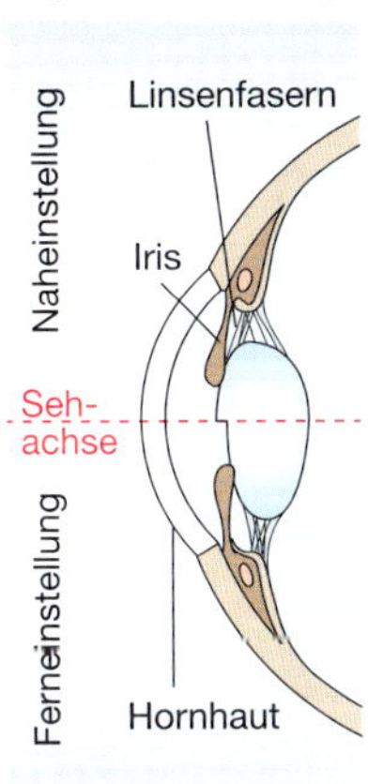

Brechkraft bei Fernakkommodation
Hornhaut: 42 dpt
Linse: 18 dpt
insgesamt: 60 dpt

2 Nah- und fernakkommodiertes Auge

einem bestimmten Medium wird als Brechungsindex n dieses Mediums bezeichnet.

$$\frac{c_{\text{Vakuum}}}{c_{\text{Medium}}} = n_{\text{Medium}}$$

Die Brechungsindices der einzelnen Medien des Auges weichen gering voneinander ab (Abb. ➤ 1). Eine nennenswerte Brechung findet an der Hornhautvorderfläche und der Augenlinse statt. Zur Angabe des Brechungsvermögens optischer Systeme wird neben der Brennweite auch der reziproke Wert $D = 1/f$ angegeben. Man bezeichnet die Größe D als die ***Brechkraft*** des optischen Systems. Ein optisches System hat die Brechkraft von einer Dioptrie (1 dpt), wenn es in Luft eine Brennweite von 1 m besitzt.

f in m	2,0	1,0	0,5	0,2	0,1
D in dpt	0,5	1,0	2,0	5,0	10,0

Die in Dioptrie (dpt) gemessene Brechkraft D einer Linse ist gleich dem Kehrwert der in Meter gemessenen Brennweite f.

Akkommodation – scharfes Sehen nah und fern

Man bezeichnet den Einstellungsvorgang des scharfen Abbildens eines fixierten Gegenstandes auf der Netzhaut als ***Akkommodation***. Nach der ***Linsengleichung*** entsteht dann ein scharfes Bild, wenn Bild- und Gegenstandsweite im umgekehrten Verhältnis stehen. Beim Menschen erfolgt die Regulierung der Brennweite durch Veränderung der Krümmung der Augenlinse. Bei Nahakkommodation wird die Linse stark, bei Fernakkommodation schwach gekrümmt (Abb. ➤ 2).
In Ruhe ist die Linse abgeplattet und hat damit Ferne eingestellt. Genaue Untersuchungen haben ergeben, dass der Krümmungsradius der Linsenvorderfläche sich

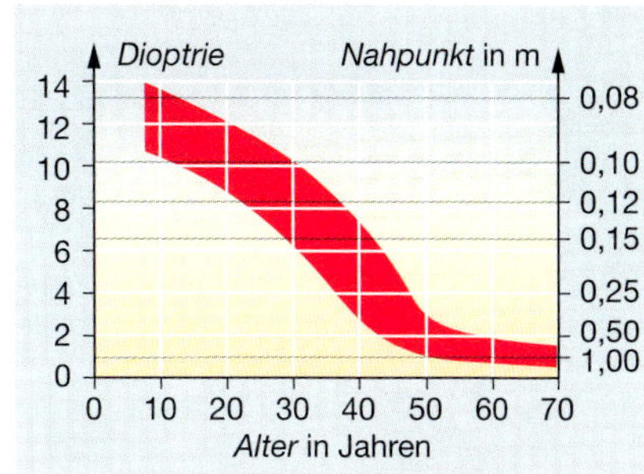

3 Altersabhängigkeit der relativen Veränderbarkeit der Brechkraft der Augenlinse

von 10 mm auf 6 mm, der der Linsenhinterfläche von 6 mm auf 5,3 mm ändern kann. Gleichzeitig schiebt sich die Linsenvorderfläche auch näher an die Hornhaut heran. Die Linsenkrümmung kommt dadurch zustande, dass die Linse auf Grund ihrer Elastizität stärker kugelförmig wird, wenn die Fasern, an denen sie aufgehängt sind, erschlaffen. Dieses Erschlaffen erfolgt durch Kontraktion des die Linse umgebenden Ziliarmuskels, an dem die Linse über die Aufhängefasern befestigt ist. Die Elastizität der Linse nimmt mit zunehmendem Alter ab (Abb. ➤ 3). Damit vermindert sich die Fähigkeit einer Nahakkommodation, sodass nahe Gegenstände im Alter nicht mehr scharf auf der Netzhaut abgebildet werden.

Sehfehler sind korrigierbar!

Bei ***Weitsichtigkeit*** können ferne Gegenstände deutlich gesehen werden. Gegenstände in der Nähe erscheinen unscharf (Abb. ➤ 4a). Die Ursache kann ein zu kurzer Augapfel sein. Bei Annäherung eines Gegenstandes an das Auge muss sich die Augenlinse immer mehr wölben, damit er scharf auf der Netzhaut abgebildet wird. Ist die größte Wölbung erreicht, so führt eine weitere Annäherung zu einem unscharfen Netzhautbild. Abhilfe kann eine Brille mit Sammellinse schaffen.
Manche Menschen können ferne Gegenstände nur unscharf sehen, im Nahbereich erscheint alles scharf. Die betroffenen Personen leiden an ***Kurzsichtigkeit***. Die Ursache kann auf einem zu langen Augapfel beruhen. Dies führt bei der Betrachtung eines zu weit entfernten Gegenstandes mit ferneingestelltem Auge dazu, dass das optische Bild vor der Netzhaut entsteht. Die Brechkraft des Auges ist zu groß. Abhilfe kann durch eine Zerstreuungslinse erreicht werden (Abb. ➤ 4b).

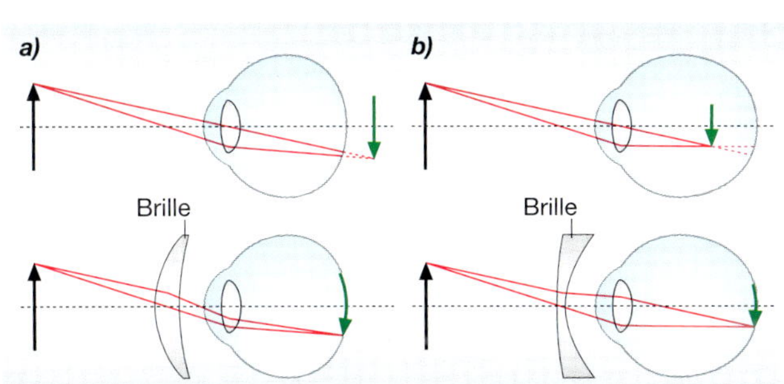

4 a) Weitsichtiges Auge und b) kurzsichtiges Auge

Die Sehschärfe unserer Augen

Um zwei Objekte getrennt wahrzunehmen, müssen die von ihnen ausgehenden Lichtbündel beim Eintritt ins Auge einen minimalen Winkel einschließen (Abb. ➤ 1). Betrachtet man z. B. zwei Stecknadelköpfe, so kann man sehr leicht feststellen, dass die getrennte Wahrnehmung dieser Objekte abhängig ist vom Abstand beider Stecknadelköpfe und von der Entfernung vom Auge. Der kleinste Sehwinkel α, den das menschliche Auge noch auflösen kann, beträgt eine Winkelminute.

Unter Sehschärfe versteht man die Fähigkeit, zwei getrennte Objekte gerade noch wahrzunehmen. Den Kehrwert des kleinsten Sehwinkels α bezeichnet man als räumliches Auflösungsvermögen *A* eines optischen Gerätes.

Das räumliche Auflösungsvermögen

Physiologische Ursache: Um einen Gegenstand scharf zu sehen, muss sein Bild auf mehrere (mindestens drei) Lichtsinneszellen fallen. Der Abstand zweier Lichtsinneszellen beträgt $2 \cdot 10^{-3}$ mm. Damit hat das minimale Sehfeld auf der Netzhaut einen Durchmesser von $6 \cdot 10^{-3}$ mm. Diesem Sehfeld entspricht ein Öffnungswinkel von 40´´ bis 56´´, d. h. rund eine Winkelminute.

Physikalische Ursache: Die Leistungsfähigkeit optischer Instrumente wird durch die Wellennatur des Lichtes eingeschränkt. Wir können dies am besten nachweisen, indem wir den Durchgang des Lichtes durch einen sehr dünnen Spalt betrachten. Am Schirm hinter dem Spalt sind Beugungserscheinungen zu beobachten. Auch an der Pupillenöffnung treten Beugungserscheinungen auf, sodass auf der Netzhaut Beugungsscheibchen der Gegenstandspunkte A und B entstehen (Abb.➤ 2). Die Objektpunkte müssen daher einen gewissen Mindestabstand haben, damit sich die Beugungsscheibchen nicht überdecken.

Das zeitliche Auflösungsvermögen

Lichtsinneszellen können nicht beliebig schnell zwei zeitlich kurz aufeinander folgende Lichtreize registrieren. Betrachten wir eine Pappscheibe, auf der in regelmäßigen Abständen schwarze Striche aufgetragen sind, so erkennen wir bei schneller Rotation nur noch eine graue Färbung der Scheibe. Werden an den Stellen der schwarzen Striche kleine Löcher angebracht (Abb. ➤ 3), so kann mit einer Lichtschranke die Anzahl der Hell-Dunkel-Übergänge pro Sekunde registriert werden. Sieht man weniger als 16 Übergänge pro Sekunde, so entsteht der Eindruck des Flackerns und Flimmerns. Bei 18 Übergängen pro Sekunde kommt es zu einer Verschmelzung der Empfindungen.

Die Überschreitung der Verschmelzungsfrequenz ist eine wesentliche Voraussetzung für die Film- und Fernsehaufnahme und Wiedergabe.

Die zeitliche Begrenztheit der Lichtreizwahrnehmung bezeichnet man als das zeitliche Auflösungsvermögen unserer Lichtsinneszellen.

Wie bestimmt der Arzt die Sehschärfe?

Der Arzt bestimmt die Sehschärfe, indem er Tafeln mit Zahlen, Buchstaben oder Zeichen in einem bestimmten Abstand vor das Auge des Patienten stellt. Bei normalsichtigem Auge erscheint die Strichdicke der Buchstaben bei einer bestimmten Leseentfernung (Sollentfernung) unter dem Sehwinkel von 1' (Abb. ➤ 4). Beträgt die Soll-Entfernung z. B. 5 m, so muss der Patient das Testzeichen und alle größeren in 5 m Entfernung erkennen. Erkennt er das Zeichen erst in 2 m Abstand, so beträgt die Sehschärfe 2/5. Das Verhältnis von Ist- und Soll-Entfernung wird als Visus (Sehschärfe) bezeichnet und muss normal 1 betragen. Werte kleiner als 1 bedeuten eine schlechte Sehschärfe.

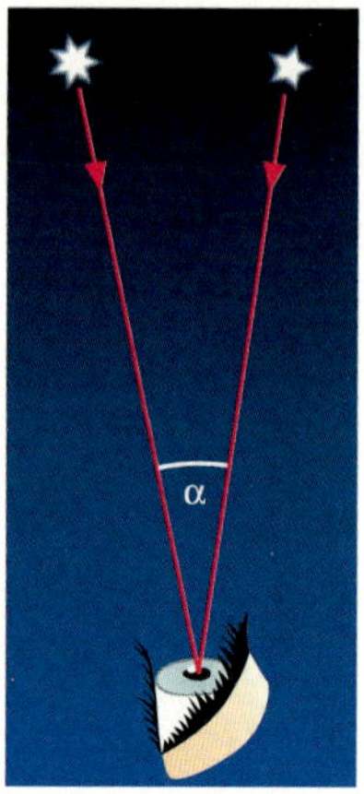

1 Sehwinkel

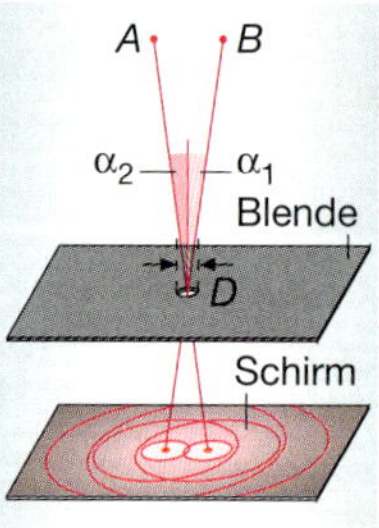

2 Interferenzmuster zweier gerade noch unterscheidbarer Beugungsscheibchen

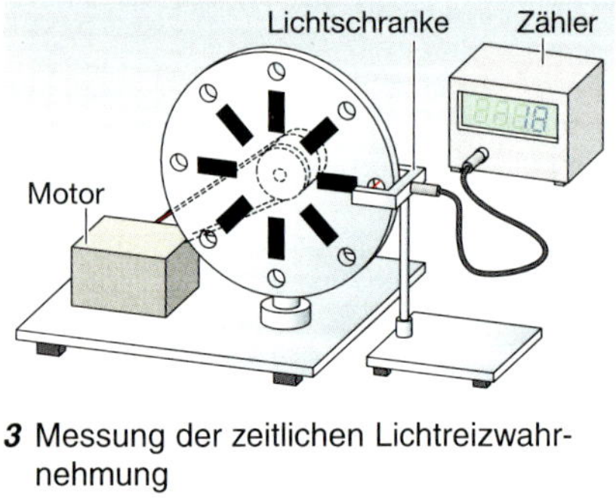

3 Messung der zeitlichen Lichtreizwahrnehmung

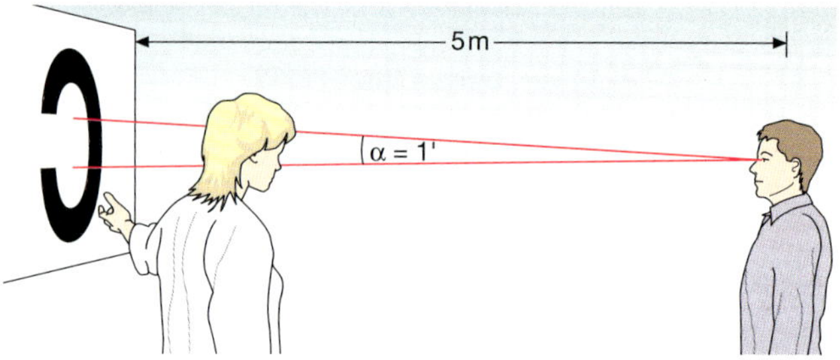

4 Bestimmung der Sehschärfe

Wie registriert der Mensch Farben?

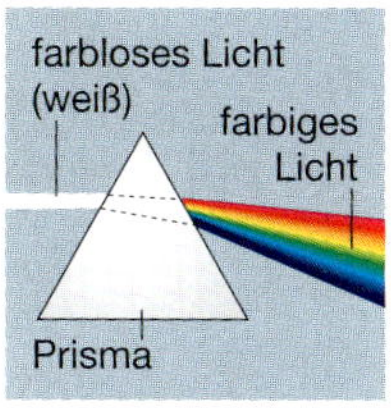

1 Isaac Newton entdeckte, dass weißes Licht eine Mischung aus Spektralfarben ist.

Die Farben aus physikalischer Sicht: Trifft weißes Licht auf ein Prisma, so wird es infolge der ***Brechung*** in die einzelnen Spektralfarben Violett, Blau Grün, Gelb Orange und Rot zerlegt (Abb. ➤ 1). Eine weitere Zerlegung der Spektralfarben ist nicht möglich. Wird aus dem Spektrum eine bestimmte Farbe entfernt und vereinigt man die restlichen Farben, so entsteht eine Mischfarbe. Sie ergänzt sich mit der fehlenden Farbe zu Weiß. Man nennt deshalb beide Farben ***Komplementärfarben***. In der Tabelle ➤ 2 stehen die Farbenpaare nebeneinander, die sich ergänzen.

Ausgeblendete Spektralfarbe	***Mischfarbe des Restes***
Rot	Grün
Orange	Blau
Gelb	Violett
Grün	Rot
Blau	Orange
Violett	Gelb

2 Tabelle

3 Farbenkreis

Im Farbenkreis (Abb.➤ 3) liegen komplementäre Farben einander gegenüber. Die Grenze der Farbempfindung zeigt sich darin, dass unser Auge die reine Spektralfarbe nicht von der entsprechenden Mischfarbe unterscheiden kann. So kann der Eindruck Rot entweder durch spektralreines Rot oder eine Mischung aller Farben außer Grün zustande kommen.
Jede Farbe kann entweder reine Spektralfarbe oder Mischfarbe sein.

4 Körperfarben:
a) Beleuchtung mit weißem Licht
b) Beleuchtung mit gelben Licht

Körperfarben: Die Farbe, in der ein Körper erscheint, hängt wesentlich von der Zusammensetzung des Lichtes ab, mit dem er beleuchtet wird (Abb.➤ 4). Die im weißen Licht sichtbare Farbe nennt man Körperfarbe. Farbige Körper reflektieren nur Licht bestimmter Farben (Frequenz). Der restliche Anteil wird absorbiert. Die farbigen Körper erscheinen in der Farbe, die sich als Mischung des reflektierten Lichts ergibt. Dies ist die Komplementärfarbe zum absorbierten Anteil des Spektrums.

Wie funktionieren Lichtsinneszellen?

In der Netzhaut liegen die lichtempfindlichen Zellen. Es gibt zwei Arten, die Stäbchen und die Zapfen. Die Stäbchen (120 Millionen) vermitteln das Hell-Dunkel-Sehen und die Zapfen (6 Millionen) vermitteln die Farbwahrnehmungen. Für die Erklärung des Farbsehens gibt es zwei sich ergänzende Theorien. Die ***trichromatische Theorie*** geht davon aus, dass es in der Netzhaut drei verschiedene Sorten lichtempfindlicher Zellen gibt, von denen die eine blaues, die andere grünes und die dritte rotes Licht absorbiert. Die Zapfensorten unterscheiden sich nur im chemischen Aufbau des Sehfarbstoffes voneinander. Werden z. B. die rotempfindlichen und die grünempfindlichen Zapfen gereizt, so registriert das Gehirn die Farbwahrnehmung gelb. Der Farbeindruck weiß entsteht, wenn alle drei Zapfensorten gleichstarke Signale erhalten.

Die ***Theorie der Gegenfarben*** geht davon aus, dass die Farbwahrnehmung durch hemmende und erregende Prozesse im Sehsystem mitbestimmt werden. Bei Belichtung der Netzhaut entsteht eine polare Struktur, die als Gegenfarbenstruktur bezeichnet werden kann. Ein Anteil des Farbenspektrums bewirkt eine Hemmung, ein anderer Anteil eine Erregung. Fixiert man z. B. für etwa $\frac{1}{2}$ Minute lang das Zentrum der linken blauen Figur in Abb.➤ 5 und sieht anschließend auf das Zentrum des rechten Kreises, so sieht man für wenige Sekunden ein gelbes Nachbild.

Farbblindheit: Die Ursache für ein vermindertes Farbsehvermögen kann darin liegen, dass ein Zapfentyp für eine Grundfarbe nicht richtig arbeitet.
- Ist die Rotkomponente ausgefallen, wird Spektralrot schwarz gesehen. Grünes Licht wird als Grau gesehen. Es kann auch zur Rot-Grün-Verwechslung kommen, indem das Licht beider Wellenlängen als Grau gesehen wird.
- Bei Grünblinden liegt keine Einschränkung im Spektrum vor, es tritt nur eine Rot-Grün-Verwechslung auf.
- Bei der seltenen Blaublindheit werden Blau und Gelb verwechselt.

5 Nachbild

Fühlen

VERSUCHE

1 Testen der Gewichtsunterschiedempfindlichkeit

① Wir wägen mit beiden Hände zwei Gegenstände mit nur geringfügig differierenden Gewichten, um den leichteren herauszufinden (Abb. ➤ 1). Welches sind die geringsten spürbaren Unterschiede? Wie gut ist unsere Sensibilität bei großen (z. B. Koffern) und bei kleinen (z. B. Briefe) Lasten? Mit großer Sicherheit und ohne Hilfsmittel kann man durch Abwägen mit den Händen Gewichtsunterschiede von 5 g zwischen zwei Briefen feststellen, nicht aber bei zwei schweren Koffern.

② Wir legen den Oberarm auf den Tisch. Der um 90° angewinkelte Unterarm weist senkrecht nach oben. Wir nehmen nach Gefühl vorgegebene Winkel zwischen 0° (gestreckt) und 90° ein. Mit einem Winkelmesser wird der tatsächliche Wert erfasst (Abb. ➤ 2). Auch ohne Augenkontrolle können wir relativ genau einstellen? In welchem Bereich sind wir besonders exakt?

③ Nachdem wir eine Hand in kaltem Wasser abgekühlt und die andere in warmem erhitzt haben, kommt uns lauwarmes Wasser im Vergleich beider unterschiedlich temperiert vor (Abb. ➤ 3). Testen wir dagegen mit den unterschiedlich warmen Händen statt des lauwarmen kaltes (ca 15 °C) oder heißes (ca 41 °C) Wasser (vorher Hände abtrocknen!), so stellen wir keinen Temperaturunterschied fest.

2 Nachweis des Muskelgefühls

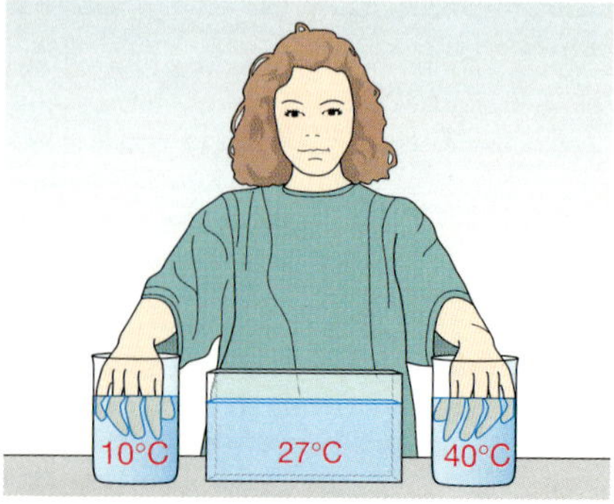

3 Drei-Schalen-Test

④ Alle Gegenstände, die sich schon längere Zeit in einem gleichmäßig warmen Raum befinden, haben die gleiche Temperatur. Die verschiedenen Materialien fühlen sich jedoch unterschiedlich warm an. Erklären Sie das Phänomen!

⑤ Wir legen einen kleinen Gegenstand z. B. ein Radiergummi auf den Unterarm und lassen ihn dort reglos liegen. Nach kurzer Zeit lässt das Kontaktgefühl nach und verschwindet schließlich.

Mechanorezeptoren der Körperoberfläche

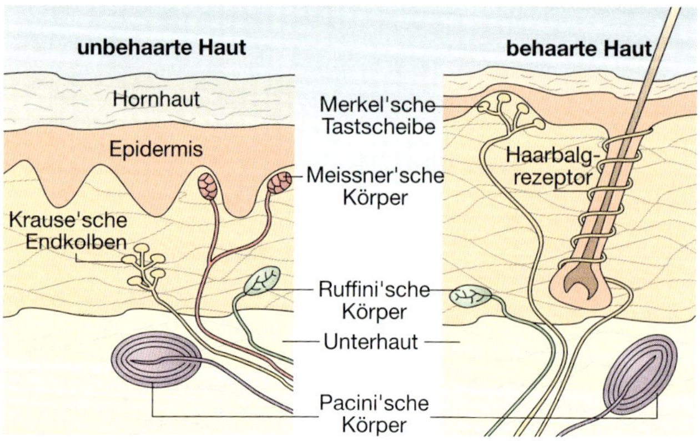

4 Mechanorezeptoren der Haut

Unser Tastempfinden ist an viele ***Rezeptoren*** in der Haut gekoppelt. Dabei gibt es offenbar recht unterschiedliche Gefühlsqualitäten des Tastens. Einige Rezeptoren liegen sehr oberflächlich (Abb. ➤ 4) und registrieren sehr feine Berührungen. Haarbalgrezeptoren erfassen über den vergleichsweise langen Hebelarm der Körperhärchen sogar einen Lufthauch über der Haut. Die Tastkörper in der Unterhaut erspüren dagegen tiefer einwirkenden Druck. Obgleich uns unser Tastempfinden als ein Sinn erscheint, so wird er doch von einer Vielzahl von „Spezialisten“ vermittelt. Ob Streicheln oder Kneifen, erst das Konzert der verschiedenen taktilen Rezeptoren ergibt das spezifische Gefühl.

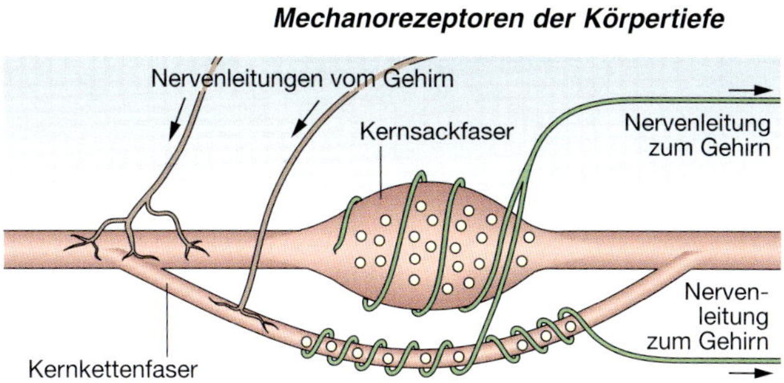

1 Muskelspindel mit Nervenverbindungen

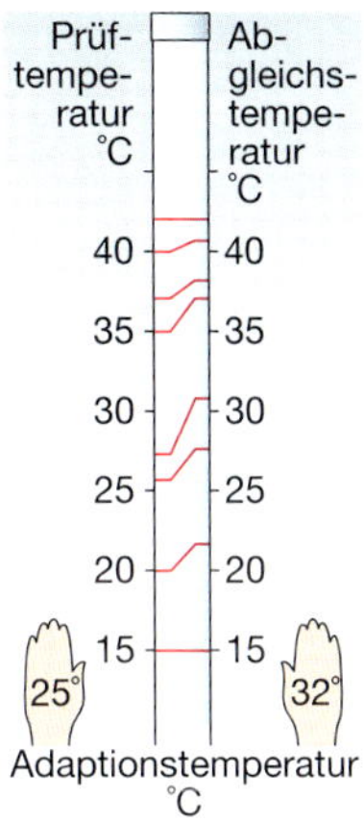

3 Abgleichsexperiment mit an verschiedene Temperaturen adaptierten Händen. Gleichwarm erscheinende Orte sind durch eine Linie verbunden.

Unser Körpergefühl resultiert nicht nur aus den Informationen von der Oberfläche. Wir erhalten auch Signale aus der Körpertiefe, vor allem von unserem Muskel-Skelett-System („Muskelsinn"). Besondere Rezeptoren (Propriozeptoren) geben Aufschluss über Muskelspannungen, Bewegungen der Gelenke und Bänderzug. Diese Art der Rezeptoren reagiert in der Regel auf Zugbelastung. Das Muskelgefühl liefern uns die ***Muskelspindeln*** (Abb. ➤ 1). Sie messen Drehspannungen im Muskel. Durch sie ist es uns möglich, Bewegungen zu erfühlen, ohne sie zu sehen. Die Besonderheit der Muskelspindeln besteht darin, dass ihr Messbereich – und damit ihre Sensibilität – einstellbar ist. Gemeinsam mit dem Rückenmark regulieren sie als Mess- und Stellglied die Muskelspannung. Wir sind daher ohne Augenkontrolle in der Lage, Gliedmaßen nach vorgegebenen Maßen einzustellen.

Temperaturempfinden

Auch bei der Temperaturmessung gibt es „Spezialisten". Wir verfügen über thermosensible Nervenursprünge für Wärme und solche für Kälte. Betrachtet man deren Funktion, so wird klar, dass für das biologische System weniger das physikalische Temperaturkontinuum (etwa einem Thermometer entsprechend) relevant ist, sondern die Erhaltung des Lebens. Deshalb „messen" wir besonders exakt die kritischen Temperaturen unter 28 °C und um die 40 °C. Abb. ➤ 2 zeigt die Spezialisierung der ***Thermorezeptoren***. Sie erklärt auch, wieso wir im Kalt- und Warmbereich selbst bei unterschiedlich vorgewärmter Haut (siehe Versuch 3) die Temperatur relativ genau erspüren (Abb. ➤ 3). Interessant ist auch, dass die Kälterezeptoren auch bei Temperaturen oberhalb der 45 °C „anspringen". Das erklärt die paradoxe Kälteempfindung, die wir registrieren, wenn wir in sehr heißes Wasser fassen.

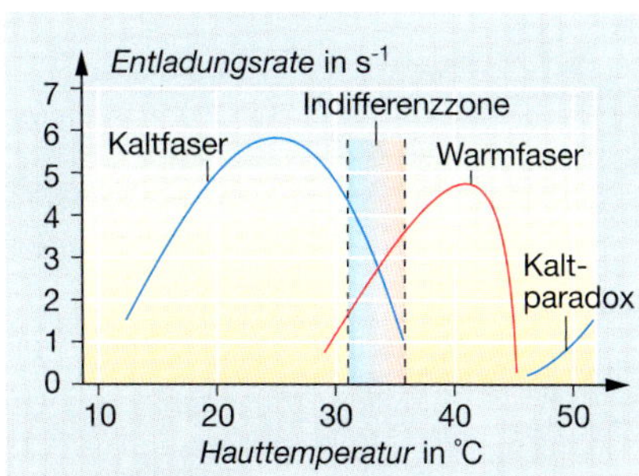

2 Entladungsrate der Kälte- und Wärmerezeptoren in Abhängigkeit von der Hauttemperatur

Verschiedene Materialien, die die gleiche Temperatur haben, führen zu unterschiedlichen Temperaturempfindungen; hölzerne Gegenstände fühlen sich wärmer an als metallene. Eine Erklärung für dieses Phänomen liefert die unterschiedliche Wärmeleitfähigkeit der Materialien in Verbindung mit der Empfindlichkeit der Temperaturrezeptoren gegenüber Reizänderungen. Berührt die warme Hand einen kälteren Gegenstand, so findet ein Wärmeaustausch statt. In guten Wärmeleitern (Metall) fließt die thermische Energie schnell ab, so dass zwischen Hand und Gegenstand mehr Wärme pro Zeiteinheit übergeht als bei schlechten Wärmeleitern (Holz). Dadurch werden die Kälterezeptoren stärker gereizt und der metallische Gegenstand wird als kälter empfunden.

Umfangreiche Beobachtungen haben ergeben, dass Kälterezeptoren schneller reagieren als Wärmerezeptoren. Das lässt darauf schließen, dass die Kälterezeptoren näher an der Hautoberfläche liegen. Betäubt man die obersten Hautschicht, so fällt nur die Kälteempfindung aus.

Sensoren adaptieren

Viele ***Sensoren*** zeigen Adaptation an monotone Reize. Die an das Nervensystem gesendeten Erregungen gehen dabei langsam zurück. Dies ist auch sinnvoll, denn wozu sollte uns beispielsweise ständig das Tragegefühl der Kleidung auf der Haut gemeldet werden? Unnötige Signale werden so unterdrückt, das Nervensystem wird entlastet. So lässt sich die Erscheinung erklären, dass ein auf der Haut liegender Gegenstand nach kurzer Zeit kein Kontaktgefühl mehr signalisiert.

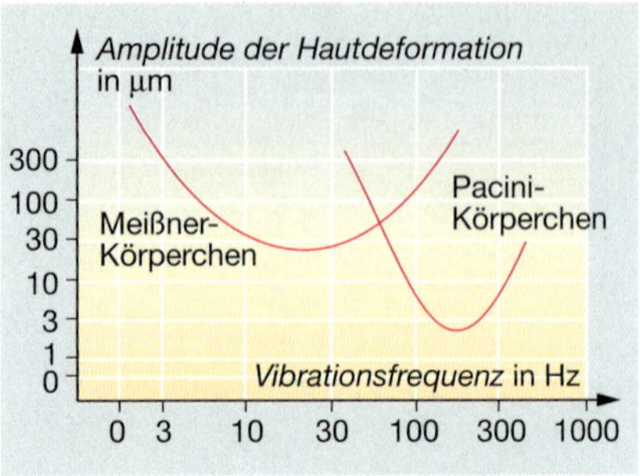

1 Frequenzabhängigkeit der Schwellenreizstärke der Vibrationsempfindung

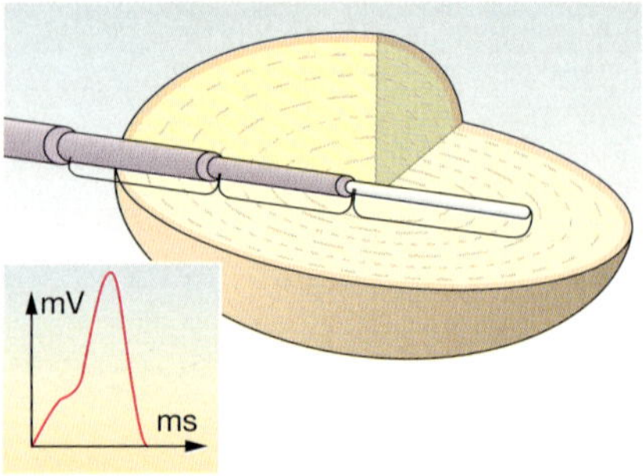

3 Tastkörperchen mit Aktionspotential

Vibrationsempfinden

Adaptierende Sinneszellen reagieren also in erster Linie auf Reizveränderungen. Reizt man die Haut mit leichten sinusförmigen mechanischen Vibrationen, so zeigt sich ein Zusammenhang zwischen der Sensibilität der Rezeptoren und der Frequenz dieser Schwingungen (Abb. ➤ 1). Während das Minimum der zur Reizung erforderlichen Amplitude – und damit die höchste Erregbarkeit – bei den meisten Tastrezeptoren unter 50 Hz liegt, sprechen die tief liegenden ***Pacini-Körperchen*** am besten bei Frequenzen um 200 Hz an. Offenbar gibt es eine Art Resonanzfrequenz für bestimmte Rezeptorentypen.

Gleichgewicht (Drehsinn)

Das Gleichgewichtsgefühl gehört zu unserer Sensorik. Für die Erfassung von Lageveränderungen des Kopfes ist das Labyrinth im Innenohr zuständig (Abb. ➤ 2a). Dieses besteht im Wesentlichen aus drei flüssigkeitsgefüllten Bogengängen, in die mikroskopisch feine Sinneshärchen hineinragen. Diese registrieren jede Flüssigkeitsbewegung (Abb. ➤ 2b).

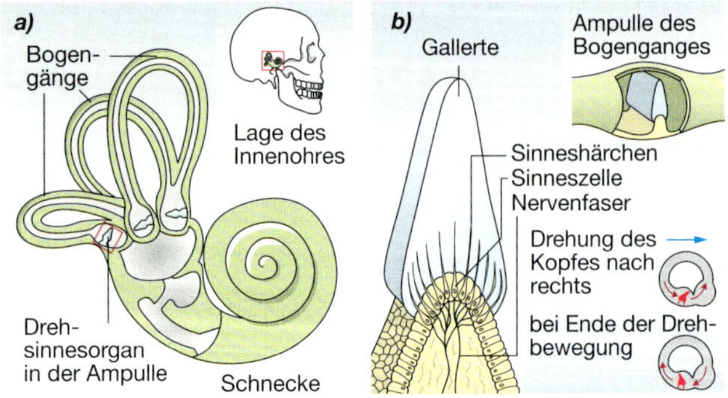

2 Bogengänge des Gleichgewichtsorgans

Funktionsweise der Tastkörperchen

Worin besteht die besondere Leistung eines ***Tastkörperchens***? Es übersetzt den von außen einwirkenden Reiz des ***Druckes*** auf die Haut in ein elektrisches Signal. Erst dieses „versteht" unser Nervensystem, denn es kann den Druck nicht direkt spüren. Während dieses biologischen Vorgangs laufen physikalische und chemische Prozesse ab. Vor der Erregung besteht eine Potentialdifferenz zwischen Zellinnerem (negativ) und Zelläußerem (positiv) des an den Rezeptor „angeschlossenen" Nervenursprungs. Dieses ***Ruhepotential*** wird durch die Nervenzellmembran, die als Ionen- und damit Ladungspumpe fungiert, aufrechterhalten. Während der mechanischen Einwirkung auf das Tastkörperchen wird dieses verformt. Hierbei treten Ionenumverteilungen an den zwiebelhautartig übereinander geschichteten Membranen des Rezeptors auf. In der Folge kippt das Ruhepotential. Für Millisekunden entsteht ein umgekehrt polarisierter elektrischer Impuls (Abb. ➤ 3). Der Nerv wird erregt.

Was ist Schmerz?

Schmerz ist im Unterschied zu Druck, Temperatur oder Vibration keine physikalische Größe, die wir objektivieren könnten. Er entsteht erst als „Rechenergebnis" aus verschiedenen dem Gehirn zugeführten Signalen und wird uns als Empfindung bewusst. Rezeptoren erfassen also nicht Schmerz, sondern liefern Informationen über Störungen zu. Man spricht daher nicht von Schmerzrezeption, sondern von ***Nozizeption*** (Vorgang der Schmerzempfindung). Man geht davon aus, dass freie Nervenendigungen als Nozizeptoren fungieren, wobei bestimmte körpereigene Stoffe als chemische Boten wirken.

Sinnesorgane auf dem Prüfstand

VERSUCHE

① Wir legen einer Versuchsperson abwechselnd Münzen unterschiedlicher Temperatur auf die Stirn. Können wir mit unseren Sinnesorganen gleich schwere Münzen herausfinden?

② Untersuchen Sie die Wärme- und Kältepunkte auf dem Unterarm Ihrer Mitschülerin oder Ihres Mitschülers! Benutzen Sie dazu 10 cm lange Nägel, die in heißem bzw. eisgekühltem Wasser bereitgestellt werden. Mit jeweils einem gut abgetrockneten Nagel wird eine Fläche von 5 × 5 cm abgetastet. Kälte- und Wärmepunkte werden mit verschiedenen Filzstiften markiert.

③ Mit Hilfe einer Nadel untersuchen wir vorsichtig die Verteilung der Tastpunkte auf unserer Haut. Wir beginnen am Handrücken, überprüfen danach die Handinnenfläche, den Unterarm und andere Hautregionen.

Topographie des Fühlens

Tastsinn: Unsere Haut erscheint uns als homogenes Sinnesorgan. Wenn wir eine Fläche berühren, registrieren wir ein komplexes Gefühl von Temperatur, Oberflächenbeschaffenheit, Material und Gewicht.

Die Entstehung dieser Sinneseindrücke ähnelt der des optischen Eindrucks beim Sehen. Das optische Bild setzt sich beim Sehen aus vielen Einzelpunkten zusammen. Ähnlich ist es beim Tastsinn. In der Lederhaut sind unzählige feinste Tastsinnesorgane (Druckpunkte) eingelagert, die auf Berührungsreize ansprechen. Am zahlreichsten sind sie in der Fingerbeere (100 – 200 je cm^2) sowie in den Händen und den Fußsohlen. Der Abstand zweier Punkte, deren Berührung noch getrennt wahrgenommen werden kann, beträgt an der Fingerbeere etwa 2 mm, am Unterarm 15 mm und am Oberarm 68 mm.
Ein blinder Mensch „liest" mit seinem Tastsinn. Da man im Höchstfall sechs Tastreize gleichzeitig unterscheiden kann, besteht der Grundbuchstabe in der Blindenschrift aus sechs Höckern (Abb. ➤ 2).

Beim Tasten ist zu berücksichtigen, dass das Tastempfinden von der Temperatur des jeweiligen Gegenstandes beeinflusst wird. Durch höhere Temperaturen wird der Tastsinn verstärkt. Der entsprechende Gegenstand erscheint schwerer. Dieser Effekt weist nach, dass unsere Tastsinnesorgane auch auf thermische Einflüsse reagieren.

Temperatursinn: Unsere Haut ist nicht nur mit vielen Punkten übersät, die speziell für taktile Reize stark bzw. weniger stark empfindlich sind, sondern auch mit besonders temperaturempfindlichen Punkten. Wir können auf unserer Haut mit Hilfe wärmeentziehender bzw. wärmeübertragender spitzer Gegenstände (z. B. heiße und kalte Nägel) solche Wärme- und Kältepunkte lokalisieren (Abb. ➤ 3).

Schmerzsinn: Schmerzempfindlich sind alle lebenden Teile des Körpers. Auf der Haut findet man Schmerzpunkte, die bei geringem Berührungsdruck, z. B. mit spitzen Kaktusstacheln, Schmerzempfindungen wie bei einem Stich liefern. Zwischen den Schmerzpunkten ist die Empfindlichkeit wesentlich geringer.

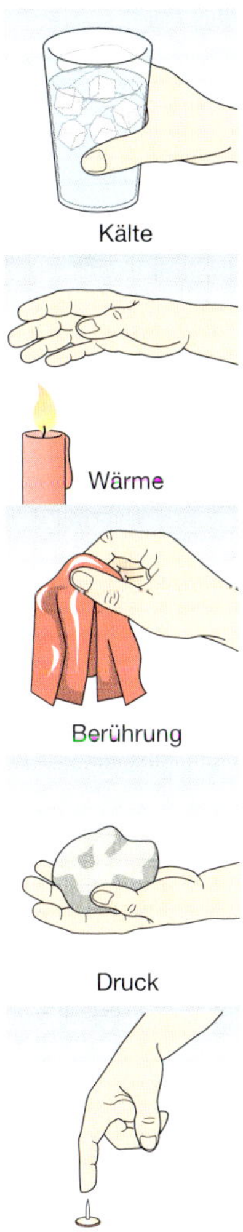

1 Sinnesorgane registrieren

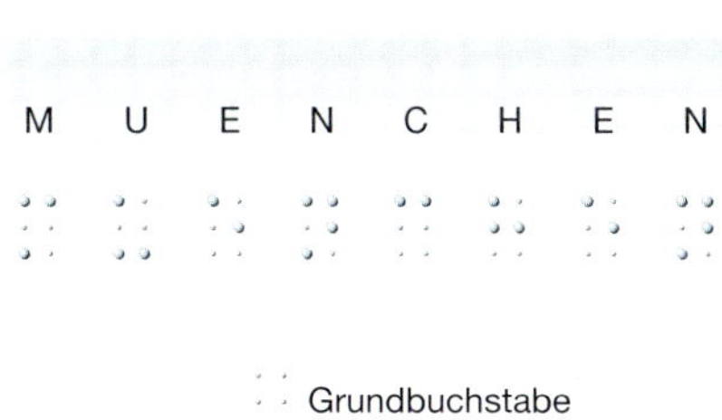

2 Das Wort „München" in Blindenschrift

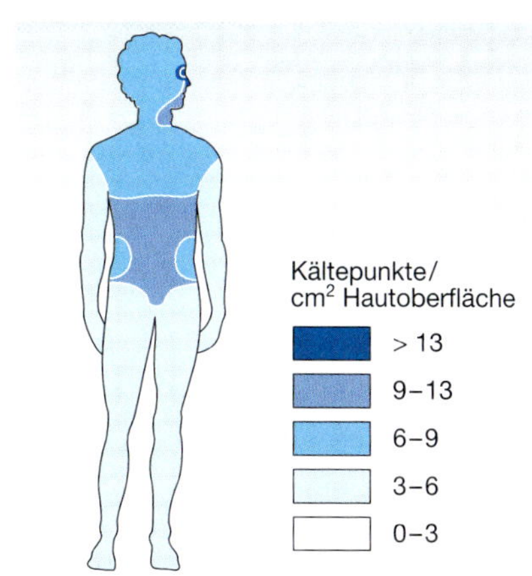

3 Verteilung der Kältepunkte

Hören

VERSUCHE

① Ein Mikrofon wird an die Y-Platten eines Oszilloskops angeschlossen. Wir untersuchen den Schall verschiedener Schallquellen und vergleichen die auf dem Oszilloskop dargestellten Bilder mit unseren Hörempfindungen. Als Schallquellen werden verwendet :
eine angeschlagene Stimmgabel (Ton), eine gestrichene Geigensaite (Klang), Papier, das zusammengeknüllt wird (Geräusch), ein auf den Tisch geschlagenes Lineal (Knall) (Abb. ➤ 1).

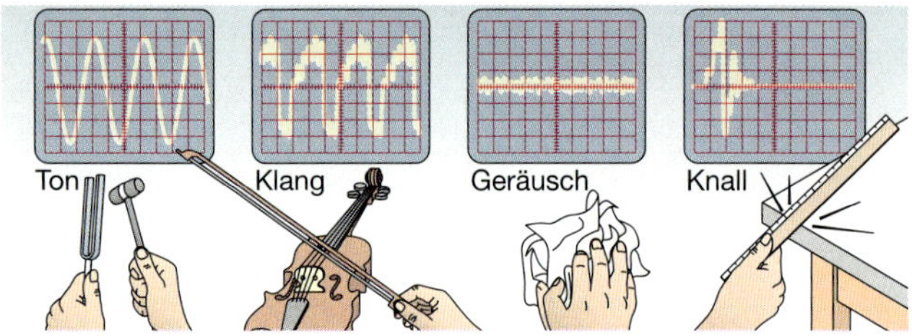

1 Bilder verschiedener Schallquellen auf dem Oszilloskop

② Zwei Schallquellen mit gleicher Leistung (z. B. 2 Piezofone) werden nacheinander eingeschaltet. Man erkennt, dass die Verdopplung der Zahl der Schallquellen nur zu einer geringfügigen Lautstärkeerhöhung führt. Erst die Verzehnfachung der Schallquellen ruft eine doppelte Lautstärkeempfindung hervor.
Die Schallquellen sollten dabei mit geringer Lautstärke betrieben werden.

③ Ein Lautsprecher und ein Frequenzzähler werden an einen Sinusgenerator angeschlossen. Dann wird die Frequenz der Sinusschwingung bei konstanter Amplitude (Schallstärke) geändert.
Man erkennt deutlich, dass bei hohen und besonders bei tiefen Frequenzen das Ohr eine geringere Empfindlichkeit besitzt.
Um bei diesen Frequenzen ein gleichlautes Hörempfinden zu erreichen, muss man die Amplitude der Schwingung entsprechend erhöhen.

Was haben Mikrofon und Ohr gemeinsam?

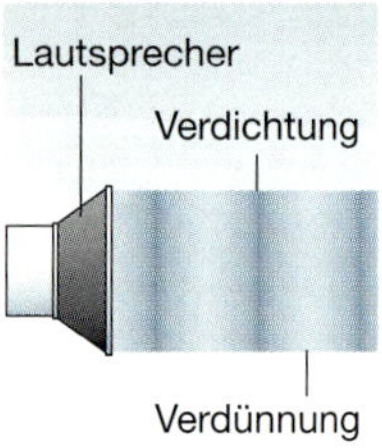

2 Schallwellen sind Longitudinalwellen

Der ***Schall*** (Luftschallwellen) ist dadurch gekennzeichnet, dass sich regelmäßig ändernde Luftdruckschwankungen auftreten (Abb. ➤ 2). Die Luftdruckschwankungen versetzen z. B. die Membran eines Mikrofons in mechanische Schwingungen. Die Membran ist mit einer Drahtspule in einem Magnetfeld gekoppelt. Schwingt die Membran, so entsteht in der Spule durch Induktion eine elektrische Wechselspannung. Da dieses elektrische Mikrofonsignal sehr schwach ist, muss es verstärkt werden, so dass es gesendet, aufgezeichnet oder durch Lautsprecher wiedergegeben werden kann. Im menschlichen Ohr treffen die Schallwellen auch zunächst auf eine Membran (Trommelfell) und versetzen diese in mechanische Schwingungen. Diese Schwingungen müssen ebenfalls wie beim Mikrofon verstärkt werden, um sie den Hörsinneszellen zuzuführen.

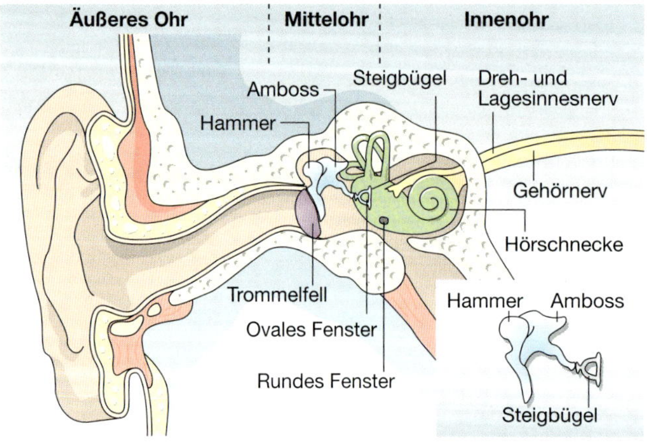

3 Der Aufbau des menschlichen Ohres; Gehörknöchelchen

Das Ohr als Gehörorgan

Das menschliche Ohr besteht aus drei voneinander abgrenzbaren Bereichen: das Außenohr, das Mittelohr und das Innenohr (Abb. ➤ 3). Das Außenohr besteht aus der Ohrmuschel und dem äußeren Gehörgang. Mit der Ohrmuschel wird der Schall aufgenommen und über den Gehörgang auf das Trommelfell geleitet. Ohrmuschel und Gehörgang bilden dabei ein aufeinander abgestimmtes System, das im Optimum unserer Hörempfindlichkeit arbeitet. Das Trommelfell markiert die Grenze zwischen äußerem Ohr und Mittelohr. Es wird durch die Schallwellen im Gehörgang in Schwingungen versetzt, die über die Gehörknöchelchen des Mittelohrs (Hammer, Amboss und Steigbügel) in das innere Ohr geleitet werden. Die Gehörknöchelchen übertragen dabei die Trommelfellschwingungen auf eine Membran des ovalen Fensters.

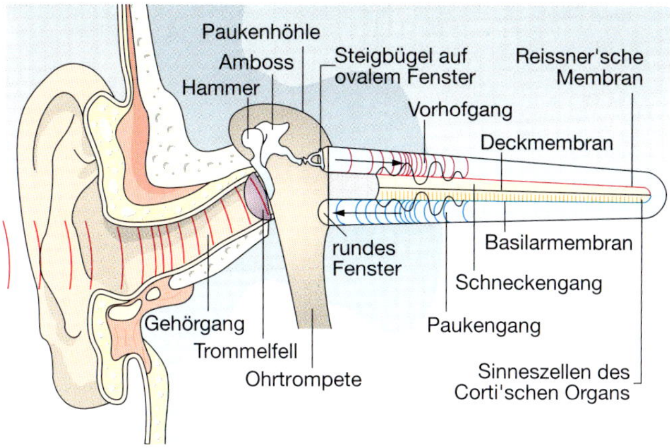

1 Der Bau des Innenohrs (schematisch)

Aufgrund des Flächenverhältnisses von Trommelfell und ovalem Fenster sowie aufgrund der Hebelwirkung der Gehörknöchelchen wird dabei der Schalldruck 20fach verstärkt. Über die Membran des ovalen Fensters, die das Mittelohr zum Innenohr abschließt, gelangen die Schwingungen zur Schnecke, die das eigentliche Hörsinnesorgan, das ***Corti'sche Organ***, enthält (Abb. ➤ 1). Dort werden die Schallschwingungen in elektrische Impulse umgesetzt. Die Schnecke ist ein aufgerollter, flüssigkeitsgefüllter Schlauch, der in Abb. ➤ 1 langgestreckt dargestellt wurde. In ihm sitzen über seine gesamte Länge die Hörsinneszellen, die mit steifen Härchen in die Flüssigkeit ragen. Durch die sich in der Flüssigkeit ausbreitenden Wanderwellen werden die Härchen verbogen, wobei dieses Abbiegen die elektrische Erregung der betreffenden Hörzellen auslöst. Die elektrischen Impulse laufen über ein ziemlich kompliziertes und vernetztes System von Nervenfasern zum Gehirn, wo sie als Tonwahrnehmung bewusst werden.

Wilhelm Eduard Weber
(1804–1891)

Der Weg des Schalls von der Aufnahme bis in das Innere des Ohres kann aber neben der bisher beschriebenen ***Luftleitung*** über Gehörgang, Trommelfell, Gehörknöchelchen und ovales Fenster auch noch über die ***Knochenleitung*** erfolgen. Diese hat es letztendlich Beethoven ermöglicht, trotz aufgetretener Taubheit weiter komponieren zu können. Er biss auf einen Holzstock, dessen anderes Ende er an das Klavier hielt. Der Schall wird dabei über die Schwingungen der Schädelknochen zu den Sinneszellen in der Schnecke geleitet. Die Knochenleitung ist jedoch wesentlich schwächer als die Luftleitung.

Gustav Theodor Fechner
(1801–1887)

Drei Besonderheiten des Gehörs

– Das Ohr arbeitet „logarithmisch": Was wir als Lautstärke empfinden, hängt von der Intensität bzw. dem Schalldruck des Schallereignisses ab. Je größer die Schalldruckamplitude ist, desto lauter hören wir einen Ton, einen Klang oder ein Geräusch. ***Wilhelm E. Weber*** und ***Gustav T. Fechner*** fanden heraus, dass der Zusammenhang zwischen subjektiv empfundener Lautstärke und objektiv messbarer Schalldruckamplitude aber nicht linear, sondern (dekadisch) logarithmisch ist. Dieses Phänomen findet man übrigens auch bei anderen Sinnesorganen.
Bei der Beschreibung unserer Sinne muss also streng zwischen dem Reiz als der objektiv gegebenen physikalischen Ursache und den subjektiven Empfindungen als Widerspiegelungen bestimmter Eigenschaften des Reizes (z. B. der Intensität) im menschlichen Bewusstsein unterschieden werden. D. h., der Schall kann sowohl aus physikalischer als auch aus physiologischer Sicht beschrieben werden. Die physikalische Beschreibung erfolgt unter anderem mit Hilfe des Schalldrucks (Einheit Pa) und der Schallleistung (Einheit W).

Da das menschliche Gehör auf einen sehr großen Bereich dieser Größen anspricht, sind sie für die quantitative Beschreibung nicht besonders gut geeignet. Aus diesem Grunde hat man die sogenannten Pegelgrößen eingeführt, die nichts anderes darstellen als logarithmische Verhältniszahlen. Die Einheit des ***Schallleistungspegels*** ergibt sich, wenn eine gegebene Ausgangsleistung (P_0) auf ihren 10fachen Wert P anwächst. Als Einheit wurde zu Ehren des amerikanischen Physiologen ***Graham Bell*** die Einheit Bel (B) bzw. Dezibel (dB) international festgelegt.

$$\frac{P}{P_0} = \frac{10}{1} \Rightarrow \lg\frac{P}{P_0} = \lg\frac{10}{1} = 1\,\mathrm{B} = 10\,\mathrm{dB}$$

Entsprechend bedeuten 2 B bzw. 20 dB den 100fachen Wert der Ausgangsleistung, 30 dB den 1000fachen Wert usw.

Zur Berechnung des Schallleistungspegels L_P verwendet man folgende Gleichung:

$$L_P/\mathrm{dB} = 10\,\lg\frac{P}{P_0}$$

Analog lässt sich der ***Schalldruckpegel*** L_p berechnen. Mit $P = k \cdot p^2$ (p: Schalldruckamplitude, k: Konstante) ergibt sich:

$$L_p/\mathrm{dB} = 10\,\lg\frac{P}{P_0} = 10\,\lg\frac{k \cdot p^2}{k \cdot p_0^2} = 20\,\lg\frac{p}{p_0}\,.$$

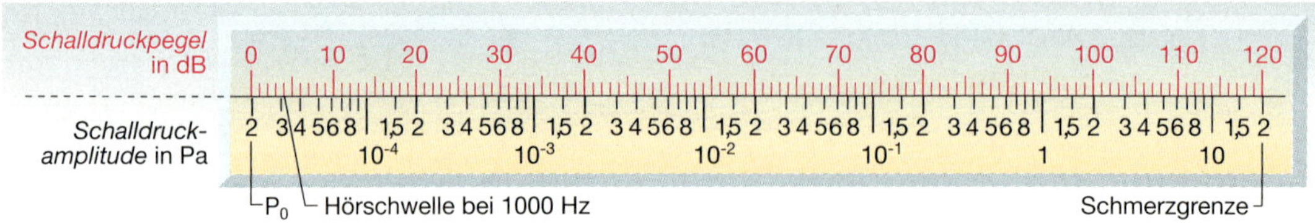

1 Zusammenhang zwischen Schalldruckamplitude und Schalldruckpegel

Aus Abb. ➤ 1 ist der Zusammenhang zwischen Schalldruckamplitude und Schalldruckpegel zu entnehmen, Abb. ➤ 2 zeigt Beispiele für spezielle Schalldruckpegel. Zum Messen des Schalldruckpegels dienen Pegelmessgeräte, die aus Mikrofon, Verstärker und Anzeigegerät bestehen (Abb. ➤ 3 und 4).

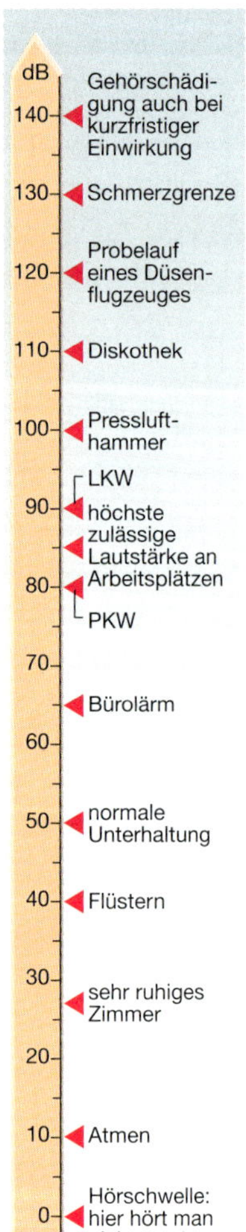

2 Ausgewählte Schalldruckpegel

3 Schalldruck-pegelmessgerät

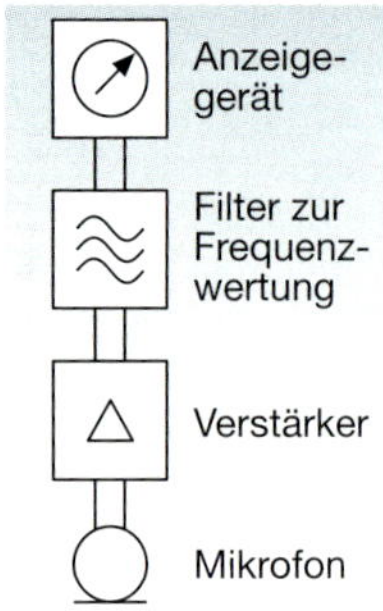

4 Blockschaltbild eines Schall-pegelmessgeräts

– Das Lautstärkeempfinden hängt nicht nur vom Schalldruck, sondem auch von der Frequenz des Schallereignisses ab: Ein Ton, der von einem Lautsprecher mit konstantem Schalldruck- bzw. Schallleistungspegel abgestrahlt wird, wird bei verschiedenen Frequenzen unterschiedlich laut empfunden. Will man den Ton bei allen Frequenzen gleich laut hören, muss man entsprechend den Schallleistungspegel des Lautsprechers ändern. Die Ursache dafür liegt in Folgendem: Der Hörbereich des Menschen liegt zwischen 16 Hz und 20 kHz (im Alter sinkt die obere Hörgrenze bis unter 10 kHz). Im Bereich von 1000 Hz – 4000 Hz hört der Mensch sehr gut, d. h., schon geringe Schallstärken reichen aus, um akustische Ereignisse wahrzunehmen, während zu den hohen und tiefen Frequenzen hin das Hörempfinden stark nachlässt. Das liegt daran, dass der 2,7 cm lange Gehörgang zwischen Ohrmuschel und Trommelfell als breitbandiger Resonator mit einer Resonanzfrequenz von 2700 Hz wirkt. Wären unsere Ohren übrigens bei niedrigen Frequenzen empfindlicher, könnten wir eine ganze Reihe physiologischer Geräusche unseres Körpers hören, wie z. B. Herztöne, die durch den Schluss der Herzklappen hervorgerufen werden, Geräusche durch turbulente Blutströmungen, Gelenkbewegungen u. a.

Um subjektiv-quantitative Angaben über die Stärke der Empfindung eines Schallereignisses machen zu können, reicht also der Schalldruck- bzw. Schallleistungspegel (objektive physikalische Größe) nicht aus. Es wurde deshalb eine weitere Größe eingeführt, die als ***Lautstärke*** (subjektiv empfundene Größe) bzw. ***Lautstärkepegel*** L_N bezeichnet wird. Sie wurde analog zum Schalldruckpegel auch als Pegelgröße definiert. Die Einheit des Lautstärkepegels wurde mit 1 Phon festgelegt. Dabei wird wie folgt vorgegangen: Durch Veränderung der Schallleistung werden Testtöne der verschiedensten Frequenzen einem vorgegebenen Bezugston von 1 kHz so angeglichen, dass sie gleichlaut erscheinen (Hörtest). In der grafischen Darstellung ergeben sich dabei Kurven gleicher Lautstärkepegel, auch Isophone genannt (Abb. ➤ 5). Es ist zu beachten, dass die Zahlenwerte der Lautstärke in Phon nur bei der Frequenz von 1 kHz etwa gleich den Zahlenwerten des Schallpegels in dB sind. In neuerer Zeit wird statt Phon auch

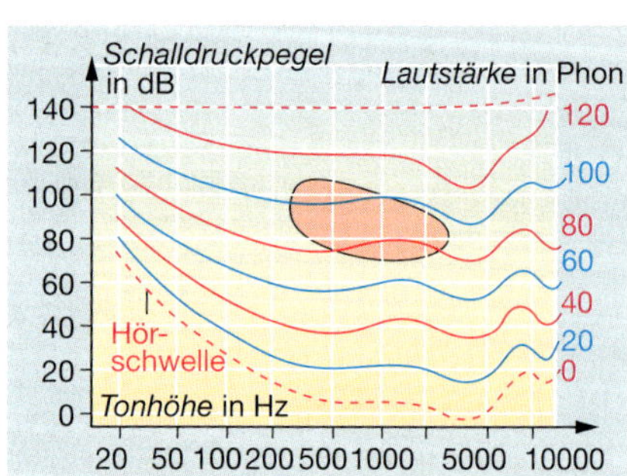

5 Isophonendiagramm des Ohres – der Hauptsprachbereich ist hervorgehoben.

die Einheit dB(A) verwendet. Das (A) deutet darauf hin, dass es sich um einen an die Empfindlichkeit des menschlichen Ohres angepassten Schalldruckpegel handelt. Die dB (A)-Werte entsprechen grundsätzlich den Phon-Werten. Beide unterscheiden sich in der Art, wie sie gewonnen werden: die Phon-Werte durch subjektive Hörversuche, die dB (A)-Werte durch physikalische Messungen. Solche Messungen ermöglicht ein Schalldruckpegelmessgerät (vorangehende Seite, Abb. ➤ 3) durch Hinzuschalten eines sogenannten elektronischen A-Filters. Dieses Filter besteht aus einem frequenzabhängigen Widerstand, der den Frequenzgang des verwendeten Mikrofons an den des menschlichen Gehörs anpasst.
Abb. ➤ 1 gibt einen Überblick über die zur Beschreibung des Schalls verwendeten Größen.

– Die Hörschwelle des menschlichen Gehörs ist keine konstante Größe:
Die Hörschwelle ändert sich mit dem Alter (Altersschwerhörigkeit) und bei Schädi-

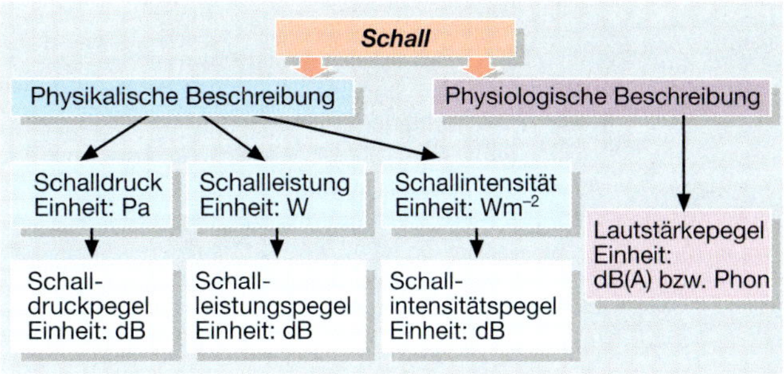

1 Schallgrößen

gungen des Ohres, z. B. durch Krankheit oder Lärm. Hörschäden sind im allgemeinen daran zu erkennen, dass das Gehör bei bestimmten Frequenzen Ausfallerscheinungen hat. Insbesondere tritt ein Hörverlust von mehr als 25 dB bei 2 kHz und mehr als 40 dB bei 4 kHz auf (Abb. ➤ 2).
Störungen des Hörvermögens zeigen sich in einer frequenzabhängigen Erhöhung der Hörschwelle sowie in einer frequenzabhängigen Einengung des Bereichs zwischen Hörschwelle und Schmerzgrenze. Eine wichtige Ursache für Hörschäden ist der übermäßige „Genuss" lauter Musik, wobei ständiges Hören über Kopfhörer schädlicher ist als ein lauter, aber kurzzeitiger Discobesuch. Wie wirkt sich der akustische Stress aus? Bei anhaltender Stimulation der Hörzellen entsteht eine Versorgungsnotlage. Der Energiebedarf wird nicht mehr ausreichend durch Glucose und Sauerstoff gedeckt. Es kommt zu einer Übersäuerung der Zellen, die Zellkerne platzen und die Zellen degenerieren.

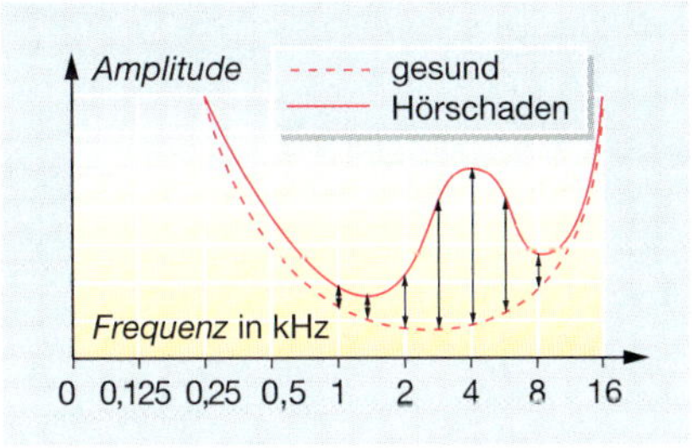

2 Verlauf der Hörschwelle beim gesunden und beim hörgeschädigten Menschen

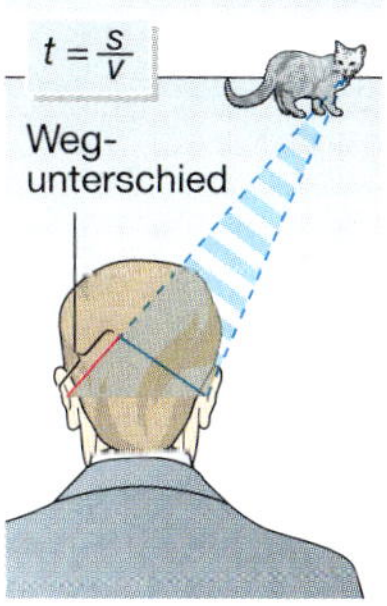

3 Richtungshören

Sind zwei Ohren zum Hören wichtig?

Die Richtung, aus der ein Schall kommt, wird auf Grund des Zeitunterschieds erkannt, mit dem er beide Ohren erreicht (Abb. ➤ 3). Dieser Zeitunterschied ist sehr klein, da der Wegunterschied, den der Schall zurücklegt, gering ist. Das Gehirn ist aber in der Lage, diese geringen Zeitunterschiede zu registrieren. Dabei können noch Zeitdifferenzen von 0,03 ms wahrgenommen werden, was einer Abweichung der Schallquelle von etwa 4° von der Mittellinie entspricht. Besteht kein Zeitunterschied, dann liegt die Schallquelle vor oder hinter der Mittellinie des Kopfes. Die Entfernung einer Schallquelle können wir auf Grund der Lautstärkeempfindung ermitteln, sofern wir die Art des Schalls schon aus der Erfahrung kennen.
Das Richtungshören wird bei der stereofonen Musikübertragung ausgenutzt (Abb. ➤ 4). Mindestens zwei Mikrofone werden auf der Bühne des Konzertsaals aufgestellt, die Signale über zwei Kanäle übertragen und die Musik über zwei Lautsprecher wiedergeben. Durch die Laufzeit- und Lautstärkeunterschiede des Schalls an beiden Ohren entsteht ein räumlicher Höreindruck. Echten Raumklang kann man aber nur mit 5 bis 6 Übertragungskanälen und entsprechend vielen Lautsprechern erreichen. Dieses Verfahren wird als Surround-Sound bezeichnet.

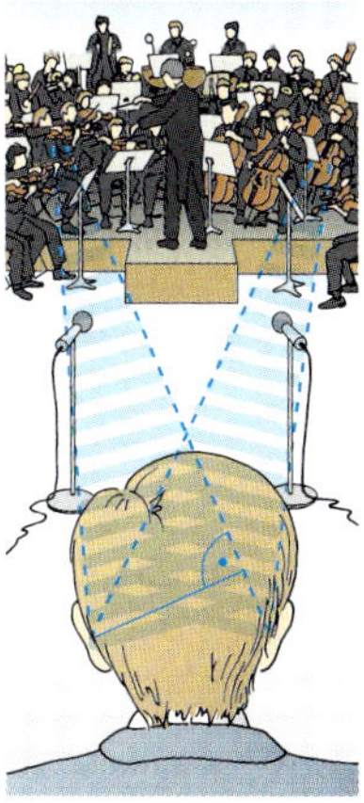

4 Stereofone Musikübertragung

Hörgeräte und Innenohr-Implantate

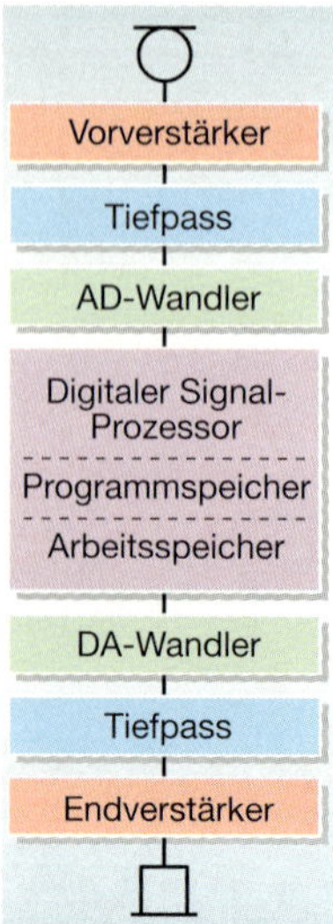

2 Hörgerät mit digitaler Signalverarbeitung

Nach aktuellen Untersuchungen leiden 24 % der Bevölkerung der Bundesrepublik Deutschland im Alter zwischen 15 und 75 Jahren an einer Beeinträchtigung des Hörvermögens. Hörgeräte sollen insbesondere die Sprachsignale in das geschädigte Gehör übertragen, so dass eine möglichst gute Sprachverständigung erreicht wird. Abb. ➤ 1 zeigt schematisch den Aufbau eines Hörgerätes mit den Baugruppen Mikrofon, Hörer, Batterie und Verstärker. Das Mikrofon nimmt die Signale aus der akustischen Umgebung auf, nach anschließender Verstärkung werden die Signale zum Gehörgang des Patienten weitergeleitet. Zukünftige Hörgeräte werden programmierbar sein und einen Speicher für die eingelesenen Daten haben. Bei solchen Geräten wird nicht nur die Programmierung, sondern auch die Signalverarbeitung voll digitalisiert ausgeführt sein (Abb. ➤ 2). Weiterentwicklungen sind insbesondere auf dem Gebiet der Sprachverständlichkeit bei gleichzeitigem Störlärm zu erwarten.

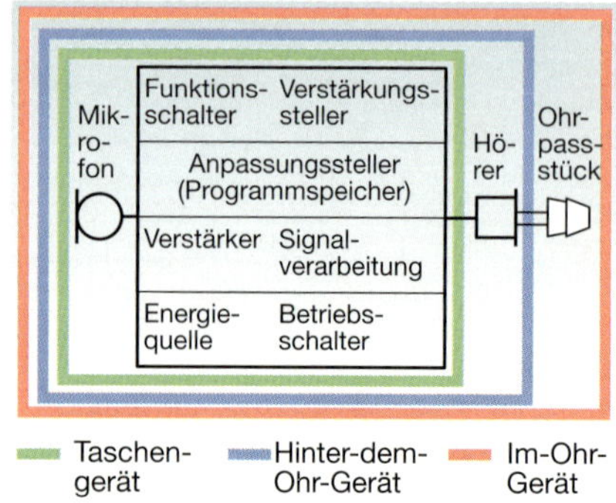

1 Baugruppen eines Hörgerätes

Darüberhinaus werden heute schon bei gehörlosen Menschen Innenohr-Implantate eingesetzt, die die Funktion der Hörsinneszellen übernehmen. Sie bestehen aus einem Mikrofon, einem Sprachprozessor mit Funksender (Abb. ➤ 3) und einem Funkempfänger. Der Sprachprozessor wandelt die vom Mikrofon empfangenen Hörinformationen in codierte Stromimpulse um und leitet sie über ein Kabel an einen Minifunksender weiter. Per Funk werden die Stromimpulse durch die Haut an einen Funkempfänger übertragen, der sich in einer gefrästen Schädelknochenmulde befindet (Abb. ➤ 4). Vom Empfangsgerät gelangen die Stromimpulse über sehr feine Elektrodendrähte in die Hörschnecke, wo sie den Hörnerv reizen. Dieser leitet die Informationen dann wie beim gesunden Ohr weiter ins Gehirn.

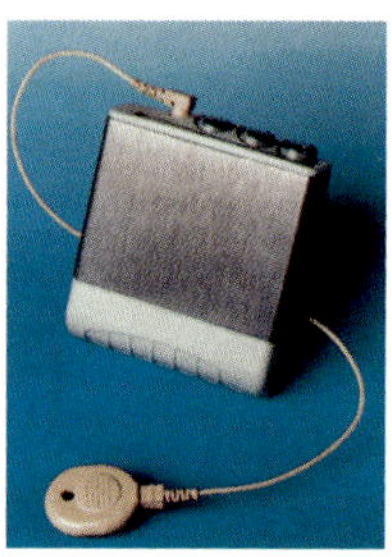

3 Sprachprozessor

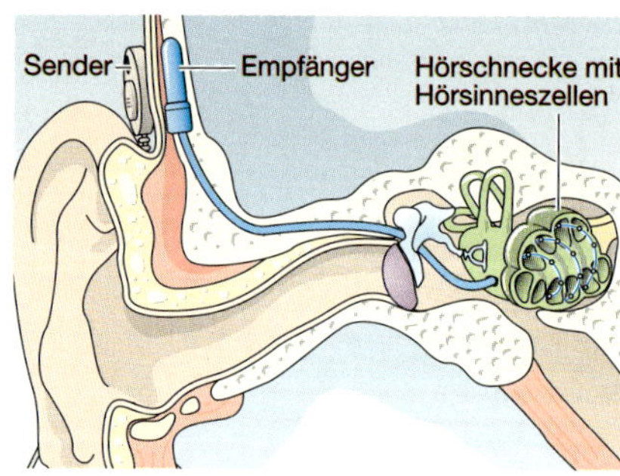

4 Innenohr-Implantat

Gehörrichtige Lautstärkeeinstellung

Das logarithmische Hören des Ohres wird z. B. bei der Lautstärkeeinstellung an Hörgeräten und an Verstärkern von Stereoanlagen, Fernsehgeräten usw. berücksichtigt, indem die Lautstärkepotentiometer nicht linear, sondern logarithmisch geteilt sind. Damit erreicht man beim gleichmäßigen Drehen am Lautstärkesteller auch eine gleichmäßige Zunahme der Lautstärke. Aus dem Isophonendiagramm ist zu entnehmen, dass die Frequenzabhängigkeit des Gehörs an die Lautstärke gebunden ist. Bei leisen Tönen ist sie sehr stark ausgeprägt, bei Lautstärken ab etwa 90 Phon dagegen nur noch gering, die Kurven verlaufen flacher. Diesem Umstand muss die Lautstärkeeinstellung bei Audioverstärkern Rechnung tragen. Die Originallautstärke in einem Konzertsaal ist größer als die Wiedergabelautstärke im Wohnzimmer. Dadurch werden die niedrigen und hohen Frequenzanteile eines Klangs bei vergleichsweise leiser Wiedergabe benachteiligt, das Klangerlebnis entspricht nicht mehr dem Original. Um diesen Nachteil auszugleichen, werden im Verstärker durch eine elektronische Schaltung, die als Loudness-Schaltung bezeichnet wird, die Amplituden der niedrigen und der hohen Frequenzanteile angehoben, und zwar umso stärker, je leiser die Wiedergabe ist. Wer immer mit großen Lautstärken hört, kann in guten Verstärkern diese Schaltung deaktivieren (Loudness-Taste).

AUFGABEN

1. Beispiel: Experimentelle Bestimmung des kleinsten Sehwinkels

Bestimmen Sie den kleinsten Sehwinkel Ihrer Augen, indem Sie die Entfernung bestimmen, in der drei Millimeter voneinander entfernte Stecknadelköpfe gerade noch getrennt wahrgenommen werden können (Abb. ➤ 1).

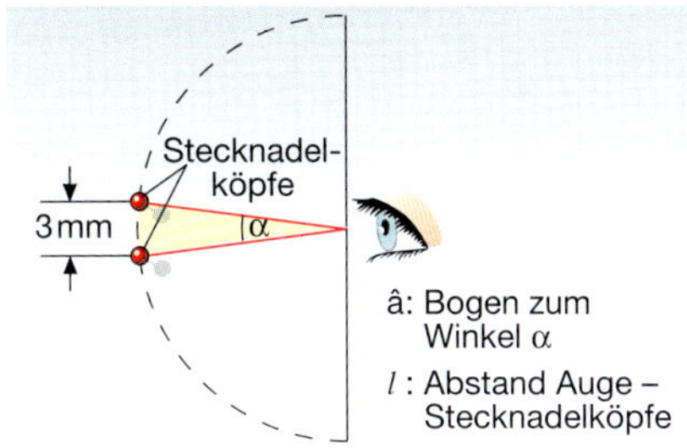

1 Bestimmung des kleinsten Sehwinkels

Lösung:
Gegeben: $l = 9800$ mm (Abstand Stecknadelköpfe-Auge); $\hat{a} = 3$ mm (Abstand zwischen den Stecknadelköpfen), 1° = 60'
Für einen beliebigen Halbkreis gilt:

$$\frac{\alpha}{180°} = \frac{\hat{a}}{\pi \cdot l} \Leftrightarrow \alpha = \frac{\hat{a} \cdot 180°}{\pi \cdot l} \Rightarrow$$

$$\alpha = \frac{3\,\text{mm} \cdot 180 \cdot 60'}{\pi \cdot 9800\,\text{mm}} = 1{,}05'$$

Der kleinste Sehwinkel beträgt rund eine Bogenminute.

2. Beispiel: Bestimmung des kleinsten Abstandes zweier Bildpunkte auf der Netzhaut

Bestimmen Sie den kleinsten Abstand zweier Bildpunkte auf der Netzhaut, indem Sie die Messwerte zur Bestimmung des kleinsten Sehwinkels nutzen (Beispiel 1).

Lösung:
$a = 3$ mm; $l = 9800$ mm;
$f = 17$ mm (Abstand Augenlinse-Netzhaut)
Durch eine vereinfachte Darstellung kann der Abbildungsvorgang wie folgt dargestellt werden (Abb. ➤ 2).

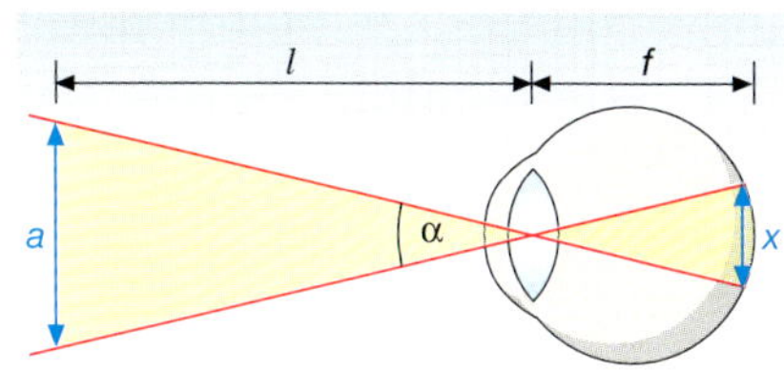

2 Abbildungsvorgang im Auge

Nach dem Strahlensatz gilt:

$$\frac{a}{x} = \frac{l}{f} \Leftrightarrow x = \frac{a \cdot f}{l} \Rightarrow x = 6 \cdot 10^{-3}\,\text{mm}.$$

Der kleinste Abstand zweier Bildpunkte auf der Netzhaut beträgt $6 \cdot 10^{-3}$ mm. Da der Abstand zweier Lichtsinneszellen $2 \cdot 10^{-3}$ mm beträgt, werden bei diesem Vorgang drei Lichtsinneszellen erregt.

Versuche

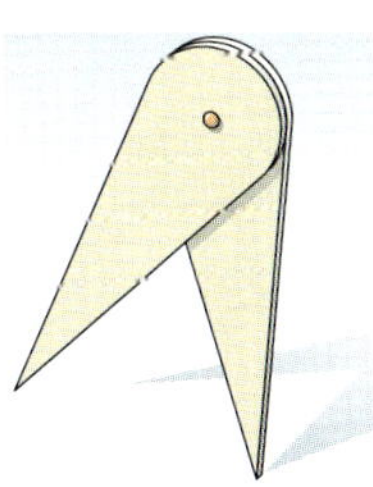

3 Tastzirkel

1 Test zur Lokalisierung der Berührungspunkte: Prüfen Sie vorsichtig mit einem Stechzirkel oder einem weniger gefährlichen Tastzirkel (Abb. ➤ 3) aus harter Pappe an der Fingerspitze, am Unterarm, an der Innenfläche der Hand und am Nacken Ihres Nachbarn, wie viel Millimeter die Spitzen entfernt sein müssen, dass bei leichter, gleichzeitiger Berührung sicher zwei Berührungspunkte wahrgenommen werden können! An welchen Stellen der Körperoberfläche ist der Abstand zweier Berührungspunkte am geringsten?

2 Versuchen Sie mit geschlossenen Augen die Hände in die in Abb. ➤ 4 angegebene Position zu bringen. Wenn Sie die Augen öffnen, sehen Sie, dass Sie die angestrebte Position erreicht oder nur um wenige Millimeter verfehlt haben.
Erklären Sie die Wahrnehmung der Stellung von Gliedmaßen ohne Zuhilfenahme der Augen!

3 Nachweis der Knochenleitung: Die Versuchsperson verschließt beide Gehörgänge mit Ohropax. Eine Stimmgabel mit $f < 2000$ Hz wird angeschlagen und direkt an die Ohren der Versuchsperson gehalten. Die Versuchsperson kann nichts hören. Setzt man die Stimmgabel direkt auf den Kopf der Versuchsperson, so wird der Ton der Stimmgabel wahrgenommen.

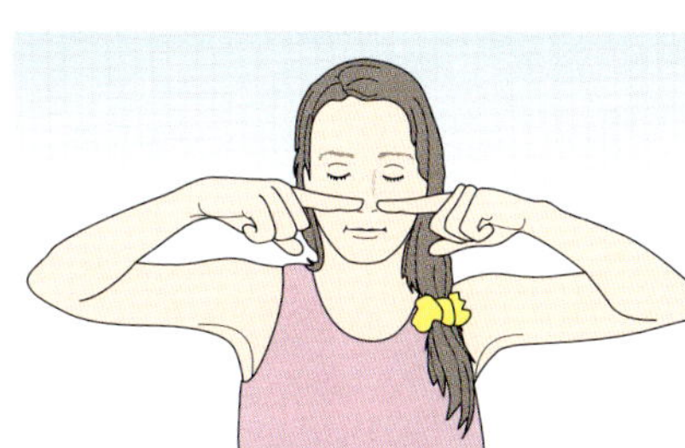

4 Test zur Orientierung der Gliedmaßen bei geschlossenen Augen

4 Experimentelle Bestimmung der eigenen Hörgrenze: Bestimmen Sie die Grenzen Ihres Hörbereichs, indem Sie einen Sinusgenerator, ein Oszilloskop und einen Lautsprecher anschließen. Die mit dem Sinusgenerator erzeugten Töne werden allmählich erhöht. Bestimmen Sie die untere Hörgrenze, ab der Sie einen Ton wahrnehmen, und die obere Hörgrenze, ab der Sie nichts mehr hören.
Das Oszilloskop zeigt an, dass auch nach Unterschreiten und Überschreiten der persönlichen Hörgrenze Töne vom Sinusgenerator erzeugt werden.

Fragen

Sehen

1 Beschreiben Sie den Aufbau des menschlichen Auges aus physikalischer Sicht! Warum können die meisten älteren Menschen nur mit Hilfe einer Brille oder mit Hilfe von Kontaktlinsen lesen?

2 Erläutern Sie die Begriffe Kurzsichtigkeit und Weitsichtigkeit anhand einer Skizze! Wie können diese Sehfehler korrigiert werden?

3 Erläutern Sie die Grenze des räumlichen Auflösungsvermögens des menschlichen Auges!

4 Wie bestimmt der Arzt die Sehschärfe?

5 Wie kann man das zeitliche Auflösungsvermögen der menschlichen Augen bestimmen?

6 Erläutern Sie, wie der Mensch Farben wahrnimmt! Was verstehen Sie unter Farbblindheit?

7 Wenn Sie eine Zeitlang intensiv auf eine helle, rote Fläche und anschließend auf eine weiße Fläche sehen, so empfinden Sie ein blassgrünes Nachbild. Wie erklären Sie sich die Entstehung von farbigen Nachbildern? Können Sie in diesem Zusammenhang begründen, weshalb im Operationssaal grüne Operationswäsche getragen wird.

8 Bestimmen Sie Ihre Akkommodationskraft, indem Sie bei der Betrachtung einer Textseite den kürzesten Abstand (≙ Nahpunkt) bestimmen, bei dem Sie gerade noch die Schrift scharf sehen!

$$\text{Akkomodationskraft} = \frac{1}{\text{Nahpunkt (m)}}\ \text{dpt}$$

Fühlen

9 Wie ist die Erscheinung zu erklären, dass sich verschiedene Materialien, die die gleiche Temperatur haben, unterschiedlich warm anfühlen?

10 Erläutern Sie die Erscheinung, dass Sensoren der Sinnesorgane adaptieren!

11 Wie registriert der Mensch die Lageveränderung des Kopfes (Drehsinn)?

12 Wodurch unterscheidet sich die Arbeitsweise der Thermorezeptoren von der Arbeitsweise von Thermometern?

13 Beschreiben Sie die Funktionsweise der Tastkörperchen am Beispiel der Blindenschrift!

14 Untersuchen Sie die Wärme- und Kältepunkte auf dem Unterarm Ihres Mitschülers bzw. Ihrer Mitschülerin (Siehe Versuchsanleitung 3 auf Seite 13)!

15 Menschen können mit Fingern Blindenschrift lesen, Kenner können durch Betasten von Porzellan Echtheit und Fälschung unterscheiden.
Wie sind diese erstaunlichen Tastleistungen möglich?

16 Wie erfolgt der Vorgang der Schmerzempfindung?

Hören

17 Erläutern Sie die folgenden Besonderheiten des menschlichen Gehörs: ***a)*** das Ohr arbeitet „logarithmisch“, ***b)*** das Lautstärkeempfinden ist vom Schalldruck und der Frequenz abhängig, ***c)*** die Hörschwelle ist keine konstante Größe.

18 Warum wird die akustische Richtungswahrnehmung beeinträchtigt, wenn ein Ohr mit Ohropax verschlossen ist?

19 Erklären Sie physikalische und physiologische Größen zur Schallmessung!

20 Wie ist es möglich, dass der Mensch feststellen kann, aus welcher Richtung der Schall kommt?

21 In England beobachtete man, dass blinde, aber nicht taube Menschen, sich bei sehr dichtem Nebel in der Innenstadt besser orientieren können als Menschen ohne Sehstörungen. Wie ist das möglich?

22 Der Hörprozess kann an folgenden Stellen gestört werden: ***a)*** Schallleitungsstörungen, ***b)*** Unbeweglichkeit der Gehörknöchelchen, ***c)*** Schallempfindungsstörung, ***d)*** zentrale Wahrnehmungsstörung.
Nennen Sie Beispiele für diese Störungen!

EKG, Puls und Blutdruckmessung

Bei der Herzinfarkt-Nachsorge wird die Arbeitsweise des Herzens über die elektrische Herzaktivität (EKG), Pulsmessung und über Blutdruckmessung kontinuierlich überwacht.
Wie entsteht im Herzen eine elektrische Spannung? Wie funktioniert die kontinuierliche Puls- und Blutdruckmessung?

Prinzip der klassischen Blutdruckmessung: Ein aufgepumpter Fahrradschlauch wird mit einem U-Rohrmanometer verbunden, das mit gefärbtem Wasser gefüllt ist. Als U-Rohr eignet sich ein 5 m langer Benzinschlauch. Es stellt sich ein Gleichgewicht zwischen dem Schweredruck der Flüssigkeitssäule und dem Druck im Fahrradschlauch ein.

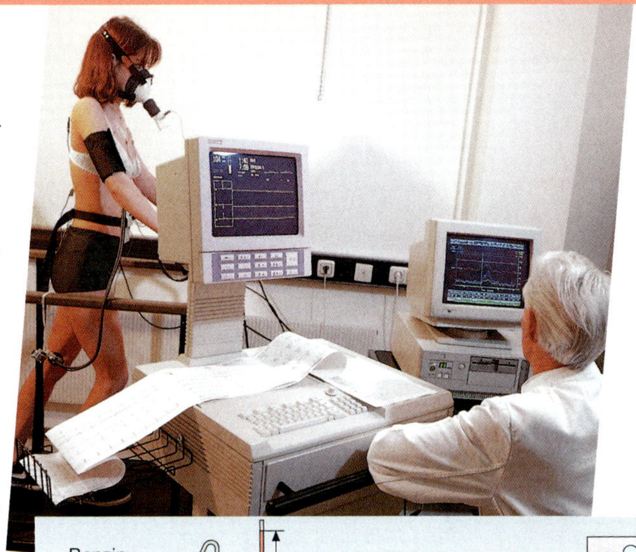

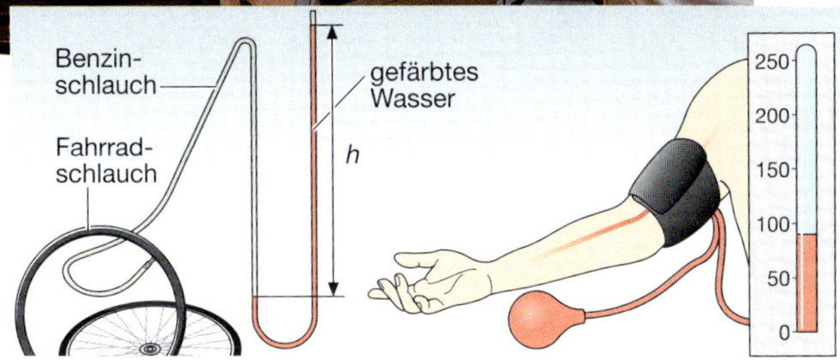

Endoskopie

Die Magenspieglung ist die sicherste Methode, um die Magenoberfläche zu untersuchen.
Wie funktioniert diese Untersuchungsmethode?

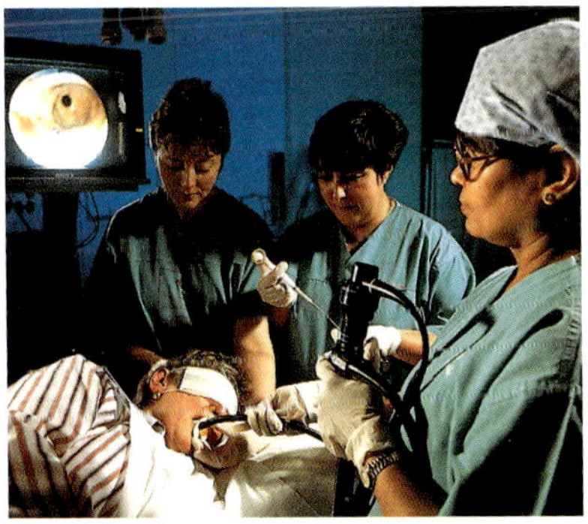

Ultraschall

Mithilfe von Ultraschallaufnahmen kann der Arzt feststellen, ob sich im Mutterleib ein Junge oder ein Mädchen oder sogar, wie im nebenstehenden Bild, Zwillinge entwickeln. Das Ultraschallgerät verwendet dabei Schall mit einer Frequenz von 10 MHz.
Wird durch diese Untersuchung der Fetus oder die Mutter geschädigt?

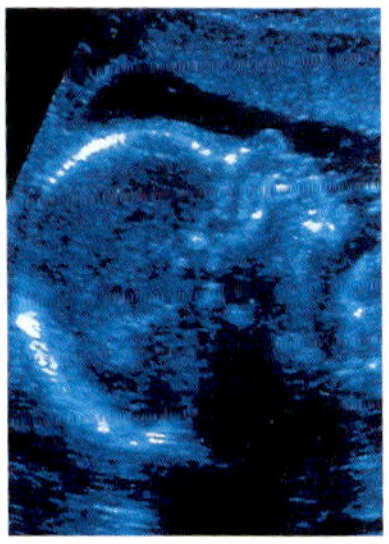

Computertomographie
Mithilfe der Computertomographie können in der medizinischen Diagnostik von Teilen des Körpers Schnittbilder (z. B. durch den Brustkorb) und durch Zusammensetzen dieser Schnittbilder sogar dreidimensionale Bilder hergestellt werden. Diese Bilder enthalten Einzelheiten für die Planung chirurgischer Eingriffe, die auf normalen Röntgenbildern nicht zu erkennen sind.
Wie funktioniert das Verfahren?

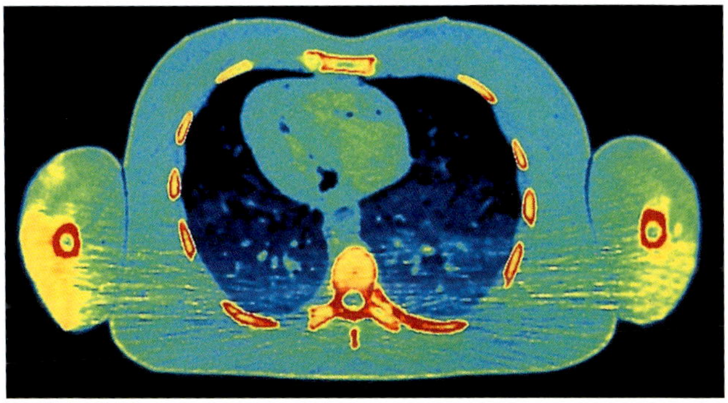

Blutdruck

VERSUCHE

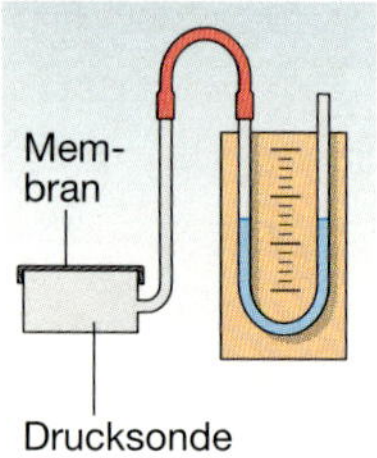

1 Druckmessung

① Drücken Sie auf die Membran der Drucksonde (Abb. ➤ 1), so wird der Druck auf die Flüssigkeit im U-Rohr übertragen. Zwischen beiden Flüssigkeitssäulen im U-Rohr entsteht ein Höhenunterschied, der ein Maß für den Druck auf die Membran ist.

② Messen Sie Ihren Blutdruck: Legen Sie dazu die Druckmanschette in Herzhöhe um den entblößten Oberarm und halten Sie das Stethoskop an die Stelle, an der Sie in einem Vorversuch den Puls in der Ellenbogenbeuge ertastet haben (Abb. ➤ 2). Pumpen Sie die Manschette auf, bis kein Puls mehr über das Stethoskop hörbar ist (200 mm Hg). Verringern Sie langsam den Druck in der Manschette, bis Sie wieder ein pochendes Geräusch im Stethoskop hören. Lesen Sie am Manometer den Druck ab. Verringern Sie den Druck in der Manschette weiter bis kein Geräusch im Stethoskop mehr zu hören ist. Lesen Sie erneut den Druck ab.

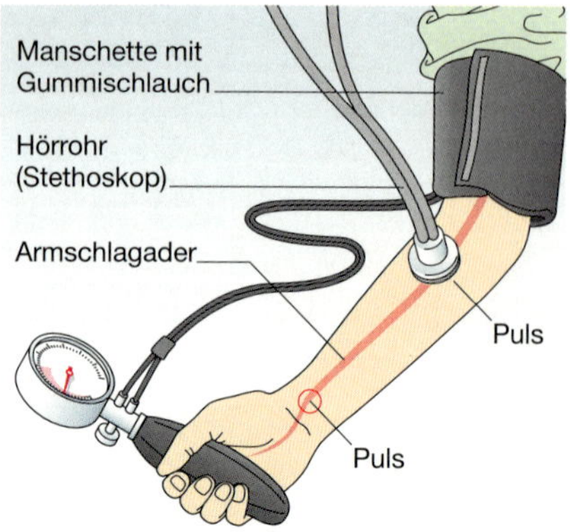

2 Indirekte Blutdruckmessung am Arm

Blutdruckmessung

Hinweis:

1 mm Hg $\hat{=}$ 133 Pa

Indirekte Messung (Unblutige Methode)
Unter Blutdruck versteht man den Druck im arteriellen Bereich unseres Körpers. Die heute übliche Methode der Blutdruckmessung erfolgt nach dem italienischen Arzt ***Riva Rocci*** mit einer Gummimanschette und einem Stethoskop (Abb. ➤ 2). Die Manschette, die an einem Manometer angeschlossen ist, wird aufgeblasen, so dass die Oberarmarterie abgedrückt wird. Der Blutfluss wird dadurch unterbrochen. Lässt man nun die Luft aus der Manschette langsam ab, so hört man bei einem bestimmten Druck im Stethoskop ein pulsähnliches Geräusch (Korotkoff'sches Pulsen). Beim Einsetzen dieses Geräusches bahnt das Blut zum ersten Mal wieder seinen Weg durch die etwas geöffnete Armschlagader. Der Blutdruck übersteigt in diesem Moment gerade den Druck in der Manschette (Abb. ➤ 3). Dieser obere Wert (120 mm Hg bei einem gesunden jungen Menschen) gibt den systolischen Druck an. Unter Systole versteht man die Kontraktionsphase des Herzens, in der das Blut in die Arterien gepresst wird.
Bei weiterem Luftablassen wird das Geräusch leiser, bis es schließlich verstummt. Dieser Messpunkt entspricht dem unteren oder diastolischen Blutdruck. Die Armschlagader ist wieder frei für das Blut passierbar. Unter Diastole versteht man die Erschlaffungsphase des Herzens (Abb. ➤ 4).

Direkte Messung (Blutige Methode)
Bei Erkrankungen des Herzens muss der Arzt über die Blutdruckverteilung im Herzen genau informiert sein. Zu diesem Zweck wird der Blutdruck invasiv mit einem Katheter gemessen (Abb. ➤ 5), dessen Durchmesser 1–2,7 mm beträgt. An

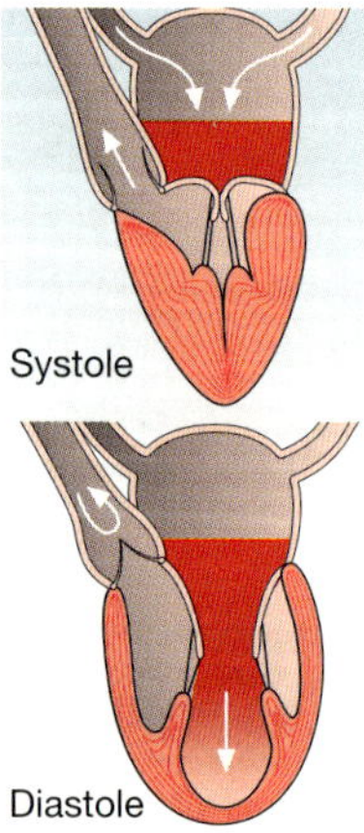

4 Kontraktionsphasen des Herzens

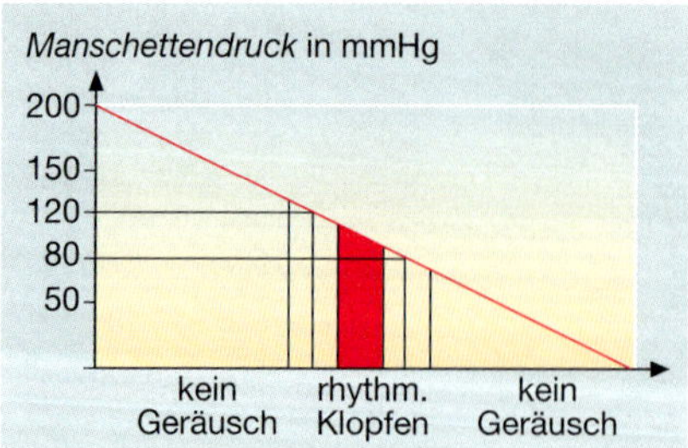

3 Manschettendruckverlauf

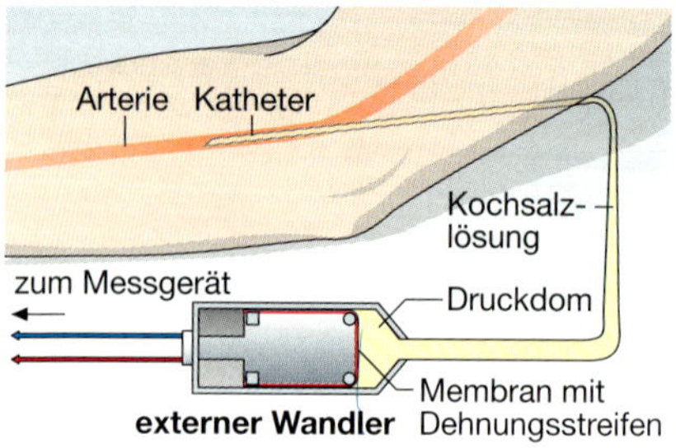

5 Direkte Blutdruckmessung

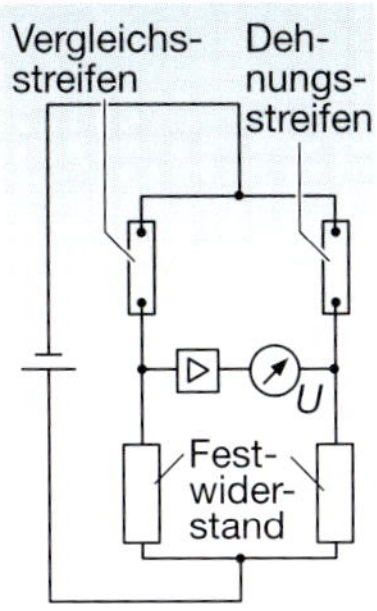

1 Brückenschaltung zur Blutdruckmessung

den Katheter ist ein externer Druckwandler angeschlossen. Der Hohlraum des Katheters ist mit physiologischer Kochsalzlösung gefüllt. Das Blut drückt auf diese Flüssigkeit und diese wieder auf eine Membran mit einem Dehnungsstreifen. Wird der Dehnungsstreifen durch die Druckerhöhung gestreckt, so ändern sich seine Länge und Querschnitt und damit sein elektrischer Widerstand. In einer Brückenschaltung (Abb. ➤ 1) wird der Widerstand des gestreckten mit dem eines ungestreckten Dehnungsstreifens verglichen. In einem Mikrocomputer erfolgt die Umrechnung der Widerstandsänderung in Druckeinheiten. Moderne Blutdruckmessgeräte arbeiten automatisch und machen den Einsatz eines Stethoskopes überflüssig. Man nutzt zur Steuerung die Amplituden der Schwingung, die die Manschette durch das Korotkoff-Pulsen erfährt.

Der kontinuierliche Blutfluss – ein biologisches Phänomen?

Das Herz arbeitet im Zweiertakt, d. h., auf die Antriebsphase (Systole) folgt eine Erschlaffungsphase (Diastole), in der sich die Herzkammern wieder mit Blut füllen. Während bei der Systole der Druck 120 mm Hg oder mehr beträgt, fällt der Druck bei der diastolischen Ruhephase in den Herzkammern auf Null zusammen. In den Arterien herrscht aber ein Druck von 80 mm Hg. Der kontinuierliche Blutfluss kommt dadurch zustande, dass die Blutgefäßwände nicht starr, sondern elastisch sind. Die während der Systole vom Herzen erzeugte kinetische Energie des Blutes wird zum Teil durch die Vorspannung der elastischen Fasern der Gefäßwand aufgenommen. Die Blutgefäße erweitern sich. Die so gespeicherte potentielle Energie wird während der Diastole, in der vom Herzen kein Druck auf das Blut übertragen wird, wieder freigegeben. Die vorgespannten Fasern in den Arterien ziehen sich wieder zusammen, die potentielle Energie wird frei (Abb. ➤ 2).

Der Blutdruck wird also während der Diastole aufrechterhalten, wenn auch in vermindertem Umfang (80 mm Hg). Dieses Prinzip entlastet das Herz. Es muss die Blutsäule nicht immer wieder neu beschleunigen, sondern nur dafür sorgen, dass die Zirkulation in Gang bleibt. Man bezeichnet das elastische Verhalten der Blutgefäße als Windkesselfunktion.

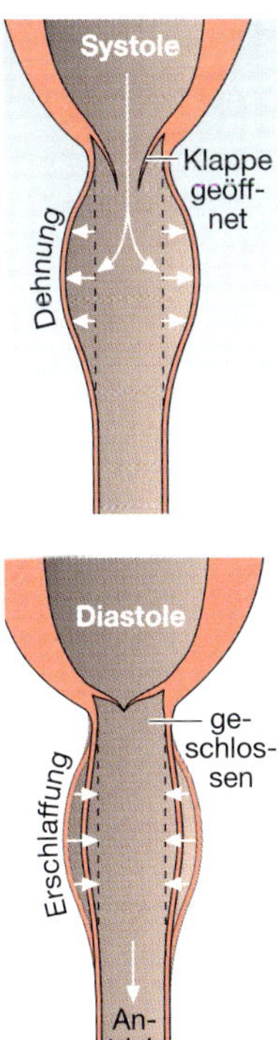

2 Blutantrieb in der Aorta

Zu niedriger und zu hoher Blutdruck – eine ernstzunehmende Krankheit

Bei körperlicher Belastung und psychischer Anspannung ist die Blutdruckerhöhung ein physiologischer Vorgang und Ausdruck der Anpassungsfähigkeit des Körpers an besondere Beanspruchung und vermehrten Blutbedarf. Wenn jedoch der Blutdruck auch ohne erkennbare Belastung in Ruhephasen von den Normalwerten abweicht, so besteht eine Blutdruckkrankheit. Der Blutdruck eines jungen Erwachsenen in guter körperlicher Verfassung beträgt 120/80 mm Hg.

Bluthochdruck (Hypertonie): Ein stark erhöhter Blutdruck (>160/95 mm Hg) kann zu einem Schlaganfall oder Herzinfarkt führen. Selbst leicht erhöhte Werte können die Lebenserwartung herabsetzen. Ursachen für Bluthochdruck können Organerkrankungen wie z. B. Nierenleiden, Überfunktion der Hirnanhangdrüse und Herz-Kreislauf-Erkrankungen sein. Begünstigende Faktoren sind z. B. Arteriosklerose (Gefäßverengung), die besonders im Alter auftritt (Abb. ➤ 3), überhöhter Salzkonsum, mangelnde Bewegung, erhöhter Nikotin- und Alkoholgenuss, Nebenwirkungen der Anti-Baby-Pille. Erhöhter Blutdruck äußert sich vor allem in Kopfschmerz, Schlaflosigkeit und Rauschen in den Ohren.

Blutunterdruck (Hypotonie) Ursachen für zu niedrigen Blutdruck (< 100/50 mm Hg) können z. B. zu weite Blutgefäße, zu kleiner Blutauswurf bei der Kontraktion des Herzens, seelische Faktoren (Überbelastung) sein. Bei Blutunterdruck wird zu wenig Blut durch die Organe getrieben. Anzeichen sind z. B. Hautblässe, kalte Gliedmaßen, Konzentrationschwäche, Müdigkeit, Ohnmacht (Versagen der Hirndurchblutung z. B. bei langem Stehen).

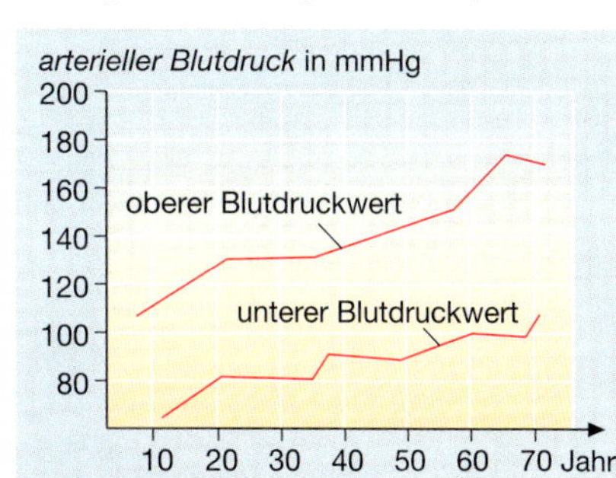

3 Abhängigkeit des Blutdrucks vom Lebensalter

Der Puls und seine Messung

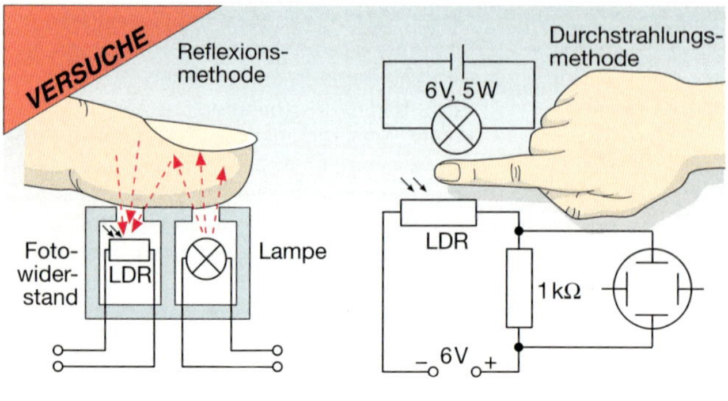

1 Fotoelektronische Pulsmessung

① Messen Sie Ihren Puls in Ruhestellung und nach starker körperlichen Belastung (z. B. 40 Kniebeugen).

② Messen Sie Ihren Puls an den Schläfen, am Handgelenk, in der Kniekehle und auf dem Fußrücken. Vergleichen Sie Ihre Messungen.

③ Bauen Sie nach Abb. ➤ 1 eine Schaltung zur oszillographischen Darstellung Ihres Pulses auf. Legen Sie bei der Durchstrahlungsmethode die Kuppe des Fingers direkt zwischen Lichtquelle und Fotowiderstand.

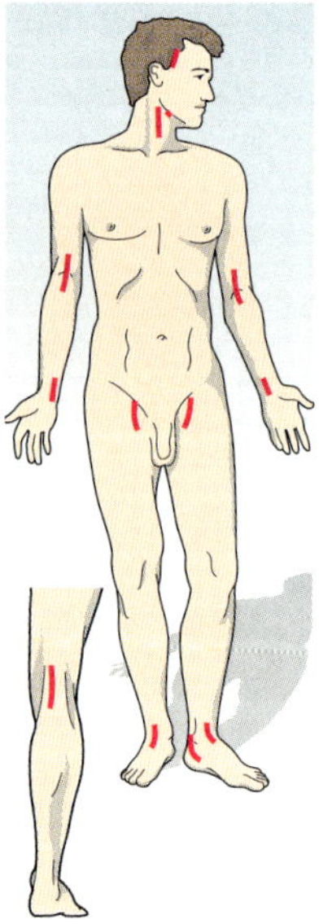

3 Körperstellen, an denen der Puls getastet werden kann.

Die Entstehung des Pulsschlages

Wenn man jemandem den Puls fühlt, so misst man eigentlich seinen Herzschlag. Jedes Mal, wenn sich der Herzmuskel zusammenzieht, wird Blut in die Arterien gepresst. Dieser Impuls zum Ausstoß des Blutes aus der linken Herzkammer pflanzt sich über die Aorta als Druckwelle in die großen Arterien (Schlagadern) fort. Die elastischen Wände der Arterien werden daher im Rhythmus der Herzschläge ausgebuchtet, die herznäheren früher, die herzferneren später und schwächer. Diese als „Pulsschlag" bekannte Erscheinung gibt dem Arzt Auskünfte über die Herztätigkeit und den Zustand der Arterien.

Die Pulswellengeschwindigkeit

Die systolischen Druckstöße führen zu Dehnungen der Aortenwand, die sich als Druckwellen vom Herzen bis zu peripheren Arterien ausbreiten. Die Pulswelle pflanzt sich schneller fort, als das Blut fließt. Innerhalb von 0,2 Sekunden gelangt sie z. B. von der Aorta in die Fußarterien. Eine Portion Blut dagegen ist während dieser Zeit nur 12 cm vorangekommen. Man misst die Pulsgeschwindigkeit, indem man den Puls an zwei verschiedenen Gefäßstellen abnimmt und die Laufzeit pro Wegstrecke ermittelt (Abb. ➤ 2). Die Pulswellengeschwindigkeit ist u. a. abhängig von der Elastizität des Blutgefäßes sowie vom Verhältnis der Wandstärke zum Radius. Da mit zunehmendem Lebensalter die Elastizität der Blutgefäße nachlässt, steigt die Geschwindigkeit der Pulswelle an. Die rasche Ausbreitung der Pulswelle beruht darauf, dass nicht Materie wie bei der Blutströmung, sondern Energie in Form von Impulsen weitergegeben wird. Ein primär angestoßenes Flüssigkeitsteilchen gibt den Impuls als Stoß an sein Nachbarteilchen weiter, das seinen Impuls wieder an seinen Nachbarn weitergibt ... und so weiter. Wegen der Dichte und der Inkompressibilität von Flüssigkeiten erfolgt diese Impulsweitergabe sehr schnell.

Die Messung des Pulses

Prinzipiell ist der Puls an jeder größeren Arterie messbar; aber die Gefäße liegen tief im Muskelgewebe eingebettet, so dass sie nicht tastbar sind. Wo große Arterien dicht unter der Haut liegen, fühlt man den Pulsschlag besonders deutlich.
Solche Stellen befinden sich an den Schläfen, am Kiefer, am Hals, an den Armen, Handgelenken, Leisten, Kniekehlen und den Fußrücken (Abb. ➤ 3). Um den Puls z. B. am Handgelenk zu fühlen, legt man die Fingerspitze des Mittelfingers

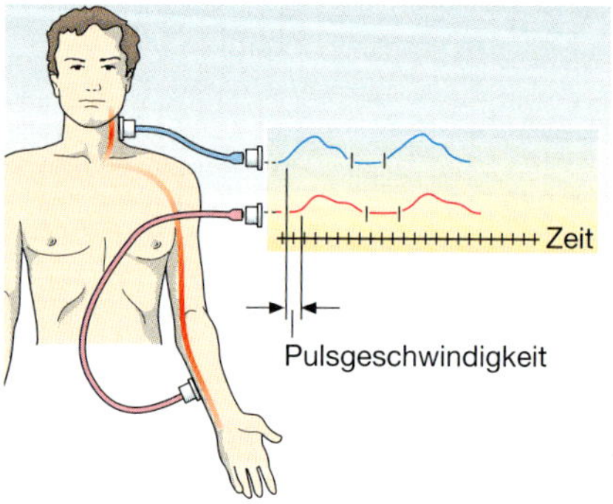

2 Messung der Pulswellengeschwindigkeit

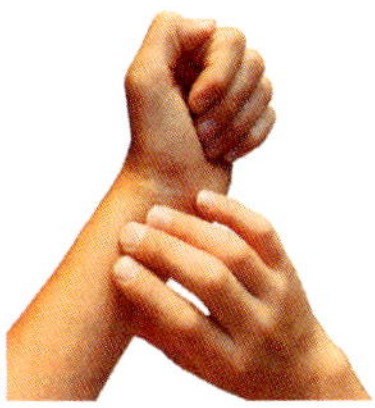

1 Fühlen des Pulses

unterhalb des Daumens locker auf das Handgelenk und fährt mit ihm so lange hin und her, bis man die Pulsschläge spürt (Abb. ➤ 1). Man zählt die Anzahl der Pulsschläge über eine halbe Minute. Durch Verdopplung erhält man so die Pulsfrequenz pro Minute.

Der Puls verändert sich je nach körperlicher Belastung und Allgemeinbefinden, deshalb gibt er dem Arzt Auskunft über den körperlichen Zustand eines Patienten. Untersuchungen haben nachgewiesen, dass sich bei Gewaltszenen in Fernsehsendungen der Puls auf 120 bis 150 Schläge und bei Alpträumen mit Angstzuständen sogar auf 180 Schläge pro Minute erhöht. Aus der Tabelle ➤ 2 ist zu entnehmen, dass der Ruhepuls sich auch mit dem Alter eines Menschen ändert.

Fetus	120–160
Neugeborene	140
im 2. Lebensjahr	120
im 4. Lebensjahr	100
mit 10 Jahren	90
mit 14 Jahren	85
erwachsene Männer	70–72
erwachsene Frauen	75
im Alter	80–85

2 Zahl der Pulsschläge in der Minute, gemessen als Ruhepuls

Möglichkeiten der kontinuierlichen Pulsüberwachung

Auf Intensivstationen von Krankenhäusern muss der Puls kontinuierlich überwacht und aufgezeichnet werden. Die Tabelle ➤ 3 gibt einen Überblick über die Anwendung von Sensoren zur Pulsmessung. In Abb. ➤ 4 wird das Funktionsprinzip eines optischen Pulsfühlers für das Durchstrahlungsverfahren vorgestellt. Beim Durchstrahlungsverfahren wird die Kuppe des kleinen Fingers zwischen Lichtquelle und Fotowiderstand bzw. -transistor gehalten. Die Lichtdurchlässigkeit ändert sich mit der Blutfüllung der Fingerkuppe. ImFotowiderstand bzw. Fototransistor wird im Rhythmus des Pulses eine Stromstärke- bzw. Widerstandsänderung hervorgerufen. Dieses elektrische Signal kann an die *y*-Ablenkung eines Oszilloskops gelegt werden. Man registriert auch ohne Verstärker ein im Herzrhythmus pulsierendes Signal. Statt des Fingers wird häufig in der Praxis das Ohrläppchen zur Pulsmessung genutzt. Mithilfe solcher Pulsmesser kann die Pulserhöhung bei körperlicher oder seelischer Belastung (Stress) exakt nachgewiesen werden.

Test im Fitnessstudio

Die Entwicklung zahlreicher technischer Fitnessgeräte führte auch zum Einsatz von vielfältigen Messgeräten, die den Puls, Atemvolumen, Blutdruck usw. während der körperlichen Anstrengung messen. Handgeräte sind so konstruiert, dass z. B. der Puls an der Fingerkuppe oder am Ohrläppchen gemessen werden kann. Teilweise sind die Messgeräte programmiert, sodass sie einen Piepton abgeben, wenn der Puls während der sportlichen Belastung unter oder über dem Trainingsprogramm liegt.

Wandlerart	*Bauelement*	*Wirkprinzip*
Akustischer Wandler	Mikrofon	Druckänderung Widerstandsänderung
Fotoelektrischer Wandler	Fotowiderstand	Änderung der Beleuchtungsstärke Widerstandsänderung
Piezoelektrischer Wandler	Piezokristall	Druckänderung Spannungsänderung
Mechanischer Wandler	Dehnungsmessstreifen	Längenänderung Widerstandsänderung
Kapazitiver Wandler	elastischer Kondensator	Änderung des Plattenabstandes Kapazitätsänderung

3 Überblick über mögliche Sensoren für die kontinuierliche Pulsmessung

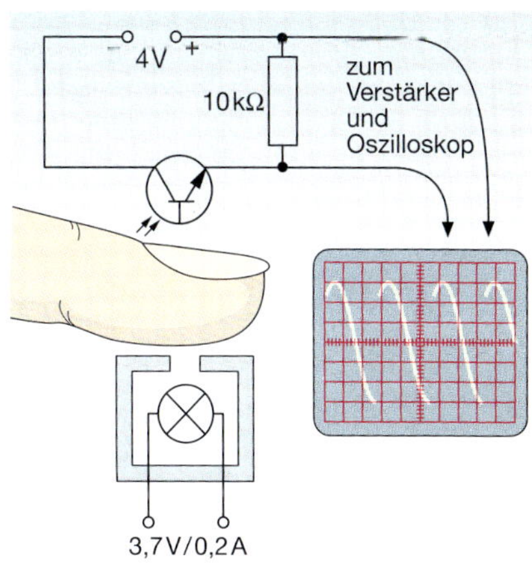

4 Fotoelektrischer Pulsmesser (Schaltung mit Fototransistor)

Das Herz – Motor des Lebens

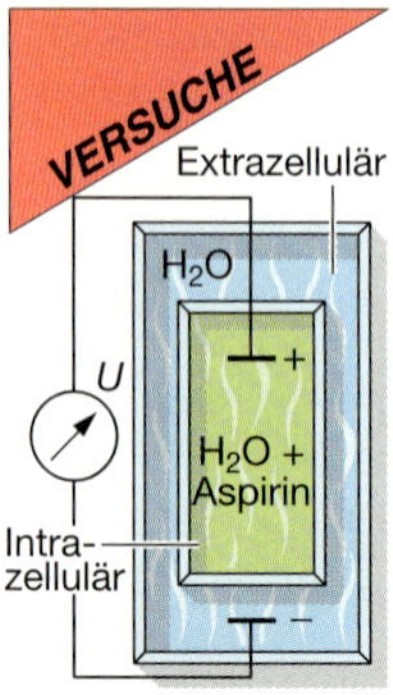

2 Modell einer biologischen Spannungsquelle

① Ein Kohlestab und eine Zinkplatte werden nach Abb. ➤ 1 in verdünnte Schwefelsäure gestellt. Schaltet man zwischen diese Platten ein Lämpchen (1,5 V), so leuchtet dieses.
Am Kohlestab steigen Gasbläschen auf, und an der Zinkplatte sinken Schlieren herunter. Dies deutet darauf hin, dass chemische Vorgänge ablaufen, die eine Ladungstrennung zur Folge haben.

② In eine kleine mit Wasser gefüllte Glasschale (Küvette) wird eine Tablette Aspirin gelöst. In eine zweite Glasschale wird Wasser gefüllt. Zwischen beiden Glasschalen ist eine Spannung von 50 mV nachweisbar (Abb. ➤ 2). Anstelle von Aspirin kann auch eine Prise Kochsalz (NaCl) verwendet werden.

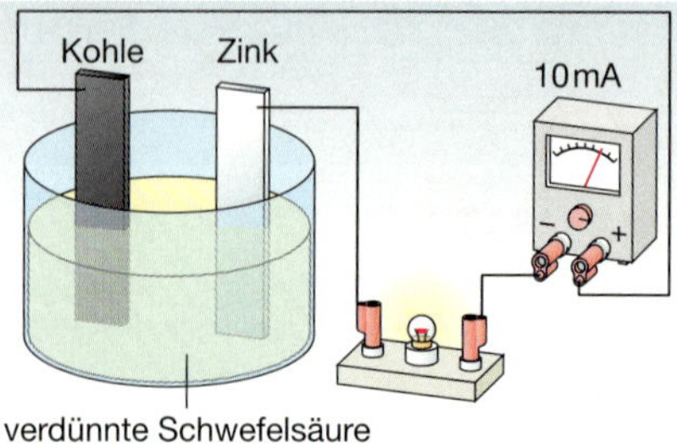

1 Chemische Spannungsquelle. Das C-Zn-Element liefert eine Spannung von 1,5 V.

Das Herz als Spannungsquelle

Das Herz ist ein Hohlmuskel und besitzt zwei Arten von Muskeln:
- Muskelfasern, die auf elektrische Impulse mit Verkürzung reagieren. Diese Muskelfasern bilden die Arbeitsmuskulatur, die durch das Zusammenziehen die Pumparbeit leistet.
- Muskelfasern, in deren Zellen selbst die elektrischen Erregungsmuster für die Arbeitsmuskulatur entstehen.

Die Erregung der Arbeitsmuskulatur zur rhythmischen Pumpaktion erfolgt vom sogenannten Sinusknoten aus. Er besteht aus einer Anhäufung von Herzmuskelzellen, die in regelmäßigen Abständen elektrische Impulse an die übrige Herzmuskulatur senden. Auf diese Weise wird die Schlagfrequenz des Herzens festgelegt.
Die Entstehung der Spannungsimpulse erfolgt auf eine andere Weise als bei einer chemischen Spannungsquelle (Volta Element). Dieser natürliche Schrittmacher befindet sich im rechten Vorhof des Herzens und hat einen Durchmesser von etwa 2 mm. Seine Impulse entstehen genauso wie die Erregungssignale in einer Nervenzelle (Abb. ➤ 3). Stechen wir eine Mikroelektrode in eine Zelle des Sinusknotens, so messen wir eine Spannung (Potential) zwischen der inneren und äußeren Zellflüssigkeit von – 60 bis – 90 mV. Folglich ist das Zellinnere während der Ruhephase (Diastole) negativ im Vergleich zum Zelläußeren. Man bezeichnet diese Spannungsdifferenz als Ruhepotential. Das Verhältnis der Kaliumionenkonzentration zwischen der Flüssigkeit im Zellinneren und Zelläußeren bestimmt die Höhe des Ruhemembranpotentials. Änderungen der Kaliumkonzentration führen zu einer Änderung des Ruhepotentials.
Die Depolarisation, auch Erregung genannt, ist durch einen raschen Wechsel des Membranpotentials gekennzeichnet. Dabei wird das Zellinnere elektrisch positiv gegenüber dem Zelläußeren. Der rasche Potentialanstieg entsteht durch ein plötzliches Einströmen von Natriumionen aus dem Zelläußeren, indem die Zellmembran spontan durchlässig für Natriumionen wird. Dabei entsteht eine Spannung von 110 mV bis 130 mV (Abb. ➤ 4). Diesen elektrischen Impuls bezeichnet man als Aktionspotential. Der Spannungsimpuls wird durch die Erregungsleitung weitergeleitet.

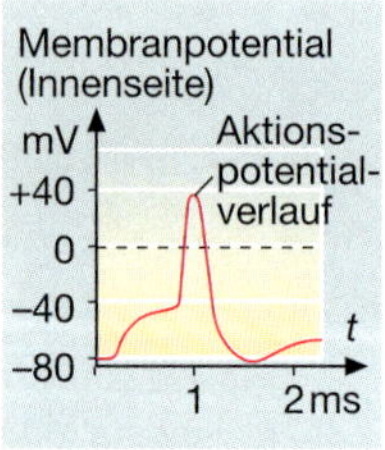

4 Aktionspotentialimpuls einer Herzzelle

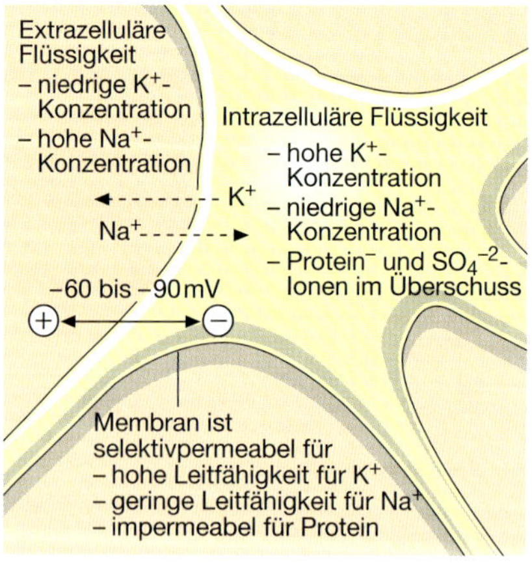

3 Entstehung einer Spannung in einer Nervenzelle

Das EKG

Im Jahre 1903 wies der niederländische Arzt ***Willem Einthoven*** erstmals elektrische Impulse nach, die vom Herzen eines Hundes ausgingen. Als Nachweisgerät benutzte er ein Fadengalvanometer, in dem ein silberbeschichteter Quarzfaden zwischen den Polen eines Elektromagneten gespannt war. Die elektrischen Impulse des Herzens wurden durch Elektroden aufgenommen und durch den Faden geleitet. Der Faden wurde im Rhythmus der elektrischen Impulse im Magnetfeld abgelenkt. Diese Auslenkung des Fadens wurde auf einer beweglichen Photoplatte aufgenommen. Einthoven konnte mit diesem Gerät bereits Unregelmäßigkeiten des Herzens feststellen. Für seine Entdeckung erhielt Einthoven 1924 den Nobelpreis.

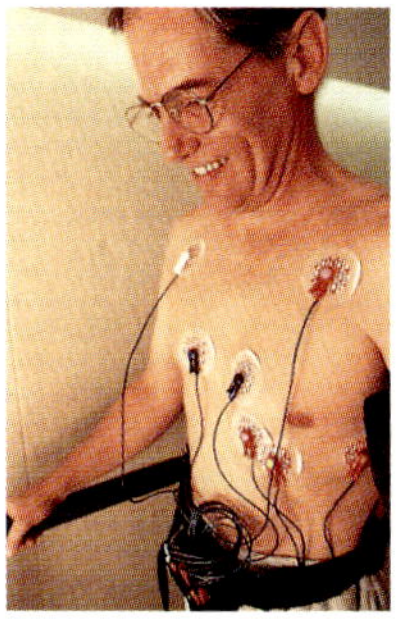

1 Aufnahme eines Elektrokardiogramms

Bei den heutigen Messgeräten werden die bei der Erregung des Herzens auftretenden elektrischen Spannungen an bestimmten Stellen der Haut (Abb. ➤ 1) mit Elektroden abgeleitet und von einem hochempfindlichen Messgerät, das Elektrokardiogramm (kurz EKG), registriert. Dies ist möglich, weil der vom Herzen ausgehende Spannungsimpuls sich bis auf die Körperoberfläche ausbreitet.
Die Aufzeichnung der Spannungswerte ergibt die typische EKG-Kurve mit Zacken und Strecken (Abb. ➤ 2). Die einzelnen Zacken sind nach internationaler Übereinkunft mit bestimmten Buchstaben bezeichnet. Die mit P gekennzeichnete Zacke ist die Folge der Herzvorkammererregung. Der QRS-Komplex ist Ausdruck der Herzkammererregungen und der T-Zacken zeigt die Erregungsrückbildung des Herzens an. Jeder Zacken hat beim gesunden Herzen eine bestimmte Höhe und eine bestimmte Zeitdauer. Die P-Zacke z. B. soll 0,1 s nicht überschreiten. Aus den Veränderungen der Zacken hinsichtlich Zeitdauer, Höhe des Ausschlags und Form können Rückschlüsse auf die Erkrankung des Herzens gezogen werden. Beim Herzinfarkt verlieren einzelne Muskelpartien ihre Funktionstüchtigkeit, die sich in einer Veränderung der elektrischen Impulse bemerkbar macht (Abb. ➤ 3).

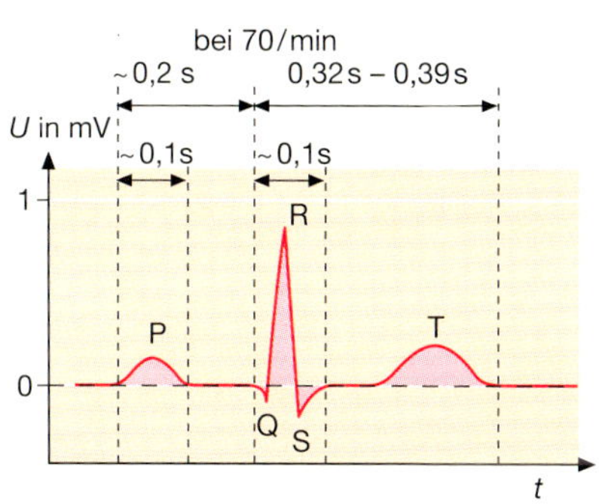

2 EKG-Kurve des Herzens

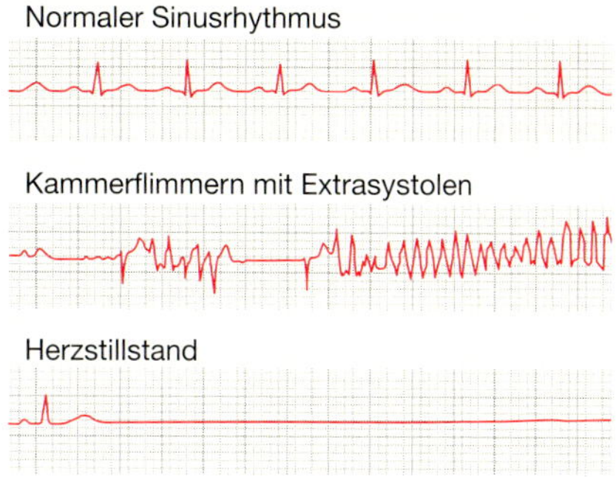

3 Typische EKG-Befunde

Das Herz als Blutpumpe

Das Herz schlägt im Laufe eines 70-jährigen Lebens rund $2{,}5 \cdot 10^9$-mal, hunderttausendmal in 24 Stunden. Die Arbeit beider Herzkammern beträgt rund 1 J pro Herzschlag. Bei den üblichen 70 Herzschlägen pro Minute ergibt sich eine Tagesleistung von rund 100 kJ . Sie würde ausreichen, um einen Erwachsenen mit einer Masse von 100 kg auf die Spitze eines 100 m hohen Turms zu heben (Abb. ➤ 4). Das pro Minute geförderte Volumen beträgt in der Ruhephase 4 bis 5 *l*. Bei körperlicher Anstrengung werden 10 bis 15 *l* und bei trainierten Sportlern sogar 30 *l* pro Minute erreicht.

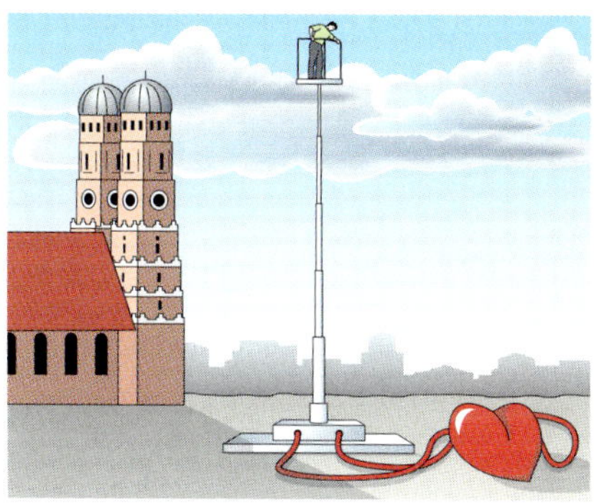

4 Die Tagesleistung eines ruhig schlagenden Menschenherzens

Sonographie, Junge oder Mädchen – Portrait des Ungeborenen

VERSUCHE

① Mit Hilfe von Schallsignalen wird die Entfernung *s* eines Gegenstandes *G* bestimmt, indem ein Sender *S* einen kurzen Schallimpuls aussendet, der am Gegenstand reflektiert wird. Das reflektierte Schallsignal wird von einem Empfänger *E* am Ort des Senders aufgefangen.

Für die Entfernung *s* des Senders vom Gegenstand gilt $s = c \cdot t/2$ ($c = 340\,\text{m s}^{-1}$). Als Kurzzeitmesser dient das Oszilloskop (Abb. ➤ 1), indem als Zeitnormal die 50 Hz-Frequenz Wechselspannung genutzt wird. Das Kippgerät des Oszilloskops wird mit einer Wechselspannung 50 Hz fremdsynchronisiert. Damit entspricht die vom Bildpunkt durchlaufene horizontale Entfernung gerade $^1/_{50}$ s. An den Eingang 1 des Oszilloskops wird der Lautsprecher über einen Kondensator eingekoppelt und am Eingang 2 wird das Mikrofon angeschlossen. Der Lautsprecher gibt alle fünfzigstel Sekunde einen Schallimpuls ab. Die beim Mikrofon ankommenden Schallimpulse werden vom Oszilloskop als Zacken angezeigt. Der erste Zacken rührt von den Schallimpulsen her, die direkt zum Mikrofon laufen, der zweite Zacken zeigt die vom Gegenstand reflektierten Schallimpulse an.

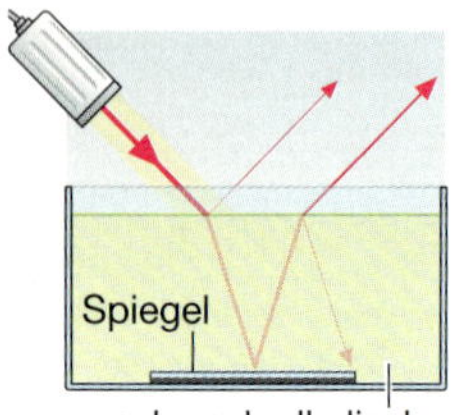

2 Simulation der Ausbreitung von Ultraschallwellen mit Hilfe eines Lichtbündels großer Leuchtstärke

② Zur Veranschaulichung der Ausbreitung des Ultraschalls verwenden wir Licht (Abb. ➤ 2). In eine mit Wasser und einigen Tropfen Fluoreszin gefüllte Küvette wird auf den Boden ein Spiegel gelegt. Richten wir ein Lichtbündel großer Leuchtstärke auf die Wasseroberfläche, so können wir sowohl die Brechung als auch die Reflexion des Lichtes an den verschiedenen Medien erkennen.

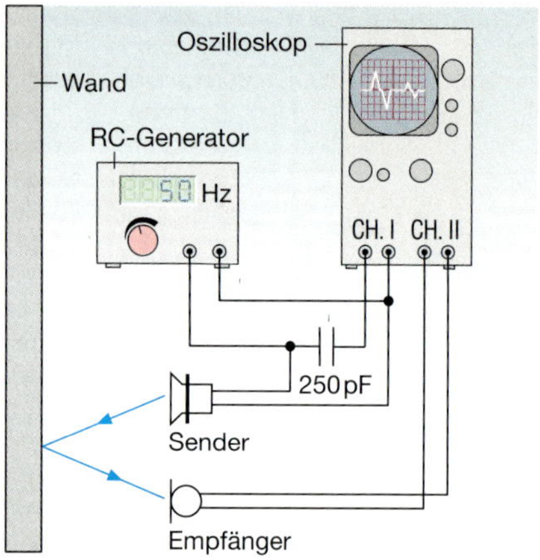

1 Versuchsaufbau und Schaltplan zur Entfernungsmessung durch Schallsignale

---

Physikalische Grundlagen des Ultraschalls

Ultraschallerzeugung: Ultraschall ist die Bezeichnung für mechanische Schwingungen, die sich in Gasen, Flüssigkeiten und festen Stoffen in Form einer Welle (Druckwelle, Dichtewelle) ausbreiten. Die Frequenz bewegt sich im Intervall von 20 kHz bis 1 GHz. Für die Erzeugung hochfrequenter Ultraschallwellen (MHz-, GHz-Bereich), die im medizinischen Bereich Anwendung finden, verwendet man vorwiegend piezoelektrische (griech.: piezein – drücken) Ultraschallgeber. Diese Schallgeber besitzen piezoelektrische Kristalle wie z. B. Quarz. Bringt man solche Kristalle in ein elektrisches Feld, z. B. zwischen zwei Kondensatorplatten, die an einer hochfrequenten Wechselspannungsquelle angeschlossen sind, so ändern diese Kristalle im Rhythmus des elektrischen Feldes ihre Dicke (Abb. ➤ 3). Sie werden mechanisch verformt. Dabei senden sie Ultraschallwellen aus. Neben dieser Anregung können Kristalle auch durch Magnetfelder zur Ultraschallerzeungung angeregt werden (Abb. ➤ 4). Eine industriell gefertigte Sonde, die in der Medizin zur Ultraschallaufzeichnung eingesetzt wird, zeigt Abb. ➤ 5.

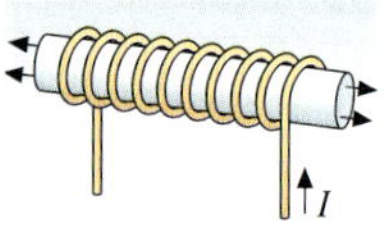

4 Magnetostriktiver Ultraschallgeber (Stabschwinger, Längenveränderung wird durch magnetische Felder induziert.)

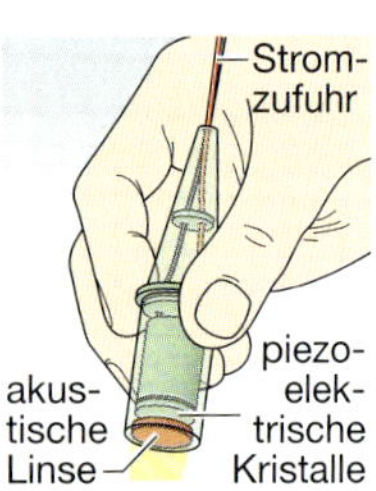

5 Schnitt durch eine industriell gefertigte Ultraschallsonde

Merkmale der Ultraschallausbreitung: Leitet man Ultraschallwellen in den menschlichen Körper ein, so werden die Moleküle des Gewebes in longitudinale Schwingungen um ihre Ruhelage versetzt. Die Ausbreitung der Schwingungen macht sich durch periodische Kompressionen (Druckerhöhungen) und Depressionen

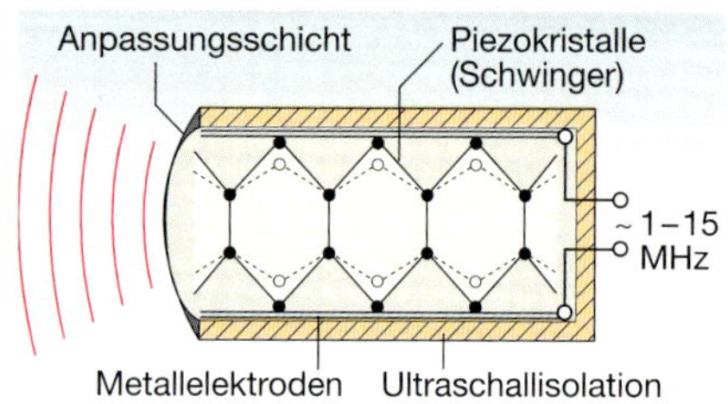

3 Prinzipieller Aufbau eines Ultraschallgebers, der durch elektrische Felder angeregt wird.

(Druckminderungen) in Fortpflanzungsrichtung des Ultraschalls bemerkbar. Als Wellenlänge wird der kleinste Abstand zwischen zwei gleichartigen Erregungszuständen der Welle bezeichnet (Abb. ➤ 1).

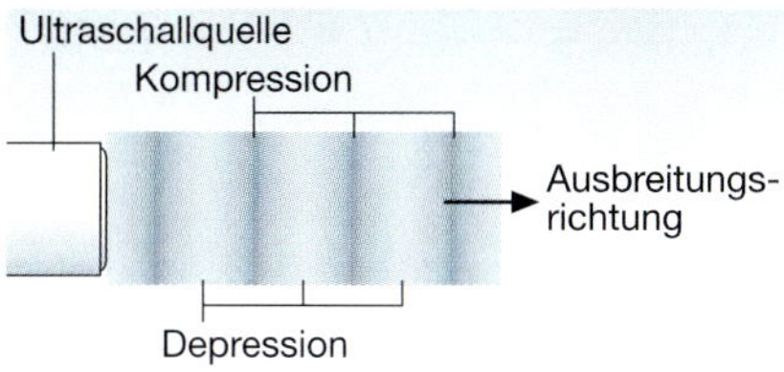

1 Druckschwankungen einer Longitudinalwelle

$\lambda = \frac{c}{f}$ (λ: Wellenlänge, c: Schallgeschwindigkeit, f: Frequenz)

Die Geschwindigkeit der Schallausbreitung hängt bei konstanter Temperatur von den Medieneigenschaften, wie Kompressibilität κ und Dichte ρ ab (Abb. ➤ 2).

$$c = \sqrt{\frac{1}{\kappa \cdot \rho}}$$

Reflexionsvermögen: Trifft eine Ultraschallwelle auf eine Grenzfläche zweier Medien mit unterschiedlichen akustischen Eigenschaften, so dringt ein Teil der einfallenden Energie in das andere Medium ein, während der restliche Teil reflektiert wird (Abb. ➤ 3). So werden z. B. an der Grenzfläche von Leber und Niere nur 6 %, an Knochen 40 %, an der Lunge 50 % der einfallenden Energie reflektiert. Eine fast vollständige Reflexion (99 %) liegt an der Grenzfläche von Luft und Hautgewebe vor. Zur Vermeidung starker Reflexionen muss auf eine luftfreie Kopplung von Ultraschallgeber und Gewebe geachtet werden, indem eine Spezialgelatine benutzt wird.

Brechung: Trifft eine Ultraschallwelle schräg auf die Grenzschicht zweier Medien, so wird sie gebrochen. Der Brechungsindex n lässt sich, wie in der Optik, aus dem Verhältnis der Ultraschallgeschwindigkeiten in den Medien (c_1, c_2) oder aus dem Verhältnis der Einfallswinkel α zu den Brechungswinkeln β (Abb. ➤ 4) berechnen.

Brechungsgesetz: $n = \frac{c_1}{c_2} = \frac{\sin \alpha}{\sin \beta}$

Die Schallgeschwindigkeit ist im dichteren Medium (Z. B. Wasser) größer als im dünneren Medium (z. B. Luft). Eine Schallwelle wird daher beim Übergang zum dichteren Medium vom Einfallslot weggebrochen (Abb. ➤ 5). Dies ist beim Übergang einer Ultraschallwelle von Luft in menschliches Gewebe zu berücksichtigen.

Beugung: In homogenen Medien breiten sich Ultraschallwellen geradlinig aus. Befindet sich in ihrer Ausbreitungsrichtung ein Hindernis, werden die Schallwellen in das Schattengebiet des Hindernisses gebeugt (Abb. ➤ 6). Die Stärke der Beugung ist von der Größe des Hindernisses im Verhältnis zur Ultraschallwellenlänge abhängig. Da λ bei rund 1 mm liegt, ist die Beugung sehr schwach ausgebildet.

Streuung: Treffen Ultraschallwellen auf eine rauhe Grenzfläche oder auf freie Partikel, welche in der Größenordnung der Ultraschallwellenlänge liegen oder kleiner sind, so unterliegt die weitere Schallausbreitung nicht mehr den Gesetzen der Reflexion. Es findet eine diffuse Streuung statt. Da das Gewebe aus vielen kleinen Grenzflächen (Zellen) besteht, sind die meisten empfangenen Echos Streuechos. Organgrenzen sind jedoch größer als die Ultraschallwellenlänge, demzufolge überwiegt an diesen Grenzflächen die Reflexion gegenüber der Streuung.

Medium	***c in m s***$^{-1}$
Luft	331
H_2O (20 °C)	1485
Knochen	360

2 Ausbreitungsgeschwindigkeiten von Ultraschallwellen

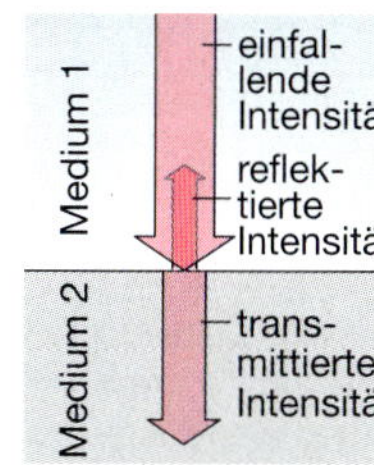

3 Senkrechter Einfall der Ultraschallwelle auf die Grenzfläche zweier Medien

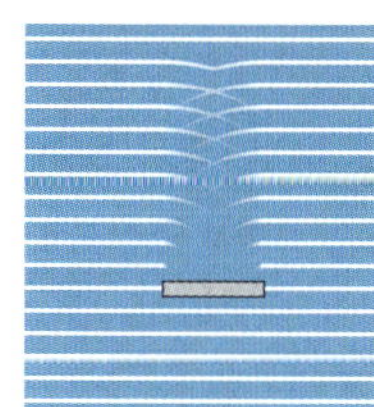

6 Beugung der Ultraschallwellen an einem Hindernis

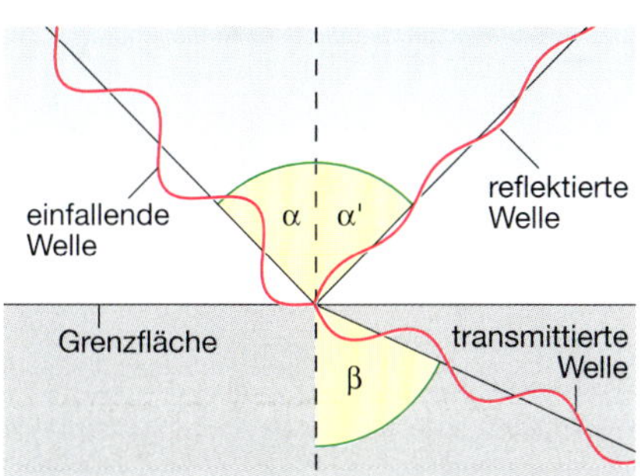

4 Verhalten von Ultraschallwellen, die auf die Grenzfläche zweier Medien auftrifft.

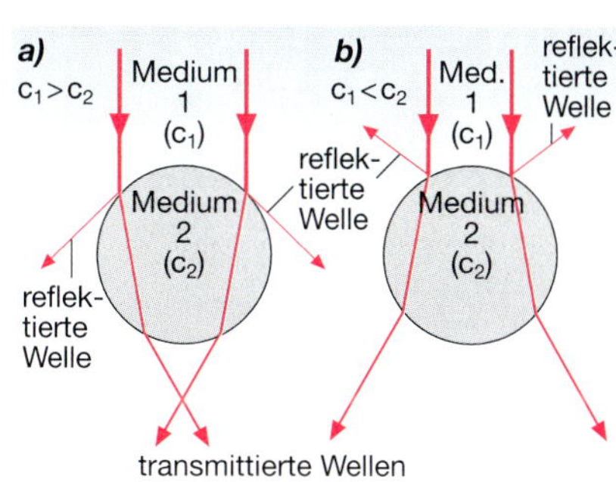

5 Grenzübergang von Ultraschallwellen an gekrümmten Flächen

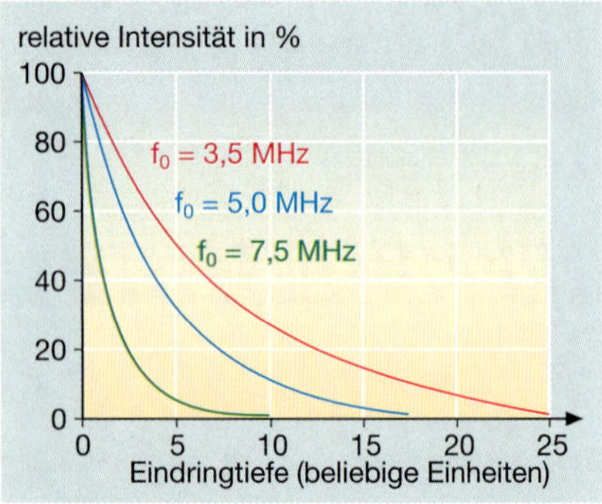

1 Exponentielle Intensitätsabnahme der Ultraschallenergie in Abhängigkeit von der Eindringtiefe und Sendefrequenz

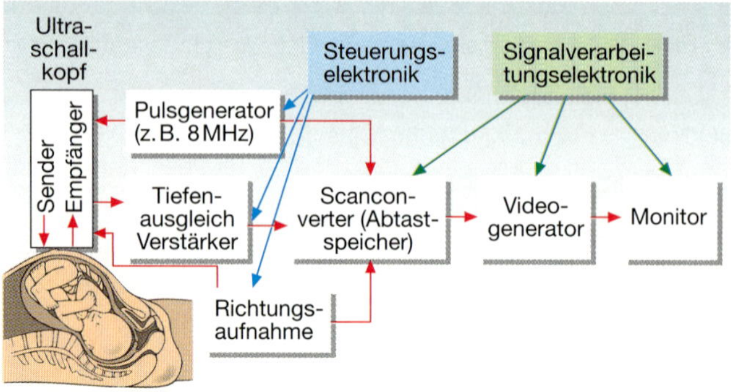

2 Blockschaltbild eines Ultraschallgerätes

Absorption: Durchdringt eine Ultraschallwelle ein Medium, so findet eine Wechselwirkung zwischen Ultraschallwelle und Medium statt. Mit zunehmender Schichtdicke verringert sich die Ultraschallintensität, die Schalldruckamplitude nimmt exponentiell mit dem Weg ab (Abb. ➤ 1). Die Absorption ist sowohl vom Gewebe als auch von der Ultraschallfrequenz abhängig.

Aufbau eines Ultraschallgenerators:
Abb. ➤ 2 zeigt den prinzipiellen Aufbau eines Ulraschallgenerators von der Erzeugung eines Sendeimpulses bis zur Bilddarstellung. Der Pulsgenerator erzeugt einen kurzzeitigen Puls der gewünschten Sendefrequenz von beispielsweise 8 MHz, der zum Schallkopf weitergeleitet wird. Im Schallkopf werden mit Hilfe von Piezokristallen die elektrischen Signale in akustische Schwingungen umgesetzt. Sobald der Sendeimpuls an das Medium abgegeben wurde, schaltet das System auf Empfang. Die gleichen Piezokristalle empfangen die Echos und wandeln sie zur weiteren Bildverarbeitung in elektrische Signale um. Im Verstärker werden die Signale vorverstärkt. In einem weiteren Verstärker findet ein sogenannter Tiefenausgleich statt, da mit zunehmender Gewebetiefe die Sendeimpulse geschwächt werden. Die Echos aus größerer Tiefe haben infolge der Absorption niedrigere Intensität bzw. Amplituden als Echos aus geringeren Tiefen. Aus der Zeitdifferenz zwischen dem Senden des Pulses und dem Empfang der Echos wird die Tiefe berechnet, aus der die Echos kommen. Gleichzeitig erhält der Abtastspeicher (Scanconverter) eine Information über die Richtung, in welcher die Impulse abgegeben und aus welcher Richtung die Echos empfangen werden. Damit sind die Bildkoordinaten eines Bildpunktes festgelegt, die in den Speicheradressen im Bildspeicher abgelegt werden. Im Videogenerator werden die digitalisierten Bildinformationen in ein Videosignal umgewandelt und an den Monitor weitergeleitet.

Verfahren zur Erzeugung von Bildern in der Ultraschalldiagnostik

Ziel der Ultraschalldiagnostik ist die Bilderzeugung über das Körperinnere, ohne den Körper zu öffnen. Zur Realisierung dieser Zielstellung nutzt man das aus der Schifffahrt bekannte Impuls-Echo-Verfahren (Echolotverfahren, Abb. ➤ 3), indem man Ultraschallimpulse erzeugt und die von den Gewebeschichten reflektierten Echos zu einem sichtbaren Schnittbild verarbeitet. Man erhält Reflexionen von einer Vielzahl hintereinanderliegender Grenzflächen. Die Folge von Reflexionen wird beendet, wenn die Ultraschallwellen auf Knochensubstanz oder gasgefüllte Räume treffen.

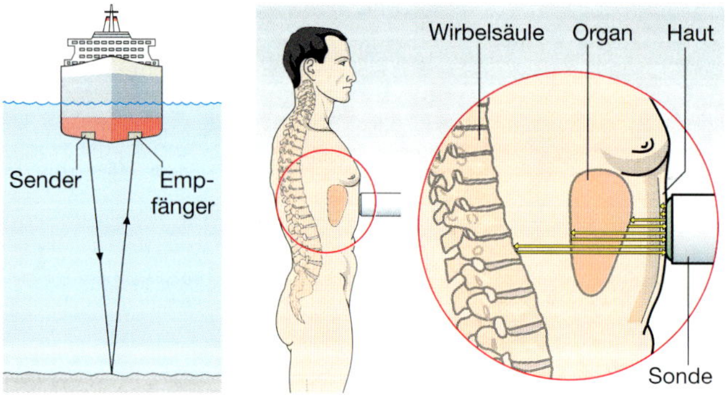

3 Vergleich Echolotverfahren in der Schiffahrt und Impulsechoverfahren in der Ultraschalldiagnostik

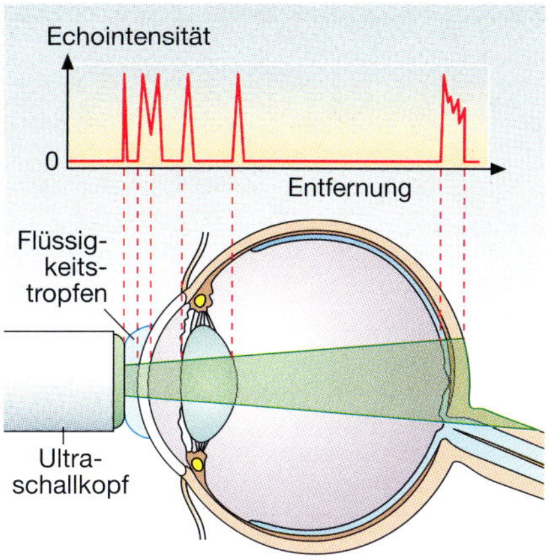

1 Echogramm des Auges (A-Scan-Verfahren), A: Initialecho der Grenzfläche Schallgeber/Flüssigkeit; B: Doppelecho der Hornhaut (Vorder- und Rückfläche), C, D: Echos der Augenlinse (Vorder- und Rückfläche), E: Echo der Netzhaut.

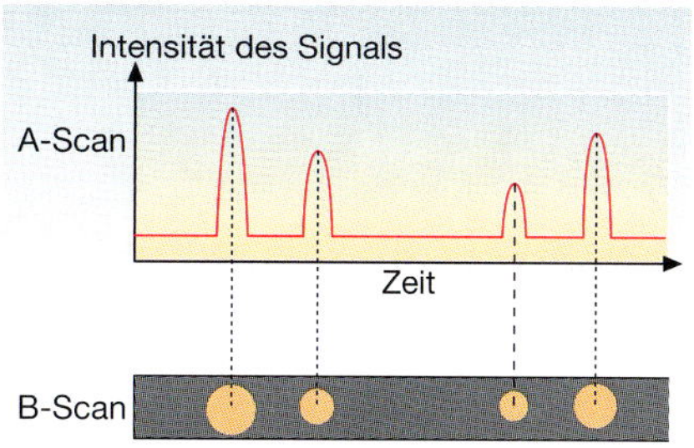

2 Darstellungsformen der gleichen Echoinformation im A-Scan und im B-Scan-Verfahren

3 Prinzip des B-Bild-Verfahrens

Amplituden-Bild-Verfahren (A-Scan-Verfahren): Dieses Verfahren ist mit dem Echolotverfahren vergleichbar. Nach dem Senden des Ultraschallpulses wird elektronisch sofort auf den Verstärker des Empfängers umgeschaltet. Auf dem Bildschirm eines Oszilloskops wird in *x*-Richtung begonnen, eine Zeitlinie zu schreiben. Sie stellt den Laufweg dar. In Abhängigkeit von der Laufzeit werden alle empfangenen Echoimpulse entsprechend der Schallintensität als vertikale Zacken in *y*-Richtung dargestellt (Abb. ➤ 1). Der zeitliche Abstand der Sendeimpulse muss größer sein als die Zeit, die zum Empfang der Echos aus der größten Gewebetiefe benötigt wird. Dadurch werden Überlagerungen von Sendeimpulsen und Echos vermieden. Das A-Bild-Verfahren wird vorwiegend zur Entfernungsmessung im Bereich des Gehirns und der Nebenhöhlen sowie in der Augendiagnostik eingesetzt.

B-Bild-Verfahren (B: brightness, Helligkeitsverfahren): Dieses Verfahren liefert anschauliche zwei-dimensionale Darstellungen der echogebenden Grenzflächen. Die Echoamplituden eines Abtastvorganges werden als Helligkeitsgrade (Grauwerte) in einer Bildlinie dargestellt (Abb. ➤ 2). Je größer die Amplitude ist, desto heller wird der entsprechende Punkt im Bild. Das B-Bild wird aus vielen Schallbildlinien zusammengesetzt (Abb. ➤ 3). Damit eine fortlaufende, zeitlich scheinbar kontinuierliche Darstellung der untersuchten Region möglich ist, muss die Bildwiederholungsfrequenz größer als 15 Bilder pro Sekunde sein. Die Abtastverfahren können in mechanische und elektronische Verfahren unterteilt werden. Bei mechanischen Verfahren wird durch langsame Bewegung des Schallwandlers ein Körperabschnitt abgetastet. Beim elektronischen Verfahren besteht der Schallwandler aus einer Reihe parallel angeordneter Schallwandlerelemente. Die Abtastung erfolgt durch eine entsprechende elektronische Ansteuerung. Das B-Bild-Verfahren wird hauptsächlich in allen Bereichen der Weichteildiagnostik eingesetzt. Bei Schwangerschaftsvorsorgeuntersuchungen (Abb. ➤ 4) kann bereits in den ersten Schwangerschaftwochen feststellt werden, ob sich im Mutterleib Zwillinge entwickeln (Abb. ➤ 5).

M-Bild-Verfahren (M: motion, Dynamisches Bild-Verfahren): Bei diesem Verfahren wird stets die gleiche Region im Körper beschallt. Die nacheinander gewonnenen Abtastlinien werden auf dem Monitor zusammengesetzt. Da alle Bildlinien zum selben Körperteil gehören, lassen sich Bewegungsabläufe dieses Körperteils darstellen. Dieses Verfahren findet in der Herzdiagnostik Anwendung.

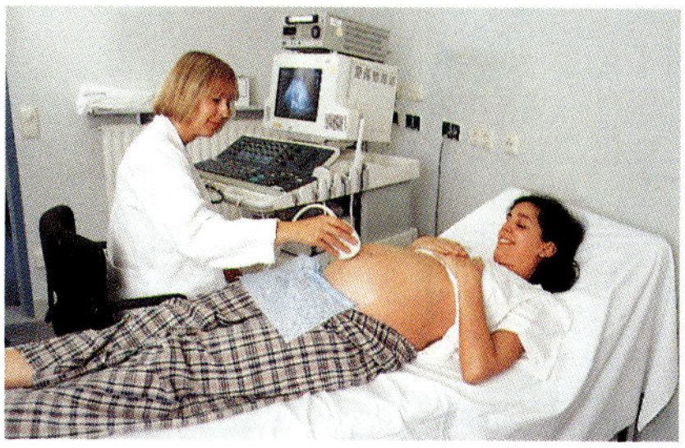

4 Mit Hilfe der Ultraschalluntersuchung lässt sich das Wachstum des Fötus kontrollieren.

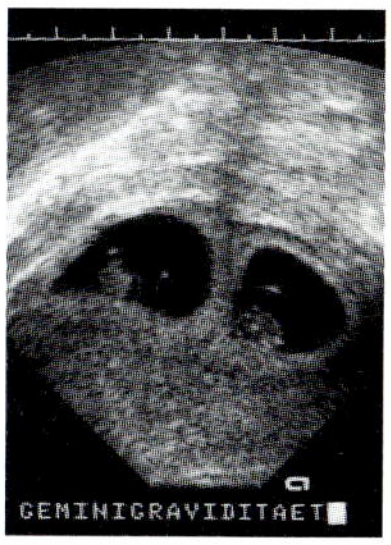

5 Ultraschallbild von Zwillingen im Mutterleib

Ultraschalltherapie

Die therapeutische Wirkung der Ultraschallenergie besteht vor allem in der Gewebserwärmung, der Förderung der Durchblutung, der Schmerzstillung, der Krampflösung und der Entzündungshemmung. Dabei werden folgende Wirkungen des Ultraschalls genutzt:

Mechanische Wirkung: Die longitudinale Ausbreitung des Ultraschalls in biologischen Geweben verursacht Wechseldrücke, Teilchenverschiebungen und Beschleunigungen. Bei niedrigen Intensitätswerten unter $1\,\mathrm{W\,cm^{-2}}$ kommt es zu einer Mikromassage des Gewebes, wodurch auf rein mechanischem Wege der Stoffwechsel und die Durchblutung des Gewebes gesteigert werden. Gleichzeitig kommt es zu einer mechanischen Reizung von Nervenzellen, die über die Erregungsleitung zum Gehirn heilsame Reaktionen stimulieren kann. So beschallt man z. B. bei rheumatischen Erkrankungen nicht nur die Gelenke, sondern auch die gesamte Nervenbahn vom Rückgrat bis zum Gelenk. Bei höheren Intensitäten nimmt die mechanische Wechselbeanspruchung zu und kann bei längerer Einwirkungsdauer Zellmembranen beschädigen und zu Ermüdungsbrüchen von Makromolekülen und kollagenen Fasern führen.

Thermische Wirkung: Ultraschall wird im biologischen Gewebe in Wärme umgewandelt. Der dominierende Mechanismus ist dabei die innere Reibung, die durch die im beschallten Gewebe auftretende starke Relativbewegung benachbarter Teilchen entsteht. Die Erwärmung im Gewebe führt vor allem zu einer Erweiterung der Kapillargefäße und damit zu einer Durchblutungsförderung. Sie kann lokal zu einer gezielten Überhitzung in der Krebstherapie eingesetzt werden. Bei der Wärmebehandlung wird die Intensität so eingestellt, dass ein spürbares Wärmegefühl auftritt. Je nach Erkrankung und Heilungsverlauf sind bis zu 20 Behandlungen mit 5 bis 10 Minuten Dauer erforderlich. Für die Wahl der Schallintensität und Behandlungsdauer werden Erfahrungswerte herangezogen, die in Tabellenform vorliegen.

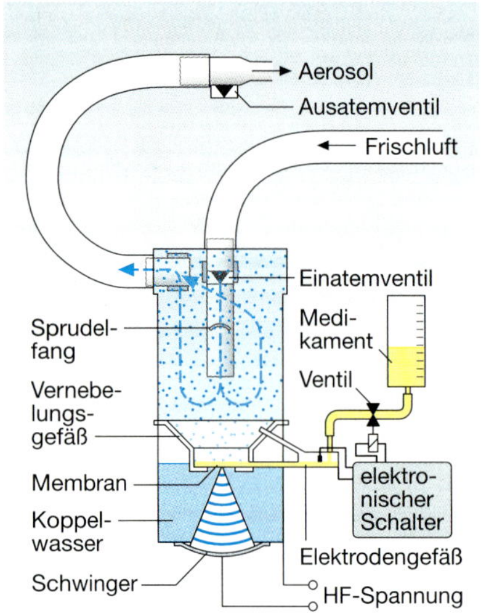

1 Vernebelunsprinzip

Biochemische Wirkungen: Durch Ultraschall können im Gewebe folgende chemische Vorgänge ausgelöst und begünstigt werden:
- Beeinflussung des Diffusionsvermögens der Zellmembranen,
- Auslösung von Oxidationsprozessen,
- Geringe Verschiebung des pH-Wertes in Richtung Alkalisierung.

Spezielle therapeutische Verfahren der Ultraschallbehandlung

Zahnsteinentfernung: Zur Entfernung des Zahnsteins werden Mikromeißel piezoelektrisch oder magnetostriktiv in Schwingungen versetzt. Es werden bevorzugt Frequenzen im Bereich von 40 kHz angewendet. Der schwingende Mikromeißel schlägt die Kalkschicht des Zahnsteins schmerzlos ab.

Entfernung von Blasensteinen (Lithotripsie): In zunehmenden Maße werden physikalische Methoden zur Behandlung von Steinerkrankungen eingesetzt. Zur Steinzerstörung in der Harnblase werden Ultraschallwellen direkt über eine Sonde ins Körperinnere geführt. Zur Behandlung von Nieren- und Gallensteinen wird heute die Stoßwellenlithotripsie eingesetzt.

Erzeugung von Aerosolen: Mit Hilfe von Ultraschallverneblern (Abb. ➤ 1) werden Lösungen oder Suspensionen von Medikamenten in kleinste Tropfen zerstäubt. Diese Tropfen schweben in der Luft und bilden den sogenannte Aerosole. Bei 1 MHz liegt der Durchmesser der Tröpfchen bei 1 µm. Durch die Atmung können somit Medikamente den Bronchien der Lunge zugeführt werden.

Röntgendiagnostik – die Revolution in der praktischen Chirurgie

1 Wilhelm Conrad Röntgen (1845 - 1923)

Der erste Nobelpreis für Physik.

1901 wurde ***Wilhelm Conrad Röntgen*** (Abb. ➤ 1) der erste Nobelpreis für Physik verliehen. Die Entdeckung war für die praktische Chirurgie überwältigend. Röntgen stieß auf diese Entdeckung, als er mit Kathodenstrahlen (Elektronenstrahlung) experimentierte. Er bemerkte, dass das mit Leuchtstofffarbe überzogene Papier aufleuchtete, wenn er die Kathodenstrahlröhre einschaltete. Röntgen hielt zufällig seine Hand zwischen die Kathodenstrahlröhre und den Leuchtschirm. Zu seiner Verblüffung wurde schemenhaft die Form seiner Handknochen sichtbar.

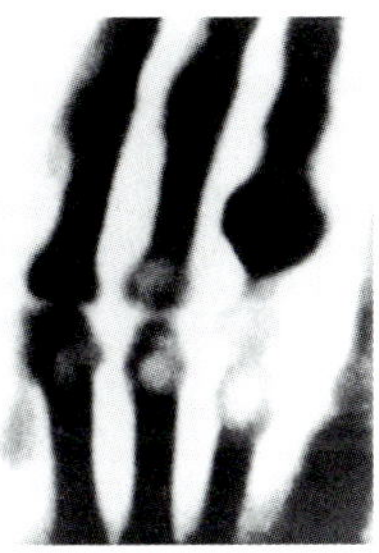

3 Erste Röntgenaufnahme der Welt

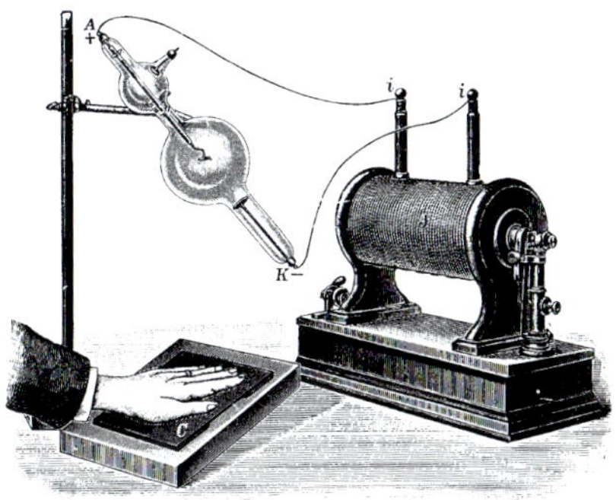

2 Experimontieranordnung von Wilhelm Conrad Röntgen von 1895

Dank seines Interesses an der Fotografie ersetzte Röntgen den Leuchtschirm durch eine Fotoplatte (Abb. ➤ 2). Von der linken Hand des Würzburger Anatomen von Kölliker machte er dann die erste Röntgenaufnahme der Welt (Abb. ➤ 3). Röntgen nannte diese unsichtbare Strahlung, die Stoffe durchdringt, X-Strahlen.

Physikalische Eigenschaften der Röntgenstrahlung:

– Röntgenstrahlung ist eine energiereiche elektromagnetische Strahlung. Sie kann Materie durchdringen, die nicht durchsichtig ist;
– sie ist nicht sichtbar;
– sie ionisiert Stoffe (Gas, Luft und feste Stoffe);
– sie regt Leuchtstoffe zur Fluoreszenz an;
– sie schwärzt fotografische Schichten;
– sie wird von Materie absorbiert.

Die Absorption der Röntgenstrahlung erfolgt exponentiell (Abb. ➤ 5) nach dem Absorptionsgesetz.

$I = I_0 \cdot e^{-\mu \cdot x}$

I: Intensität hinter dem Absorber, I_0: Intensität vor dem Absorber, μ: Schwächungskoeffizient, x: Dicke des Absorbers.
Der Schwächungskoeffizient ist vom durchstrahlten Medium und von der Energie der Röntgenstrahlung abhängig. Diese Erkenntnis spielt bei der Durchführung von Röntgenaufnahmen in der Medizin eine besondere Rolle.

Die Röntgenstrahlung kann nach Erkenntnissen der Quantenphysik auch mit Hilfe des Quantenmodells beschrieben werden. Die Röntgenquanten stellen die kleinsten Energieportionen $E = h \cdot f$ der Röntgenstrahlung dar. Bei der Wechselwirkung der Röntgenstrahlung (Röntgenquanten mit Materie, wie z. B. Metalle oder Gewebe, können folgende vier Prozesse auftreten: Streuung der Röntgenstrahlung, photoelektrischer Effekt, Compton-Streuung und Paarbildung.

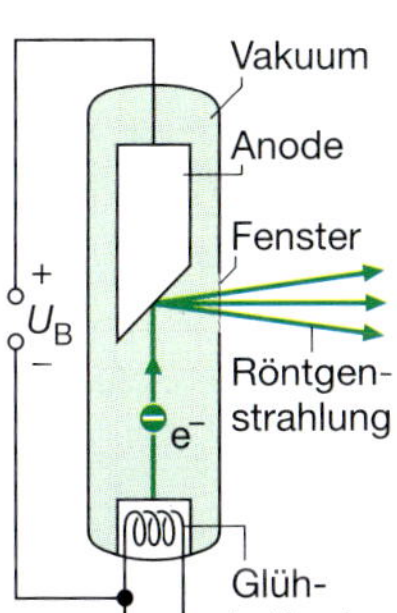

4 Aufbau einer Röntgenröhre

Entstehung der Röntgenstrahlung

Eine Röntgenröhre besteht aus einem luftleeren Glaskolben, in den eine Glühkathode und ein kleiner Metallblock als Anode eingeschmolzen sind (Abb. ➤ 4). Die Spannung zwischen Katode und Anode liegt bei medizinischen Geräten bei etwa 100 kV. Die damit beschleunigten Elektronen treffen auf die Anode, wo sie abgebremst werden. Dabei entsteht eine energiereiche elektromagnetische Strahlung, die man nach ihrem Entdecker Röntgenstrahlung nennt. Ihre Wellenlänge liegt etwa zwischen $3 \cdot 10^{-8}$ m und 10^{-17} m.

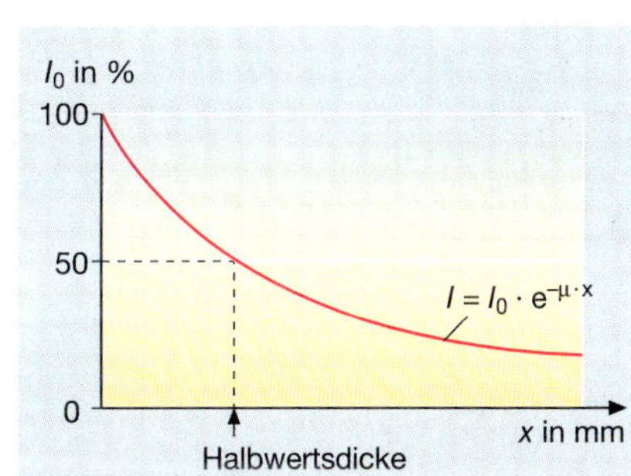

5 Absorption der Röntgenstrahlung in Abhängigkeit von der Dicke der Materie

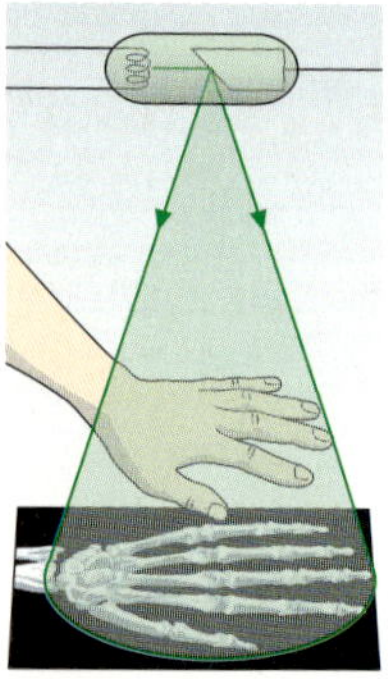

1 Entstehung eines Röntgenbildes durch Schattenwurf

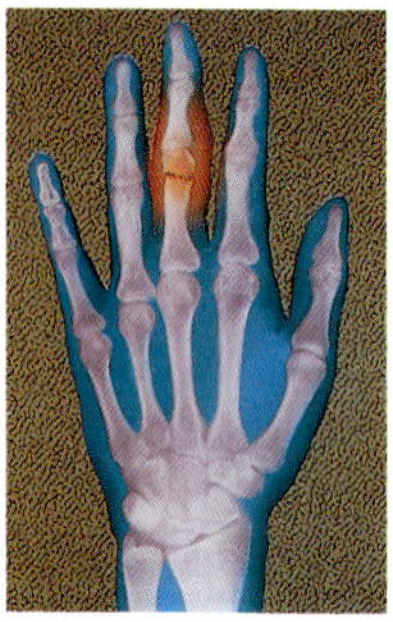

2 Das kolorierte Röntgenbild zeigt einen Bruch des Mittelfingers.

Anwendung der Röntgenstrahlung in der Diagnostik

Röntgenbilder entstehen nicht auf die in der Optik übliche Weise durch Abbildung, sondern durch Schattenwurf des abzubildenden Objekts (Abb. ➤ 1). Die verschiedenen Gewebearten des menschlichen Körpers absorbieren Röntgenstrahlung in unterschiedlicher Weise. Da Knochen Calcium enthalten, absorbieren sie Röntgenstrahlung sehr gut. Gewebe hingegen, wie Hautgewebe, Fettgewebe oder Muskelgewebe, schwächen die Röntgenstrahlung weniger stark. Wird z. B. eine Hand geröntgt, durchdringt die Röntgenstrahlung fast ungehindert das weiche Gewebe, die Handknochen jedoch weniger gut. Da Röntgenstrahlung Filme schwärzt, erscheinen die Knochen, die nur wenig von der Röntgenstrahlung durchdrungen werden, hell und deutlich, die weichen Gewebe dunkelgrau bis schwarz (Abb. ➤ 2).

Was sagen Röntgenaufnahmen aus?

– Röntgenaufnahmen von Knochen: Knochen zeigen auffällige Veränderungen wie z. B. Brüche oder Risse. Der Arzt kann nach einer Knochenverletzung genau den Heilungsprozess kontrollieren. Auch Knochentumore lassen sich im Röntgenbild erkennen. Ebenso ist die Knochendichte auf dem Röntgenbild zu sehen. Der Arzt kann so Erkrankungen der Knochen, wie die Osteoporose (Abb. ➤ 3) feststellen. Eine Aufnahme der Handwurzelknochen verrät das Alter des Menschen.

– Röntgenaufnahmen im Magen-Darm-Bereich: Magen und Darm können von einer Vielzahl von Erkrankungen und Störungen befallen werden. Dazu zählen vor allem Entzündungen, Geschwüre, Polypen, Infektionen, Tumore und Darmverschlüsse.

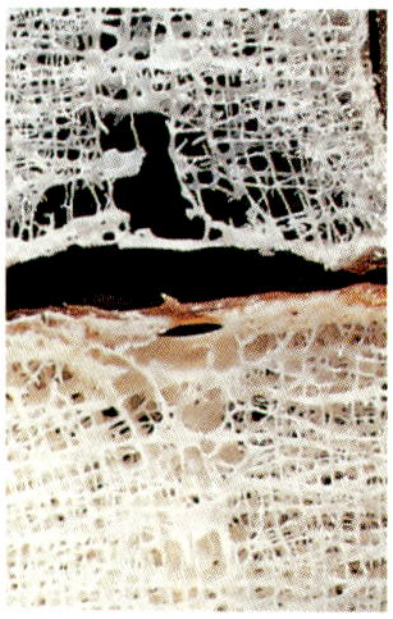

3 Gesunder Knochen (unten), Osteoporose (oben)

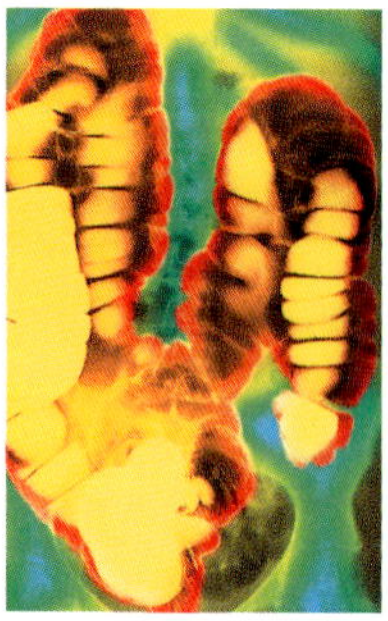

4 Barium-Röntgenbild des Darmes (Kontrastaufnahme)

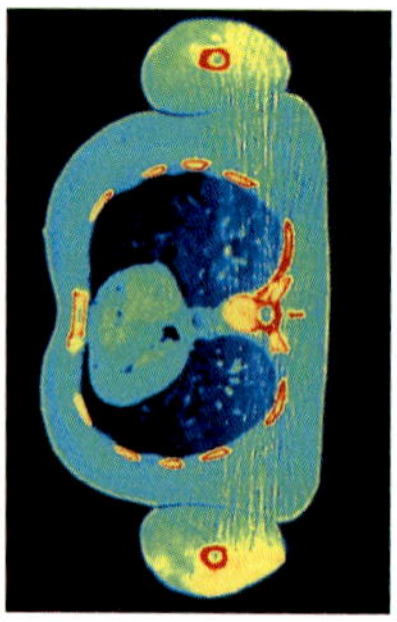

5 CT-Aufnahme des Brustkorbs mit Lunge und Herz

Da die unterschiedlichen Gewebearten (Weichteile) die Röntgenstrahlung nur wenig absorbieren, verwenden die Ärzte Kontrast- und Doppelkontrastverfahren. So wird z. B. für den Magen-Darm-Trakt das Kontrastmittel Bariumsulfat als Getränk oder als Einlauf verabreicht. Für die Röntgenstrahlung ist dieses Kontrastmittel undurchdringlich. Dadurch bilden sich bei der Aufnahme die Umrisse der Gefäße und Organe ab (Abb. ➤ 4). Beim Doppelkontrastverfahren werden Magen oder Darm nach dem Schlucken der Kontrastmittel zusätzlich aufgeblasen, damit sie in ihrer ganzen Größe sichtbar werden. Die Luft kommt über Schlauchsonden oder durch eine Art Brausepulver in den Magen oder Darm.

– Röntgenaufnahmen der Lunge. Für eine röntgenologische Darstellung kleiner Bronchienäste wird vor dem Röntgen ein jodhaltiges Kontrastmittel verabreicht. Es wird mit einem Katheter über die Luftröhre eingebracht. Mit Hilfe des Röntgenbildes lassen sich Lungenveränderungen, Lungenentzündungen, Tuberkulose, Tumore, Zysten und Ödeme erkennen.

Röntgen-Computertomographie

1979 erhielten der Medizinphysiker ***Allen MacLeod Cormack*** und der Elektroingenieur ***Godfrey Newbold Hounsfield*** für die Entwicklung der Röntgen-Computer-Tomographie (CT) den Nobelpreis für Medizin. Dieses Verfahren revolutionierte die Röntgendiagnostik, indem es wesentliche Nachteile der konventionellen Röntgenaufnahmen wie z. B. den zu geringen Kontrast und die mangelnde Tiefenschärfe insbesondere bei Gewebeaufnahmen größtenteils überwunden hat (Abb. ➤ 5). Die CT- Aufnahme ermöglichte erstmals die genaue Lokalisierung von Tumoren. Die Bezeichnung Tomographie leitet sich aus den griechischen Worten Schnitt (tome) und Schreiben (graphein) ab.

Aufbau einer CT-Anlage: Eine CT-Anlage (Abb. ➤ 1, nächste Seite) besteht im Wesentlichen aus drei Elementen, der Röntgenröhre, einem hochempfindlichen Detektorsystems und einem Computer. Der Computer hat die Aufgabe der Messwertverarbeitung, d. h. des Bildaufbaus, der Bildwiedergabe und der Bildarchivierung. Anstelle des Röntgenfilms werden bei diesem Verfahren hochempfindliche Halbleiterdetektoren bzw. Gasdetektoren (Ionisationskammern) eingesetzt. Der Halbleiter-

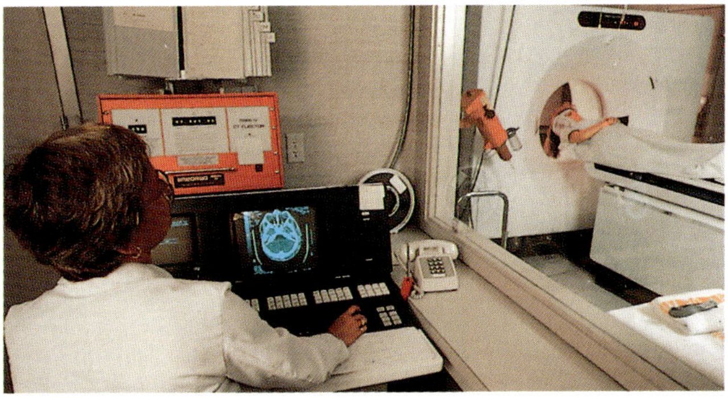

1 Computer-Tomographieanlage eines Krankenhauses

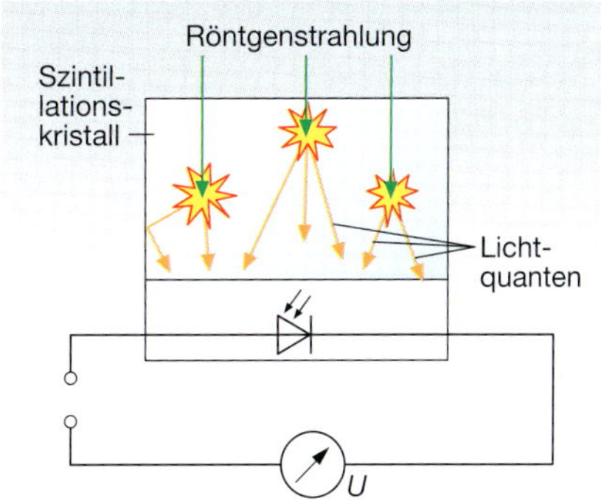

2 CT-Detektor

detektor (Abb. ➤ 2) besteht aus einem Szintillationskristall und einer Fotodiode. Im Kristall (Cäsiumjodid) ionisiert die Röntgenstrahlung die Kristallatome. Die freigesetzten Elektronen stoßen vielfach gegen das Kristallgitter und geben dabei ihre Energie bis auf eine kleine Restenergie ab. Diese Restenergie wird bei der Rückkehr des Elektrons zum Atomrumpf überwiegend in Form von sichtbarem Licht abgestrahlt. Dieses Licht trifft teilweise auf die Fotodiode und ändert deren Widerstand. Diese Widerstandsänderung ist umso größer, je stärker die Röntgenintensität ist. Die Stromschwankungen der Detektoren werden anschließend im Computer in Schwärzungsgrade umgesetzt und zu einem Schnittbild zusammengesetzt.

Funktionsweise einer CT-Anlage: Bei der Computer-Tomographie wird der Patient bildhaft in Scheiben geschnitten. Das Prinzip der CT-Anlage ist in Abb. ➤ 3 dargestellt. Ein ausgeblendeter Röntgenstrahl durchdringt die zu untersuchende Körperschicht und wird dabei geschwächt. Hinter der Körperschicht trifft der geschwächte Röntgenstrahl auf einen hochempfindlichen Detektor, der die ankommende Röntgenstrahlung in ein dazu proportionales elektrisches Signal umwandelt. Das elektrische Signal wird vom Computer weiterverarbeitet. Um die ganze Körperscheibe zu erfassen, wird die Einheit aus Röntgenröhre und Detektor schrittweise verschoben und anschließend um einen sehr kleinen Winkel gedreht. Dieser Vorgang der Verschiebung und Drehung wird solange wiederholt, bis die Röhre-Detektor-Einheit einmal die Körperschicht umkreist hat. Die Gesamtheit der gemessenen Daten enthalten die Informationen über den Querschnitt der Körperschicht. Der Computer rekonstruiert aus diesen Daten den Querschnitt des Körpers und stellt ihn auf einem Monitor dar.

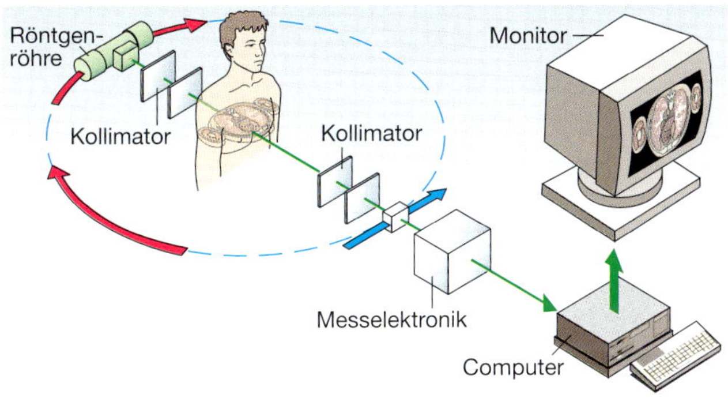

3 CT-Messanordnung

Anwendung der Röntgenstrahlung in der Therapie

Die Röntgenstrahlung wird auf Grund ihrer biologischen Wirkung auch in der Therapie angewendet. Die einzelnen Zellen oder Zellverbände des Körpers sind der Röntgenstrahlung gegenüber verschieden empfindlich. Junges, sich schnell teilendes Gewebe wird schneller geschädigt als anderes. Das erklärt die positive Wirkung der Röntgenstrahlung bei bösartigen Geschwülsten (Krebs) und bestimmten Entzündungsprozessen. Eine intensive oder länger andauernde Anwendung von Röntgenstrahlung ruft Veränderungen bestimmter Zellen oder Zellgruppen hervor. Das gesunde Gewebe um einen Tumor soll möglichst nicht geschädigt werden. Oftmals muss man zufrieden sein, wenn gesundes Gewebe nur 10 % von der Dosis im Tumor abbekommt. Die notwendigen Dosen, um einen Tumor in seinem Wachstum zu hemmen, liegen aber bei einigen Sievert. Da sind 10 % nicht mehr harmlos.

Wie gefährlich ist Röntgenstrahlung?

Biologischer Bereich	*Wichtige Strahleneffekte*
Molekularer Bereich	Schädigung der Makromoleküle wie z. B. Enzyme, Nukleinsäure (RNA, DNA), Beeinflussung von Stoffwechselvorgängen),
Zellularer und subzellularer Bereich	Schädigung von Zellmembran, Zellkern, Chromosomen und Zellbestandteilen, Hemmung der Zellteilungsprozesse, Umwandlung in krebsartigen Zustand, Zelltod
Gewebe, Organe	Unterbrechung solcher Systeme wie zentrales Nervensystem, Knochenmark und Verdauungstrakt
Populationen	Veränderungen der genetischen Eigenschaften, infolge von Gen- und Chromosomenveränderungen

1 Übersicht über mögliche Schädigungen durch Röntgenstrahlung

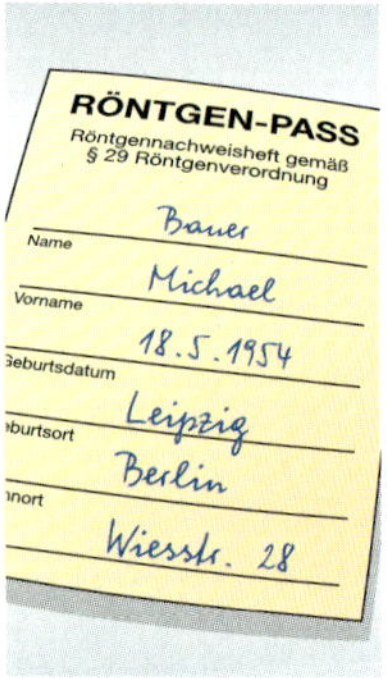

2 Röntgenpass

Die lebende Zelle in jedem Organismus kann durch die Röntgenstrahlung schwer geschädigt werden. Sie kann nicht nur verbrennungsartige Schädigungen an der Hautoberfläche, sondern auch in tieferen Gewebeschichten hervorrufen (somatische Schäden). Werden Gene von Röntgenstrahlung getroffen, so kann es an ihnen zu Veränderungen kommen, die zu Mutationen und damit zu vererbbaren Abnormitäten (genetische Schäden) führen. Die Schädigungen der Erbmasse sind Zufallsereignisse, die nur statistischen Gesetzmäßigkeiten unterliegen. Eine solche Veränderung kann daher, wenn auch mit geringer Wahrscheinlichkeit, bei kleinster Strahlendosis auftreten. Wie jede ionisierende Strahlung kann auch Röntgenstrahlung bösartige Erkrankungen, wie Krebs, auslösen. Verschiedene Gewebe und Organe haben dabei eine unterschiedliche Strahlenempfindlichkeit. Es ist zu beachten, dass eine strahlenbedingte Krebsentstehung nicht bei allen Personen gleich ist. Dies ist bedingt durch das Alter des Betroffenen und durch eine stärkere oder schwächere Immunabwehr des Körpers gegen Krebszellen. Durch die Einwirkung von Röntgenstrahlung im menschlichen Körper können Schädigungen sowohl im subzellularen Bereich als auch in der Funktionsweise der Organe auftreten (Abb. ➤ 1).

Über die gesundheitlichen Auswirkungen von Röntgenstrahlenbelastungen mit geringer Dosis liegen gegenwärtig noch keine gesicherten Erkenntnisse vor. Zum Schutz der Patienten ist von der Bundesregierung eine Verordnung über den Schutz vor Schädigungen durch Röntgenstrahlung erlassen worden. In dieser Verordnung sind für alle Untersuchungs- und Behandlungsarten mit Röntgenstrahlung Grenzwerte festgelegt worden, die für alle Ärzte verbindlich sind. Außerdem wird von allen Ärzten und Krankenkassen empfohlen, einen Röntgenpass (Abb. ➤ 2) freiwillig zu führen, um die Art und Anzahl der Röntgenuntersuchungen zu registrieren.

Die Alternative zum Röntgen – Magnetresonanz-Tomographie (MRT)

Die Magnetresonanz-Tomographie (MRT), auch Kernspin-Tomographie oder NMR (nuclear magnetic resonance) genannt, ist das modernste Schnittbildverfahren, das erst seit Anfang 1990 in Krankenhäusern eingeführt wurde. Bei dieser Methode wird keine Röntgenstrahlung benötigt. Große Bedeutung besitzt die MRT bei der Diagnose von Krankheiten des Gehirns, des Rückenmarks, der Augen, anderer Weichteile und der Gelenke.

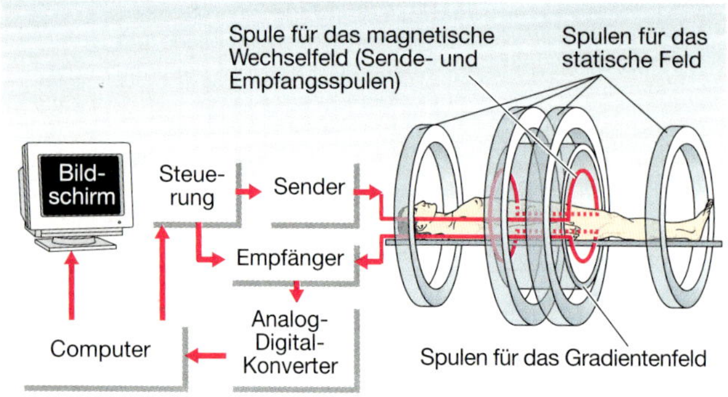

3 Aufbau einer MRT-Anlage

Aufbau einer MRT-Anlage: Wesentliche Bauelemente einer MRT-Anlage sind Ringmagnet, Gradientenspulen, hochleistungsfähiger Computer, Sende- und Empfangsspulen (Abb. ➤ 3).

– Der Ringmagnet erzeugt ein starkes Magnetfeld. Heute werden meistens supraleitende Magnete eingesetzt, deren Feldstärken zwischen 0,5 und 1,5 Tesla liegen.

– Die Gradientenspulen erzeugen ein schwaches Magnetfeld, dessen Stärke in einer Richtung abnimmt. Diese Magnetfelder ermöglichen die räumliche Zuordnung der gemessenen Daten.

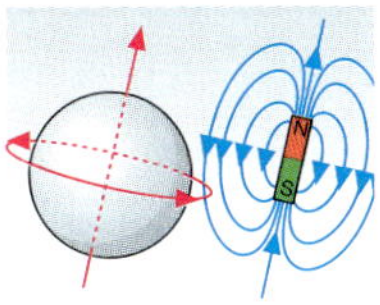

1 Eigendrehimpuls des Protons und Dipolfeld eines Stabmagneten

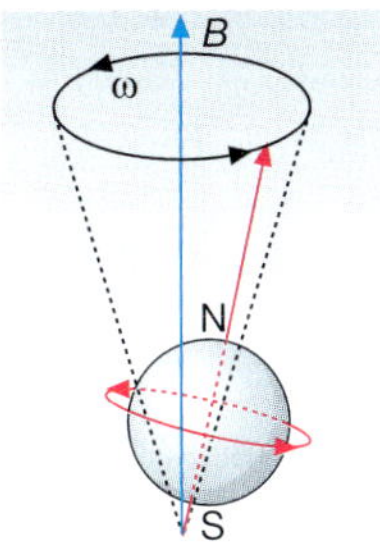

3 Präzession eines Protons in einem äußeren Magnetfeld

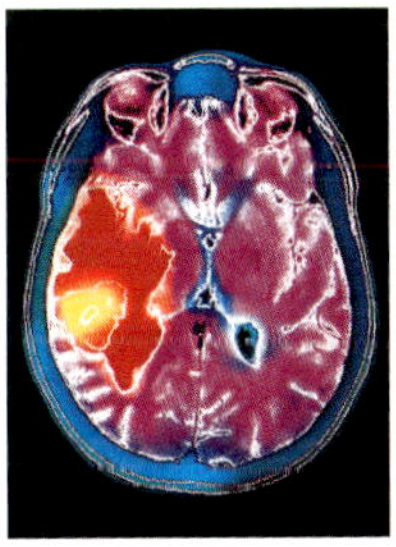

5 Koloriertes MRT-Bild mit Hirntumor (gelb)

– Die Sende- und Empfangsspulen haben zwei Aufgaben: a) Aussendung hochfrequenter Strahlung, damit bei den Atomkernen Resonanz entsteht und b) Empfang der von den Atomkernen abgegebenen Signale.
– Der Computer wertet die ermittelten Signale aus und stellt das MRT-Bild her.

Arbeitsweise einer MRT-Anlage: Lebendes Gewebe besteht aus einer Vielzahl verschiedener Moleküle, von denen die meisten Wasserstoffatome enthalten. Die H-Atomkerne (Protonen) besitzen wie alle Atomkerne mit einer ungeraden Anzahl von Kernbausteinen die besondere Eigenschaft, sich um ihre eigene Achsen zu drehen. Diesen Eigendrehimpuls der Kernbausteine bezeichnet man als Spin (engl. Schnelle Drehung). Da das Proton elektrisch geladen ist, entsteht bei der Rotation ein magnetisches Moment. Aus diesem Grund ist jeder Wasserstoffkern von einem kleinen Magnetfeld (kernmagnetischer Dipol) umgeben (Abb. ➤ 1). In wasserstoffhaltiger Materie wie z. B. im Wasser sind diese kernmagnetischen Dipole ungeordnet. Bringt man den menschlichen Körper, der zu $^{2}/_{3}$ aus Wasser besteht, in ein äußeres starkes Magnetfeld (Abb. ➤ 2), so orientieren sich die kernmagnetischen Dipole sofort parallel oder antiparallel zum äußeren Feld aus.

Bei ihrer Ausrichtung ordnen sich die magnetischen Momente der Protonen nicht starr in Richtung des äußeren Feldes an, sondern sie führen eine kreiselnde Bewegung um die Feldlinien des äußeren Feldes herum aus. Diese Bewegung wird als Präzession bezeichnet, und die dazugehörige Frequenz nennt man Larmor-Frequenz (Abb. ➤ 3). Bei der MRT wird von einer Spule ein Hochfrequenzfeld (MHz-Bereich) ausgestrahlt, das auf die im Magnetfeld ausgerichteten Atomkerne einwirkt. Entspricht die eingestrahlte Hochfrequenz der Frequenz des Kernspins (Resonanzfrequenz), so wird auf optimale Weise Energie übertragen. Dabei kippen die parallel angeordneten magnetischen Momente der Protonen in die antiparallele Richtung. Nach Beendigung der Energiezufuhr durch die Spule klappen die Protonen wieder in ihre ursprüngliche Ausrichtung zurück. Schaltet man in diesem Moment die Sendespule als Empfänger, so induzieren die präzedierenden magnetischen Momente der Protonen beim Umklappen in der Spule einen hochfrequenten Spannungsstoß, der vom Computer gespeichert wird (Abb. ➤ 4). Die Amplitude und die Frequenz der empfangenen Signale sagen etwas über die Anzahl der Wasserstoffkerne und damit über die Gewebedichte aus. Durch die Messung der Frequenz und der Amplitude entsteht mit Hilfe des Computers eine Karte der Gewebedichte d. h. ein zweidimensionales Schnittbild z. B. vom Kopf eines Patienten (Abb. ➤ 5).

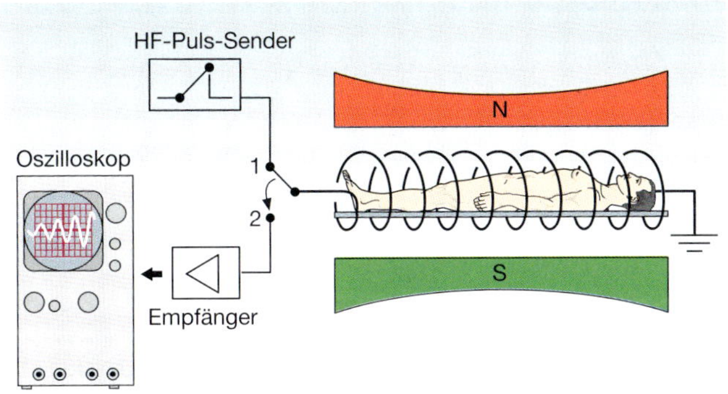

4 Kernresonanzapparatur: Anregung der Präzession und Messung der induzierten Resonanz

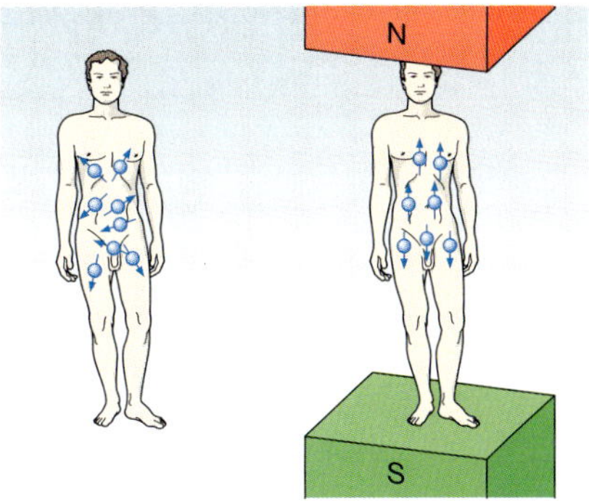

2 Regellose Anordnung der Dipolmomente im Körper ohne äußeres Magnetfeld und Ausrichtung der Dipolmomente im äußeren Feld

Kernspin-Tomographen erlauben zahlreiche Untersuchungen, die zuvor unmöglich oder sehr schwierig waren. Sie erlauben Einblicke in alle Weichteile des Körpers mit großer Bildschärfe, selbst in jene Organe, die wie das Knochenmark und das Gehirn von Knochen umgeben sind. Tumore und Zysten – vor allem im Gehirn und Knochenmark – lassen sich ebenso frühzeitig erkennen wie Knochenerkrankungen, die im Mark beginnen. Die Herde der Multiplen Sklerose zeichnen sich z. B. auf MRT-Bildern als kleine Pünktchen ab.

Endoskopie – der Mensch, von innen betrachtet

VERSUCHE

① Legen Sie einen Spiegel in eine leere Glaswanne und richten Sie ein Lichtbündel schräg auf ihn. Gießen Sie Wasser in die Wanne und beobachten Sie den Lichtweg (Abb. ➤ 1).

1 Lichtweg im Wasser

② Ein Lichtbündel wird beim Übergang von einem dichteren Medium (Halbzylinder aus Glas) nach einem dünnerem Medium (Luft) messend erfasst (Abb. ➤ 2).
Je größer der Einfallswinkel wird, desto mehr wird das Lichtbündel vom Lot weg gebrochen. Bei kleinem Einfallswinkel ist auch ein schwach reflektierter Lichtstrahl zu beobachten. Vergrößert man den Einfallswinkel weiter, dann verläuft schließlich der gebrochene Strahl entlang der Grenzfläche und verschwindet schließlich ganz. Das Licht wird von da an nur noch reflektiert. Man sagt, es wird total reflektiert.

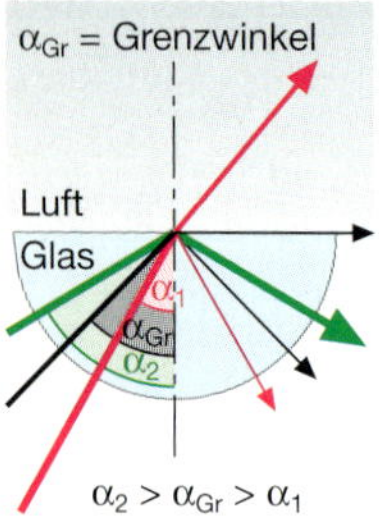

2 Totalreflexion zwischen Glas und Luft

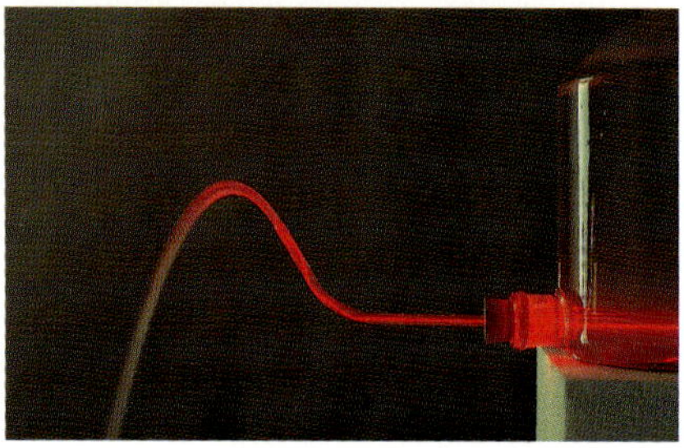

3 Aus einem Wasserstrahl tritt seitlich kein Licht aus.

③ Richtet man einen Laserstrahl bzw. ein Lichtbündel auf die Stirnfläche eines Stabes aus Plexiglas oder eines Wasserstrahls, so kann man den Weg des Lichtes im genannten Medium verfolgen. Das Licht wird innerhalb des Mediums weitergeführt und tritt am anderen Ende nahezu ungeschwächt aus (Abb. ➤ 3).

Bildübertragung aus dem Körper

Endoskope ermöglichen Ärzten, in das Körperinnere des Menschen zu sehen. Aus der Beschaffenheit der Oberfläche von Körperhöhlen und -kanälen und deren Veränderung in Form und Farbe kann der Arzt eine Diagnose stellen. Zwei Methoden werden unterschieden:

– Das Endoskop wird durch eine Körperöffnung eingeführt. So wird z. B. bei der Untersuchung der inneren Magenoberfläche das Endoskop über die Speiseröhre in den Magen geführt (Abb. ➤ 4). Darm-, Luftröhren- und Blasenspiegelungen sind weitere Anwendungen dieser Methode.

– Das Endoskop wird nach operativer Durchtrennung der Körperoberfläche eingeführt wie z. B. bei der Untersuchung des inneren Brustraumes und des Bauches.

Ein Endoskop erfüllt folgende Aufgaben:

1. Ausleuchten des jeweiligen Abschnittes im Körperinneren,

2. Bildhafte Erfassung des gewünschten Teiles des Körperinneren, sowie Weiterleitung des Bildes an den Betrachter,

3. Durchführung kleiner Operationen, ohne den Körper zu öffnen.

Die Entwicklung des Baus eines starren Endoskopes: Im Jahre 1805 baute ***Philipp Bozzini*** das erste Endoskop. Dieses Instrument, in dem eine brennende Kerze für Licht sorgte, wurde zur Betrachtung von Blase, Enddarm und Scheide eingesetzt. Das Endoskop selbst bestand

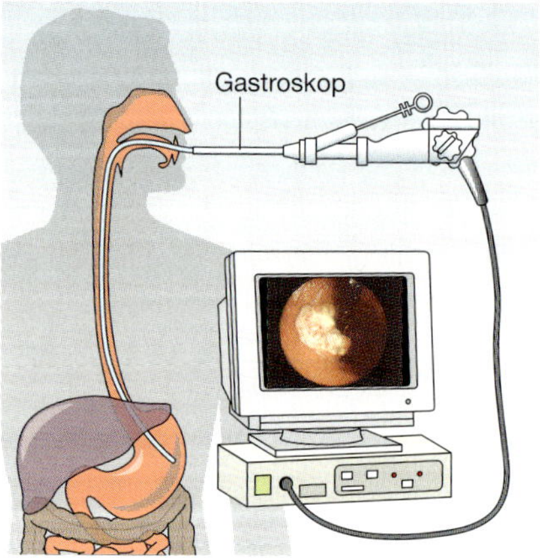

4 Modernes flexibles Endoskop (Gastroskop) mit Monitor.

aus einem Metallrohr, durch das Bozzini gleichzeitig das Licht der Kerze in die Körperhöhle spiegelte und hindurchschaute (Abb. ➤ 1a). Mit Hilfe dieses Gerätes gelang es Bozzini, Harnsteine der Blase zu identifizieren. Um 1850 wurde in Frankreich ein Endoskop entwickelt, in dem das Licht einer Petroleumlampe über einen Spiegel in das Organ geworfen wurde (Abb. ➤ 1b). Mit diesem Gerät wurde bereits versucht, eine Magenspieglung durchzuführen. Wegen der mangelnden Lichtstärke war die Sichtweite dieses Endoskops gering. 1879 baute der Dresdner Arzt ***Maximilian Nitze*** ein Endoskop, das zur Bildübertragung Glaslinsen benutzte (Abb. ➤ 1c). Das Bildweiterleitungssystem mit Linsen ist in Abb. ➤ 1d dargestellt. Als Lichtquelle verwendete er einen Platindraht, den er an der Spitze des Endoskops einbaute und mit Hilfe einer Batterie zum Glühen brachte. Damit konnte er die Körperhöhlen ausleuchten. Einen entscheidenden Qualitätssprung in der Bildübertragung in starren Endoskopen erreichte der britische Physiker ***Harald Hopkins*** im Jahre 1876. Er kehrte das Bauprinzip der bis dahin verwendeten Linsensysteme um. Statt schmaler Linsen, die durch luftgefüllte Zwischenräume getrennt waren (Abb. ➤ 1e), verwendete Hopkins Glasstäbe mit exakt geschliffenen Enden, die nur durch schmale Luftspalte getrennt waren. Das Licht wird an den Zwischenräumen (Luftlinsen) gebrochen und in Stäben aus Glas weitergeleitet. Durch dieses Konstruktionsprinzip verdoppelte sich die Lichtausbeute, der Kontrast und die Farbtreue nahmen zu. Zugleich konnte der Blickwinkel vergrößert werden und der Durchmesser des Endoskops entscheidend verkleinert werden.

Das flexible Endoskop (Fiberendoskop): Flexible Endoskope werden vor allem zu diagnostischen Zwecken im Magen-Darm-Trakt verwendet, weil sie den Windungen des Organs folgen können (Abb. ➤ 2). Die Biegsamkeit dieses Endoskops beruht auf der Verwendung eines Bündels dünner Glasfasern, wobei die einzelnen Fasern einen Durchmesser von nur 0,005 – 0,5 mm haben. Ein Teil des Faserbündels lenkt das Licht auf das Organ, das untersucht werden soll; der andere Teil überträgt das aufgenommene Bild, das sich der Arzt durch ein Okular anschaut. In einem nicht einmal 1 mm dicken Glasfaserbündel können sich mehr als 10 000 Fasern befinden, die ebenso viele Bildpunkte rasterförmig übertragen. Damit lassen sich kleinste Gewebeflächen untersuchen, wie z. B. ein Polyp im Dickdarm. Die einzelne Glasfaser besteht aus einer fadenförmigen Kernfaser mit hohem Brechungsindex n_{Kern}, die von einem Glasmantel mit niedrigerem Brechungsindex n_{Mantel} umgeben ist. An der Grenzschicht von Kern und Mantel werden Lichtstrahlen, die unter einem größeren Winkel als dem Grenzwinkel der Totalreflexion einfallen, total reflektiert und in der Kernfaser weitergeleitet (Abb. ➤ 3).

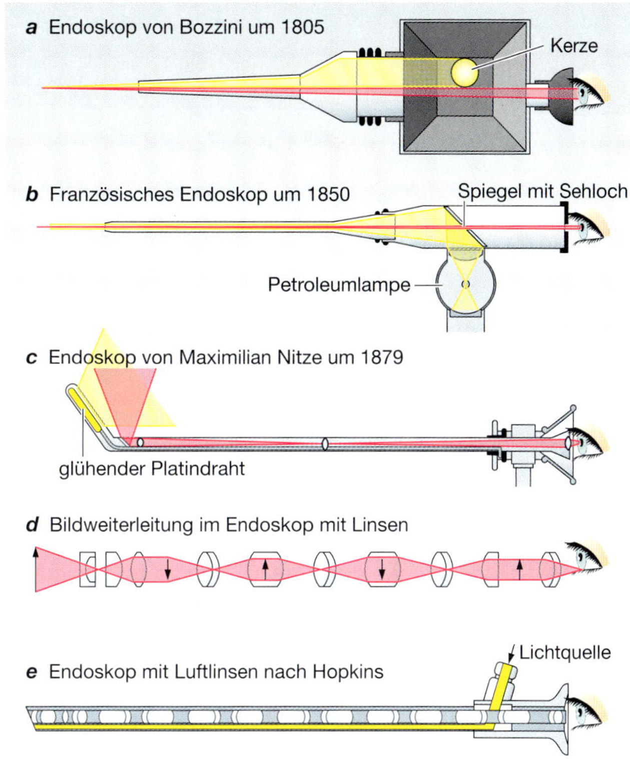

1 Die Entwicklung des Endoskops

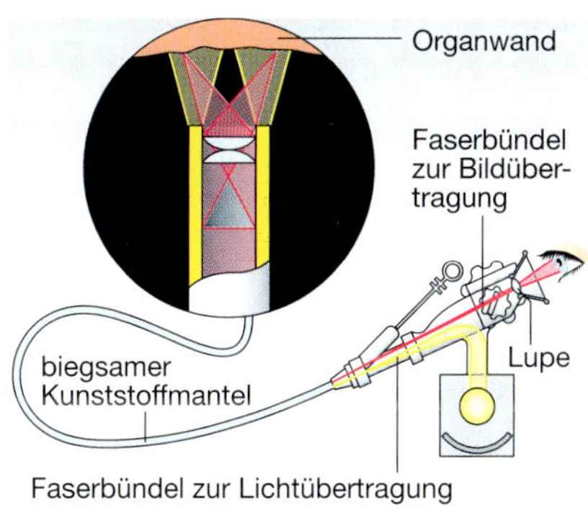

2 Grundprinzip eines flexiblen Endoskopes

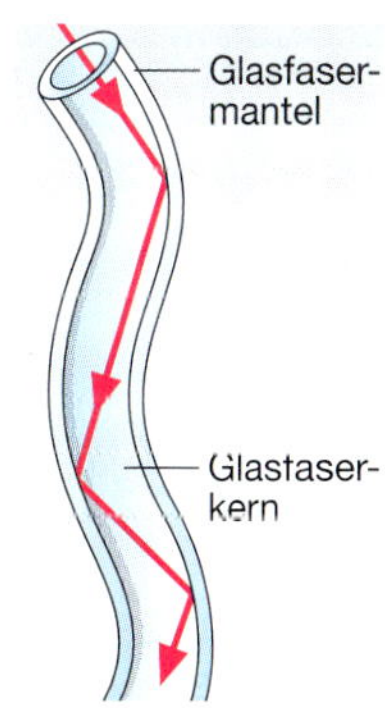

3 Lichtweg in einer Glasfaser

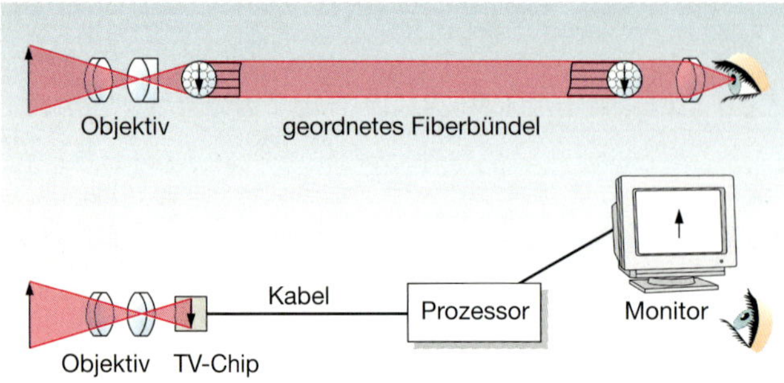

1 Bildweiterleitungssystem in flexiblen Endoskopen

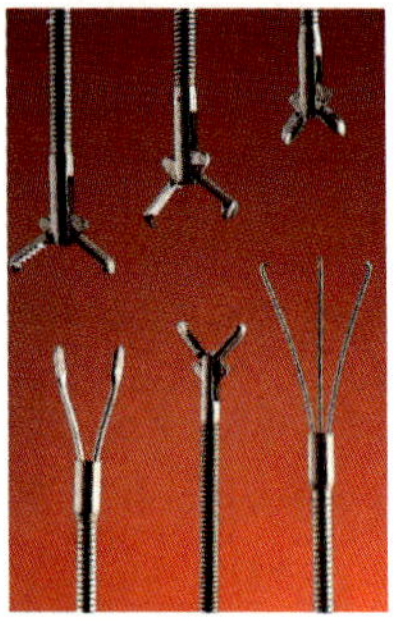

2 Verschiedene Biopsiezangen für Endoskope

Ein einmal an einem Ende eingekoppeltes Lichtbündel wird bis zum Faserende praktisch verlustfrei transportiert. Der Biegeradius der Glasfaser beträgt einige Zentimeter und ist vom Faserdurchmesser abhängig. Bildübertragung in flexiblen Endoskopen kann auf optischem Weg über Objektiv, Okular und geordnetes Glasfaserbündel bzw. auf elektronischem Wege mit Hilfe eines TV-Chips erfolgen (Abb. ➤ 1). Die TV-Chips wandeln Lichtsignale in elektrische Signale um.
Die Fasern für die Bildleitung müssen möglichst dünn sein, weil dies die Auflösung des Bildes bestimmt. Da jede Faser an beiden Bündelenden dieselbe Lage zum Gesamtbündel hat, überträgt jede Faser einen Teil der Bildinformation (Abb. ➤ 3).
Um ein kontrastreiches Bild zu erhalten, müssen die zu untersuchenden Objekte ausreichend beleuchtet werden. Das Licht wird über einen Lichtleiter zum Endoskop geleitet. Erhebliche Lichtverluste treten beim Übergang vom Lichtleitkabel der Lichtquelle zum Lichtleitkabel des Endoskops auf.

Anwendungsmöglichkeiten des Endoskops: Die vielfältigen Möglichkeiten der Endoskopie, vor allem zur Frühdiagnose, nutzen heute nahezu alle medizinischen Fachrichtungen.
Gynäkologen können die Unterleibsorgane auf diese Weise betrachten, den Verlauf einer Schwangerschaft und die Gesundheit des ungeborenen Kindes kontrollieren. Verwachsungen und Entzündungen des Atmungsorgans werden durch die Betrachtung der Lungenoberfläche erkannt. Das durch die Speiseröhre in den Magen eingeführte Endoskop ist das wichtigste Diagnoseinstrument bei Magenleiden. Orthopäden können mit Hilfe des Endoskops nahezu unblutig ins Kniegelenk sehen.

Während der endoskopischen Untersuchung kann der Arzt nicht nur Aufnahmen des erkrankten Organs machen, sondern auch Gewebeproben entnehmen bzw. Schleimhautwucherungen (Polypen) entfernen. Zu diesem Zweck sind Endoskope mit Spezialausrüstungen (Abb. ➤ 2) wie z. B. Biopsiezange zur Entnahme von Gewebeproben, Metallschleife und Instrumente zur Durchführung von Gewebenähten ausgestattet. Mit Hilfe eines Endoskops kann der Arzt auch Fremdkörper z. B. in der Luftröhre entfernen oder gynäkologische Operationen durchführen (Abb. ➤ 4).

Zur Dokumentation endoskopischer Untersuchungen werden heute Videokameras eingesetzt, die sehr klein und äußerst lichtempfindlich sind. Meist wird ein Zoomobjektiv an die Videokamera adaptiert, so dass, entsprechend der Lichtverhältnisse das günstigste Bild eingestellt werden kann.

3 Der hier gezeigte starre Bildleiter besteht aus etwa 5000 Glasfasern, das Bild der Biene ist demnach aus 5000 Bildpunkten zusammengesetzt.

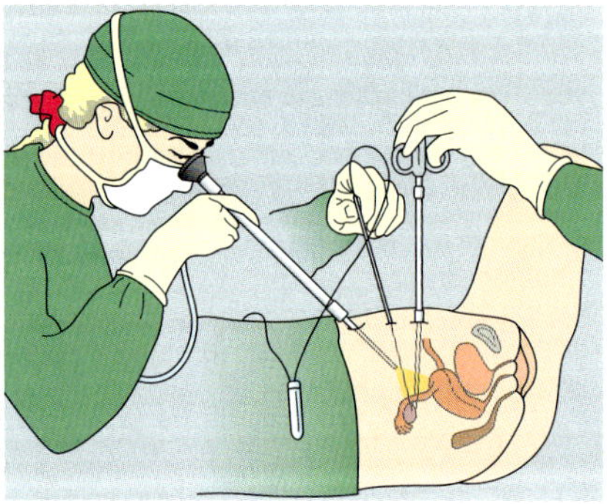

4 Einsatz eines starren Endoskops zur Punktion eines Eierstockfollikels, um die Eizelle abzusaugen.

AUFGABEN

Beispiel: Blutdruckmessung von Stephen Hales

Die erste blutige Blutdruckmessung wurde 1726 in London von Reverent ***Stephen Hales*** durchgeführt, indem er einen spitzen Gänsekiel in die Halsarterie eines Pferdes stach (Abb. ➤ 1). Das Blut stieg in einer senkrecht stehenden Glasröhre, die mit dem Gänsekiel über eine Gänseluftröhre verbunden war, 8 Fuß hoch. Berechnen Sie den Blutdruck des Pferdes!

Lösung:

Gegeben: $h = 8\,\text{Fuß} = 2{,}44\,\text{m}$, $g = 9{,}81\,\text{m}\,\text{s}^{-2}$, $1\,\text{mm Hg} = 133\,\text{Pa}$, $\rho_{\text{Blut}} = 1{,}065\,\text{g}\,\text{cm}^{-3} = 1065\,\text{kg}\,\text{m}^{-3}$.

$$p = \frac{F_G}{A} = \frac{m \cdot g}{A} = \frac{\rho \cdot V \cdot g}{A} = \frac{\rho \cdot A \cdot h \cdot g}{A}$$

$$= \rho \cdot h \cdot g \Rightarrow$$

$$p = \frac{1065\,\text{kg} \cdot 9{,}81\,\text{m} \cdot 2{,}44\,\text{m}}{\text{m}^3 \cdot \text{s}^2} = 25492\,\frac{\text{N}}{\text{m}^2}$$

$$= 25{,}49\,\text{kPa} = 192\,\text{mm Hg}.$$

1 Blutdruckmessung von Stephen Hales

Fragen

Blutdruck, Puls und Herz

1 Erläutern Sie die in Abb. ➤ 2 dargestellte Anordnung zur direkten kontinuierlichen Blutdruckmessung!

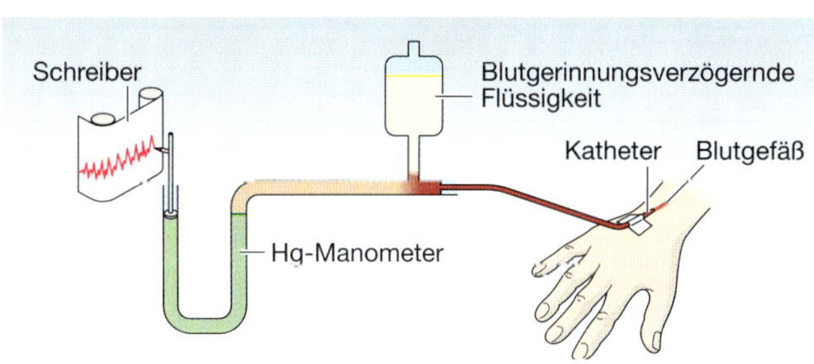

2 Direkte, kontinuierliche Blutdruckmessung (schematische)

2 Beschreiben Sie die unblutige Blutdruckmessmethode nach Riva Rocci und Korotkoff! Erläutern Sie in diesem Zusammenhang die Begriffe systolischer und diastolischer Blutdruck!

3 Nennen Sie wesentliche Ursachen für Bluthochdruck! Welche Maßnahmen können eingeleitet werden, um den Bluthochdruck zu reduzieren?

4 Erläutern Sie, wie Sie mit Hilfe der Experimentieranordnung in Abb. ➤ 3 den Luftdruck bestimmen können, der beim kräftigen Ausatmen von Ihrer Lunge erzeugt wird!

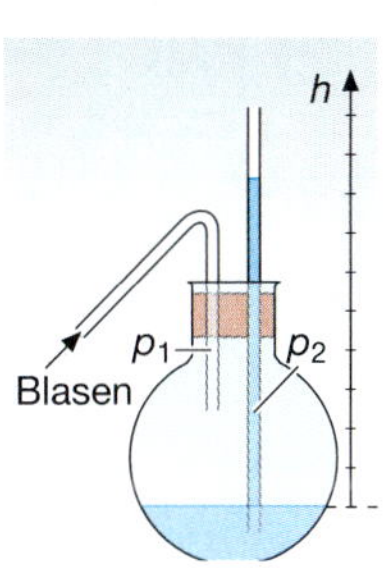

3 Lungendruckprüfer

5 Der sytolische Blutdruck eines Astronauten beträgt auf der Erde 135 mm Hg-Säule. Wie viel mm Hg-Säule würde ein Quecksilbermanometer auf dem Mond anzeigen? ($g_{\text{Mond}} = 1{,}62\,\text{m}\,\text{s}^{-2}$, $\rho_{\text{Hg}} = 13\,555\,\text{kg}\,\text{m}^{-3}$)

6 Unterscheiden sich die Blutdruckmesswerte in den Fußgefäßen eines aufrecht stehenden Menschen von denen eines liegenden Menschen? Begründen Sie Ihre Antwort!

7 Erläutern Sie eine Methode zur kontinuierlichen Pulsmessung! Gehen Sie dabei insbesondere auf die unterschiedlichen Sensoren zur Pulserfassung ein!

8 Wodurch kann die Pulsfrequenz des Menschen verändert werden?

9 Vergleichen Sie die Entstehung einer Spannung in einer lebenden Zelle mit der Spannungsentstehung in einer Batterie bzw. in einem Generator! Welche Gemeinsamkeiten und grundsätzlichen Unterschiede gibt es?

10 Wodurch wird das Herz zum ständigen Pumpen angeregt?

11 Beschreiben Sie die Funktionsweise des Messgerätes von Einthoven zur Aufnahme des ersten Elektrokardiogramms!

12 Erläutern Sie eine EKG-Kurve des Herzens! Welche Informationen gewinnt ein Arzt aus einem EKG?

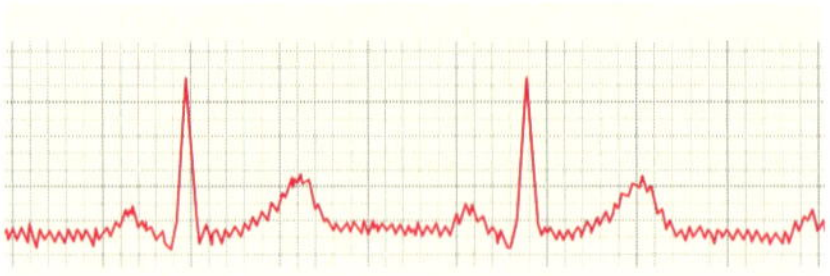

1 „Brumm" auf einer EKG-Kurve

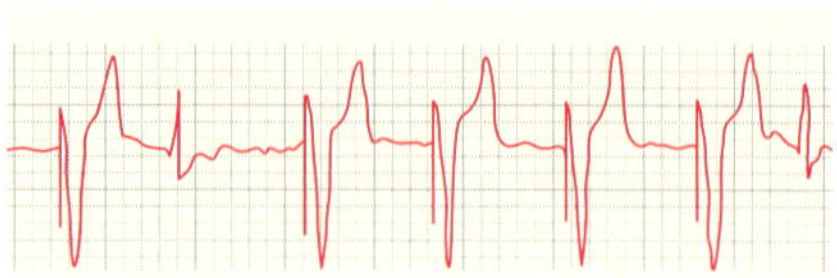

2 Herzschrittmacher-EKG

13 Warum kommt es zu einer Beeinflussung (Fachsprache: „Brumm") der EKG-Kurve (Abb. ➤ 1), wenn in der Nähe der EKG-Elektroden ein eingeschaltetes Wechselspannungsgerät steht?

14 Das Charakteristische eines Herzschrittmacher-EKGs ist der in Abb. ➤ 2 links zu sehende allererste kurze „Nadelimpuls". Wozu dient dieser Nadelimpuls?

Ultraschall

15 Erläutern Sie die Entstehung von Ultraschallwellen! Beschreiben Sie den prinzipiellen Aufbau eines Ultraschallgebers!

16 Beschreiben Sie Eigenschaften und Wirkungen der Ultraschallwellen! Welche dieser Eigenschaften finden in der medizinischen Ultraschalldiagnostik Anwendung?

17 Erläutern Sie unterschiedliche Impulsechoverfahren in der medizinischen Ultraschalldiagnostik. Gehen Sie auf den Aufbau eines Ultraschallgenerators ein!

18 Erläutern Sie Beispiele für die Anwendung des Ultraschalls in der Therapie!

19 Erklären Sie die Entfernung von Gallensteinen mit Hilfe von Ultraschall?

20 Welche Informationen kann der Arzt aus einem Ultraschallbild gewinnen?

21 a) Bei der Ultraschalluntersuchung des Auges wird zwischen Ultraschallkopf und Hornhaut ein Flüssigkeitstropfen gebracht. Welche Aufgabe hat dieser?
b) Abb. ➤ 3 zeigt das Echogramm des Auges nach dem A-Scan-Verfahren. Welche Bedeutung haben die Zacken A bis E?

22 Berechnen Sie den Grenzwinkel α_{Gr} der Totalreflexion für Ultraschallwellen ($c_{Luft} = 331\,\mathrm{m\,s^{-1}}$, $c_{Gewebe} = 1500\,\mathrm{m\,s^{-1}}$)!

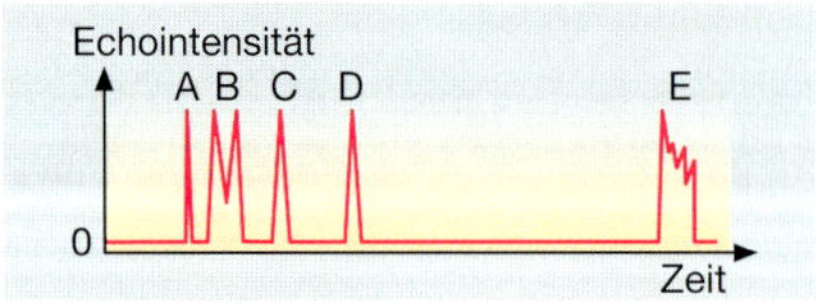

3 Echogramm eines Auges

Röntgenstrahlung

23 Beschreiben Sie die Entstehung der Röntgenstrahlung!

24 Erläutern Sie wesentliche physikalische Eigenschaften und biologische Wirkungen der Röntgenstrahlung!

25 Erläutern Sie Beispiele für die Anwendung der Röntgenstrahlung in der medizinischen Diagnostik und Therapie!

26 Wie funktioniert die Computer-Tomographie? Welche Vorteile bietet dieses Verfahren gegenüber der traditionellen Röntgenaufnahme?

27 Was versteht man unter Magnetresonanz-Tomographie und wie funktioniert dieses Verfahren?

28 Wozu wird die Magnetresonanz-Tomographie vorrangig eingesetzt?

Endoskopie

29 Beschreiben Sie die Lichtausbreitung durch eine Glasfaser!

30 Erläutern Sie das Phänomen der Totalreflexion anhand eines Experimentes! Welches ist der Winkel der Totalreflexion, wenn Licht von Wasser in Luft übergeht? Ermitteln Sie diesen Winkel experimentell!

31 Was versteht man unter Endoskopie? Welche Anwendungsmöglichkeiten bietet dieses Verfahren in der Medizin?

32 Erläutern Sie die historische Entwicklung des Endoskopes aus physikalischer Sicht!

33 Beschreiben Sie den Aufbau und die Arbeitsweise eines flexiblen Endoskopes! Welche Vorteile bietet dieses Gerät gegenüber einem starren Endoskop?

34 Ein Bildleiterkabel von $4\,\mathrm{mm}^2$ Durchmesser enthält 40000 einzelne Lichtleiterfasern.
Begründen Sie, weshalb man eine solch große Anzahl von Lichtleiterfasern wählt! Warum müssen die Fasern an beiden Enden des Bildleiterkabels die gleiche Anordnung haben?

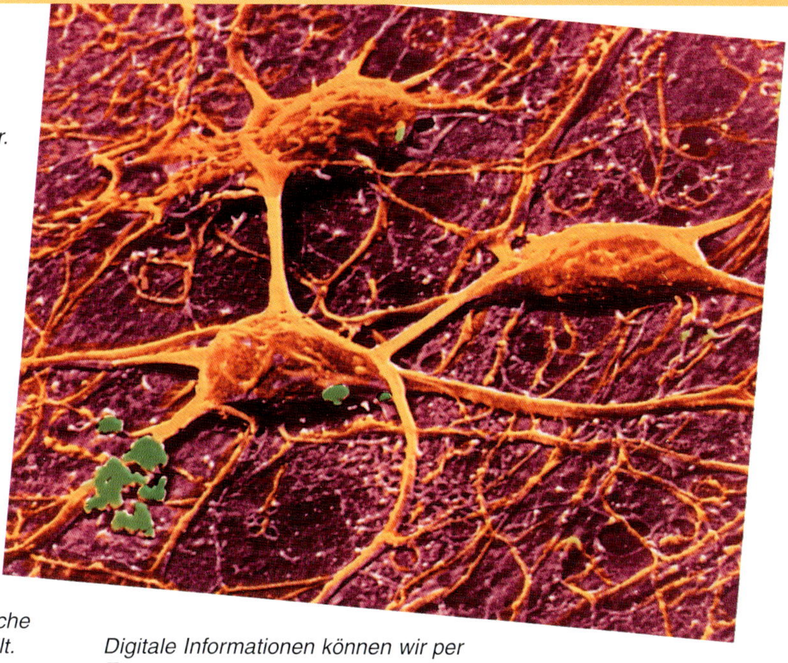

Technische und biologische Datenverarbeitung

Wir leben im Informationszeitalter. Schlagworte wie Multimedia, e-Mail oder Internet sind Ausdruck neuer Kommunikationstechnologien, die uns rund um den Erdball miteinander verbinden. Zugleich sind sie wichtiger Wirtschaftsmotor. Dennoch vollbringt das biologische System Mensch Leistungen der Informationsverarbeitung, die technisch unerreicht sind. Wo liegen die Stärken, wo die Schwächen beider „Systeme"? Welche Gemeinsamkeiten verbinden technische und biologische „Datenverarbeitung", was unterscheidet sie? Bei der Suche nach Anworten auf diese Fragen stoßen wir ständig auf physikalische Vorgänge, die es zu verstehen gilt.

Jede Abbildung auf dieser Seite zeigt grafisch dargestellte Informationen, die wir optisch wahrnehmen. Das Gehirn jedoch arbeitet nicht mit Lichtsignalen. Wie werden Informationen verschlüsselt, um sie transportieren, verarbeiten und speichern zu können? Welches ist die typische „Sprache" des Nervensystems? Und wie werden in einem technischen Rechner Daten codiert?

Digitale Informationen können wir per Funkverbindung, Kabel oder Lichtleiter versenden. Wie erfolgt die Informationsübertragung im Nervensystem? Wie sind Übertragungsrate und -geschwindigkeit?

Computer vollführen in kürzester Zeit komplizierte logische Operationen. Welche technischen Lösungen mussten gefunden werden, damit dies möglich wurde? Wie arbeitet eine Computer-Prozessoreinheit, wie erfolgen Verarbeitungsschritte im Gehirn?

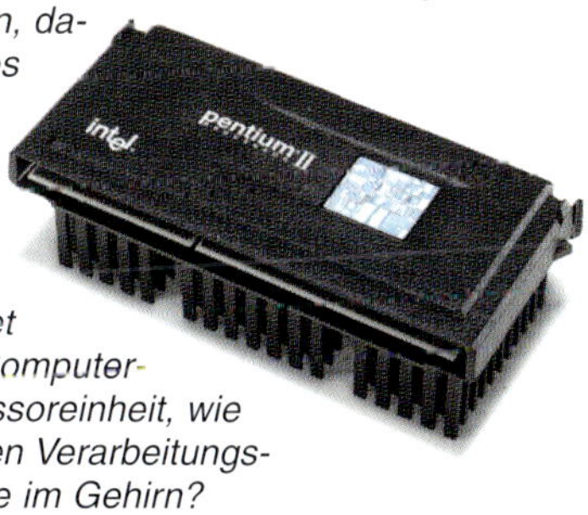

Den „Nürnberger Trichter" gibt es nicht!

Die Informationsaufnahme unterscheidet Computer und Gehirn wohl am meisten. Während wir Computerprogramme und Dateien in Sekundenschnelle speichern und abrufen können, müssen wir heute jahrzehntelang – im Grunde lebenslang – lernen, um uns die erforderlichen Informationen anzueignen. Wie lernen Maschinen und Menschen? Hat menschliches Lernen dennoch Vorteile?

Über die Sprache von Computern und Nervenzellen

VERSUCHE

Mit Netzspannung in Berührung zu kommen ist sehr gefährlich! Muskeln kontrahieren und es können Zellschädigungen auftreten. Fachleute können mit richtig dosierten elektrischen Impulsen auch Gutes tun. Myostimulatoren (Myo = Muskel) werden in der Physiotherapie, aber auch im Sport, eingesetzt. Wie erklärt sich deren Effekt, Muskeln durch elektrische Impulse zur Kontraktion zu bringen (Abb. ➤ 1)?

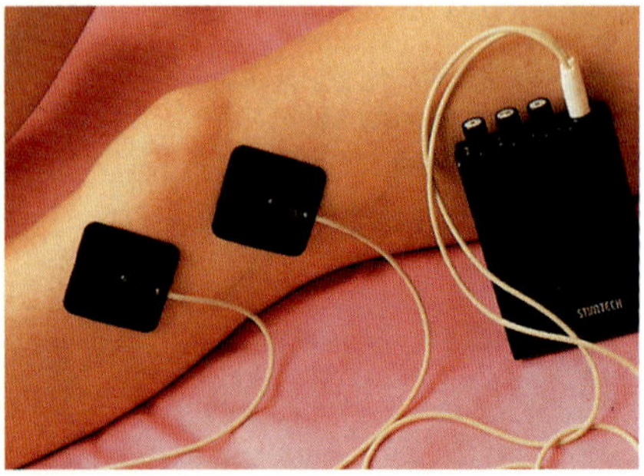

1 Anregung der Muskeltätigkeit durch elektrische Impulse

① Messen Sie mit Hilfe eines empfindlichen Voltmeters (Abb. ➤ 2) die elektrische Muskelaktivität des Oberarmbeugemuskels. Dazu muss guter Kontakt zwischen Elektroden und Haut bestehen (am besten Klebeelektroden, Elektrolytpaste oder angefeuchtete Schwämmchen verwenden). Die elektrisch neutrale Bezugselektrode wird auf dem Handgelenk befestigt, die andere auf dem Muskelbauch. Die unverstärkten Signale sind gut abzuschirmen. Sinnvoll ist eine Vorverstärkung nahe an der Elektrode. (***Achtung: Bei Vorverstärkung keine netzstrombetriebenen Geräte verwenden!***)
Wie hoch ist die ableitbare Spannung? Liegt Gleich- oder Wechselspannung vor? Falls vorhanden kann ein zugelassener Elektromyograph benutzt werden.

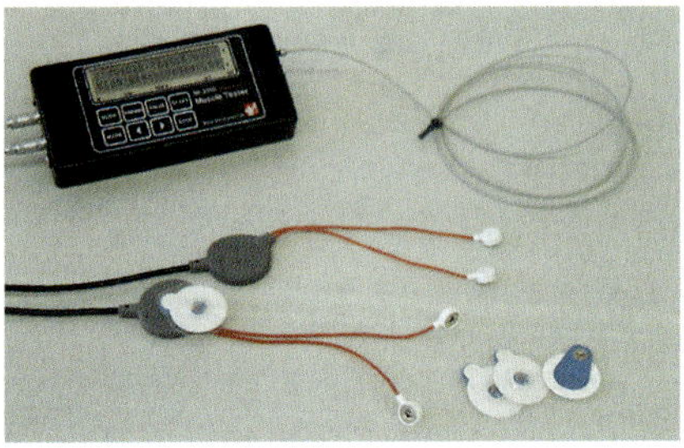

2 Elektromyometer

② „Nachts sind alle Katzen grau." Stimmt dieses Sprichwort wirklich? Wir betrachten ein farbiges Bild bei unterschiedlichen Beleuchtungsintensitäten. Dazu verwenden wir eine dimmbare Lampe, die wir zunächst völlig dunkel und dann nach und nach heller stellen und die Beleuchtungsintensität mit Hilfe eines entsprechenden Messgerätes erfassen. Ab welcher Lichtintensität wird Farbsehen möglich? Wie erklärt sich der Effekt?

Bits und Nervenimpulse

Bei technischen Rechnersystemen erfolgt die Informationsverschlüsselung über zwei elektrische Zustände:

1. Der Leiter führt Strom (Zustand „1") oder
2. Er führt keinen Strom (Zustand „0").

Es kann jeweils der eine oder der andere Zustand vorliegen. Ein solches Einzelsignal heißt ***Bit***.
Mit Hilfe einer elektronischen FLIP-FLOP-Schaltung kann man die beiden elektrischen Zustände realisieren. Dabei genügt ein kurzer minimaler Impuls, um das System in den gegenteiligen Zustand umkippen zu lassen (Abb. ➤ 3). Dieser bleibt dann solange erhalten, bis der Anstoß zum erneuten Umschalten erfolgt. Die Schaltung „merkt" sich also das Signal.

4 Speicher-ICs auf einem Computer-Motherboard

Auf diese Weise ist eine Datenspeicherung möglich, solange die Betriebsspannung anliegt. Das Abschalten löscht die Daten. Hochintegrierte Mikrochip-Bausteine vereinen Millionen derartiger Schaltungen auf wenigen mm² Fläche. Damit lassen sich große Datenmengen speichern (Abb. ➤ 4).

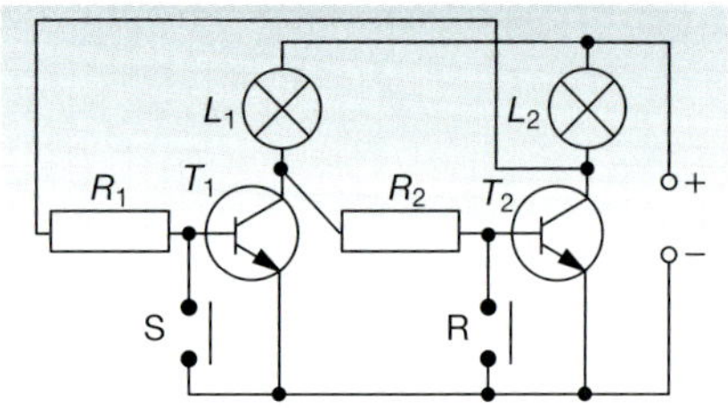

3 FLIP-FLOP-Schaltung: kurzzeitiges Drücken der Taste S (Taste R) bringt L_1 (L_2) zum Leuchten.

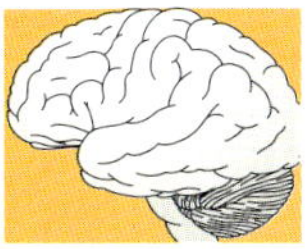

Auch das menschliche Nervensystem kennt grundsätzlich zwei Phänomene:

1. Einen elektrischen Ruhezustand an den beteiligten Membranen (Ruhepotential) und
2. den Prozess der elektrischen Membranerregung (Aktionspotential).

Ion	***Konzentration in mmol l⁻¹ innen***	***außen***
K^+	150	4
Na^+	12	145
Cl^-	4	120

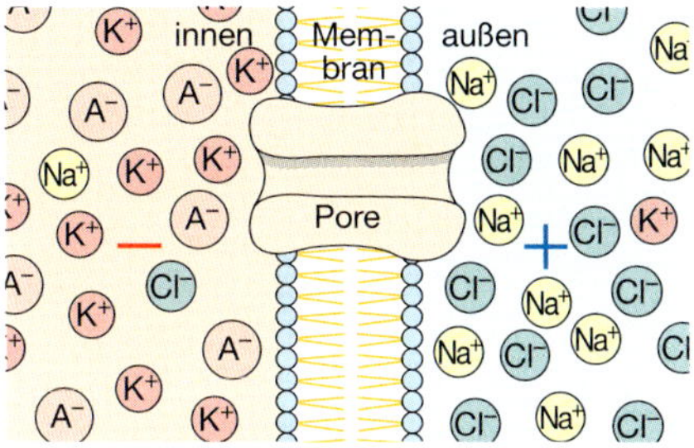

1 Ionenverteilung an einer erregbaren Membran während des Ruhepotentials

Hinweis:
Die hier beschriebenen Prozesse der Membranerregung werden weitgehend an Nervenfasern erklärt, finden aber generell an allen erregbaren Membranen statt, so auch an Muskel- und Drüsenzellen.

Ruhezustand bedeutet für die Nervenzelle keineswegs Untätigkeit. Abb. ➤ 1 stellt die Verhältnisse während des Ruhepotentials an einer erregbaren Membran dar. Für Na^+ besteht sowohl ein osmotischer als auch elektrischer Gradient vom Zelläußeren ins Zellinnere. Die Membran ist aber nahezu undurchlässig für dieses Ion, da die Durchtrittsstellen in Abhängigkeit vom elektrischen Membranpotential jetzt geschlossen sind, d. h. der passive Na^+-Einstrom ist gering. K^+ dagegen diffundiert auf Grund des Konzentrationsgefälles vom Zellinneren nach außen. Es wird jedoch durch den entgegengesetzten elektrischen Gradienten etwas gebremst. Die Membran ist, wiederum abhängig vom Membranpotential, selektiv für K^+ durchlässig, was dazu führt, dass ständig ein Teil der K^+-Ionen nach außen wandert, während seine negativen Ionenpartner im Zellinneren verbleiben. Dies führt zu einem Überschuss positiver Ladungen außerhalb der Zelle und damit zu einer elektrischen Potentialdifferenz von 60 bis 90 mV zwischen Zellinnerem und -äußerem. Um auf Dauer das Konzentrationsgefälle der verschiedenen Ionensorten aufrecht zu erhalten, müssen K^+-Ionen entgegen dem osmotischen Druckgefälle durch die Membran wieder in das Innere der Zelle und Na^+-Ionen durch die Membran aus der Zelle heraus gepumpt werden (Na^+-K^+-Ionenpumpe). Dies ist ein aktiver Prozess, der Energie benötigt.
Die so entstehende Ruhepotentialdifferenz ist Voraussetzung für jegliche Nervenerregung – das Aktionspotential.

Die Undurchlässigkeit der Membran für Natrium besteht nur, solange die beschriebene Potentialdifferenz erhalten bleibt. Wird diese unter einen Schwellenwert von etwa 50 mV gesenkt, so öffnet sich die Membran auch für Na^+-Ionen, das nun – angetrieben durch die gleichsinnig wirkenden osmotischen und elektrischen Gradienten – einströmt. Dies führt zu einem weiteren Absinken des Membranpotentials, was wiederum die Durchlässigkeit für Na^+-Ionen noch mehr erhöht. Stärkere Membrandurchlässigkeit bedingt mehr Na^+-Einstrom. Na^+-Einstrom bedingt Reduzierung des Membranpotentials. Reduziertes Membranpotential bedingt erhöhte Membrandurchlässigkeit für Na^+. So schließt sich der Kreis zu einer positiven (sich selbst verstärkenden) Rückkopplung. Im Ergebnis kommt es zu einem blitzartigen Einschießen von Na^+ mit resultierendem Zusammenbrechen des Ruhepotentials. Für kurze Zeit kommt es zur Potential-

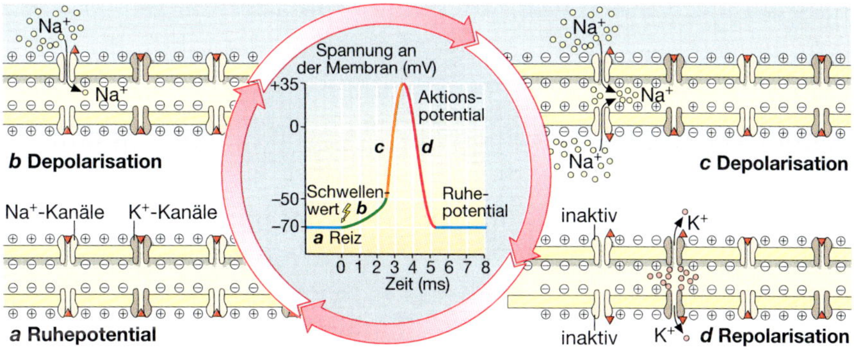

2 Zeitlicher Verlauf eines Aktionspotentials

umkehr mit einem Überwiegen positiver Ladungsträger im Innern – ein ***Aktionspotential*** hat sich aufgebaut. Dieser Vorgang dauert $^1/_{1\,000}$ Sekunde. Das biologische Aktionspotential ist damit nicht als gleichbleibende Potentialdifferenz im physikalischen Sinn zu verstehen, sondern vielmehr als dynamischer Prozess der Membranpotentialänderung. Danach stellt sich der Ruhezustand wieder ein. Dies geschieht durch ein Anwachsen des K^+-Ausstroms infolge der steigenden Membrandurchlässigkeit für die K^+-Ionen, durch den gleichzeitig verringerten Na^+-Einstrom und durch aktive Pumpprozesse. Abb. ➤ 2 auf Seite 45 zeigt das sich verändernde Membranpotential und die variable Durchlässigkeit (Permeabilität) für Na^+- und K^+-Ionen. Das elementare biologische Signal ist also kein statischer Zustand, sondern ein kurzzeitiger elektrischer Impuls. Dieser ist daher – im Gegensatz zum Binärsystem – nicht zur unmittelbaren Informationsspeicherung geeignet.

Magnetohydrodynamischer Generator

Auch technische Systeme versuchen – ähnlich der Na^+-K^+-Ionenpumpe, die in der Membran menschlicher Nervenzellen Ionen transportiert – Ladungsträger zu trennen.
Abb. ➤ 1 zeigt das Funktionsprinzip eines Magnetohydrodynamischen Generators – einer technischen „Ladungspumpe“: durch die Lorentzkraft werden die im Gasstrom enthaltenen Ladungsträger nach entgegengesetzten Richtungen abgelenkt, wo sie zu den Elektroden gelangen. Die Umsetzung der inneren Energie des Gases in elektrische Energie geschieht dabei mit einem Wirkungsgrad von über 50 %. Osmotische Prozesse finden hier aber nicht statt.

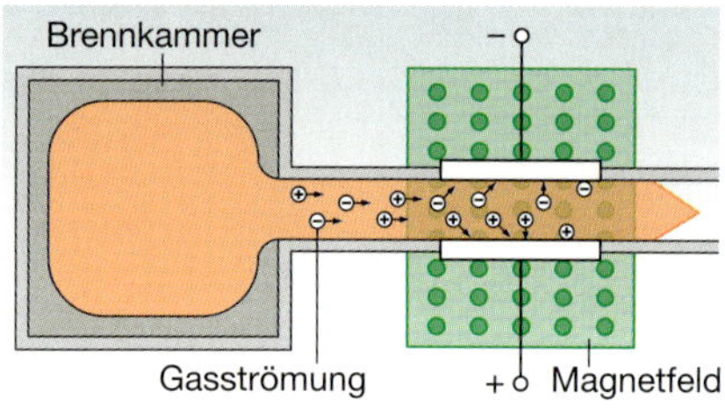

1

Wie Informationen codiert werden

Da die beiden Zustände des binären Codes – einzeln gesehen – nur zwei Informationen verschlüsseln können, nutzt man zur Darstellung der Elemente eines Zeichensatzes (Ziffern, Buchstaben, grafische Zeichen) eine Aneinanderreihung mehrerer Bits. Der Zeichenbaum in Abb. ➤ 2 zeigt, dass man mit einem dreistelligen Binärcode 8 verschiedene Zeichen codieren kann. In der Computertechnik werden in der Regel 8 Bit zu jeweils einem Byte zusammengefasst, womit 256 Zeichen darstellbar sind.

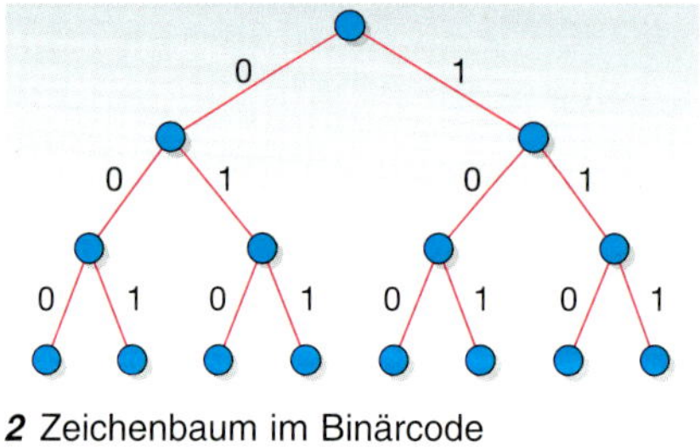

2 Zeichenbaum im Binärcode

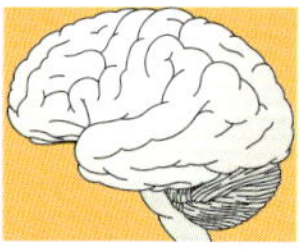

Das Nervensystem bedient sich einer anderen Strategie der Codierung. Um dies zu ergründen, bietet sich an, am Ausgangspunkt der Nervenerregung zu beginnen: beim ***Rezeptor***.
Um sich zu orientieren und zu kommunizieren muss unser Organismus verschiedenartige physikalische (und chemische) Reize aus der Umwelt bzw. dem Körperinneren selbst in die Impuls-Sprache des Nervensystems übersetzen. Ob akustisches Signal, optischer Reiz, ob mechanische oder thermische Einwirkung – sie müssen detektiert und gewandelt werden. Dabei sollen die Charakteristika des Reizes – ihre Intensität sowie deren zeitliche Dynamik – erhalten bleiben. Diese Aufgabe erfüllen biologische Sensoren – die Rezeptoren.

Das Grundprinzip biologischer Sensoren besteht darin, dass auf Sie einwirkende Reize Änderungen des Membranpotenials hervorrufen.

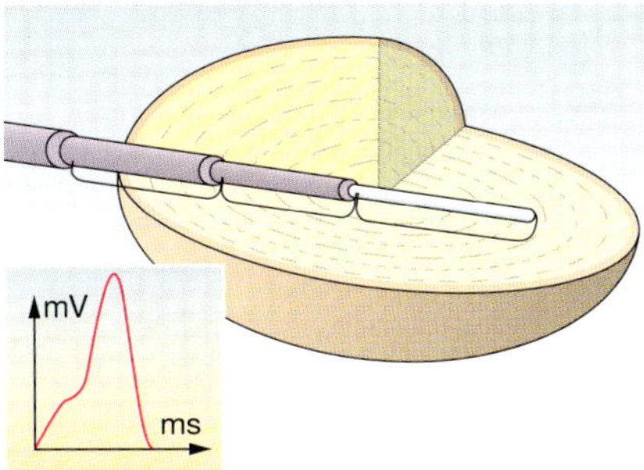

1 Vater-Pacini-Tastkörperchen mit Darstellung eines ausgelösten Aktionspotentials am Sensorausgang

Dabei reagieren sie auf ***adäquate Reize***, d. h. jeder Sensor ist auf eine ganz spezifische Reizart spezialisiert. Für andere Reize ist er relativ unempfindlich.

Am Beispiel eines ***Vater-Pacini-Tastkörperchens*** (ein Drucksensor in der Unterhaut, Abb. ➤ 1) soll das Arbeitsprinzip erläutert werden:
Es befindet sich am Ende einer Nervenfaser in der Unterhaut. Diese Nervenendigung ist zwiebelartig von mehreren Hüllen umgeben. Wird auf diese ein mechanischer Druck ausgeübt, so kommt es zu einer leichten Deformation der darunterliegenden Membran. Diese besitzt Natrium-Ionenkanäle, die bei mechanischer Reizung öffnen. In der Folge kann Na^+ einströmen. Das Ruhepotential wird ausgelenkt. Es entsteht ein ***Generatorpotential***, dessen Amplitude proportional der Intensität der mechanischen Reizung ist. Auch das Generatorpotential ist kein statischer Zustand, sondern ein dynamisch veränderlicher Membranprozess. Bei Tastkörperchen spielt darüber hinaus die Geschwindigkeit, mit der sich die Reizintensität ändert eine Rolle. Je abrupter Änderungen auftreten, desto sensibler reagiert der Sensor.

Generatorpotentiale sind also amplitudencodiert. Aktionspotentiale – die interne Sprache des Nervensystems – allerdings variieren in ihrer Amplitude kaum. Erregung findet immer vollständig oder nicht statt. Es gibt keine teilweise Erregung. Folglich muss es eine Übersetzung der amplitudencodierten Sensorpotentiale in Aktionspotentiale geben. Diese erfolgt am Ausgang des Sensors zur Nervenfaser. Dort führt das erzeugte Generatorpotential dann zur Bildung eines Aktionspotentials, wenn eine bestimmte Intensitätsschwelle überschritten wird. Ein Aktionspotential wird erst dann ausgelöst, wenn das Ruhemembranpotential soweit abgesenkt wurde, dass sich hinreichend viele Natriumkanäle öffnen und so die oben beschriebene positive Rückkopplung ausgelöst wird. Die folgende Potentialumkehr (Aktionspotential) läuft dann vollständig ab, unabhängig davon wie weit der auslösende Schwellenwert unterschritten wurde (Abb. ➤ 1). Bleibt aber das Generatorpotential zu niedrig, kommt es nicht zur Auslösung eines Aktionspotentials. Daraus ergeben sich zwei wesentliche Erkenntnisse:
1. Eine Nervenerregung (Aktionspotential) wird erst nach Überschreiten einer Erregungsschwelle ausgelöst. Es kommt dann zu einem Aktionspotential.
2. Wird die Schwelle nicht erreicht, bleibt das Aktionspotential völlig aus (Alles-oder-Nichts-Regel).
Je weiter das Generatorpotential die Schwelle überschreitet, umso dichter ist die zeitliche Folge der gebildeten Aktionspotentiale. Die Amplitudencodierung wird auf diese Weise umgewandelt in eine ***Impulsfrequenzcodierung***. Je höher die Amplitude des Generatorpotentials, desto höher die Impulsfrequenz der Aktionspotentiale. Dichte Impulsfolgen codieren damit hohe Intensitäten des auslösenden Reizes (Abb. ➤ 2).

Die maximale Impulsfrequenz und damit auch die Frequenz der an einer neurologischen Struktur möglichen Verarbeitungsschritte ist durch die physikochemischen Prozesse an der Membran nach oben begrenzt.
Ein Aktionspotential benötigt etwa zwei Tausendstelsekunden (am Herzmuskel – auch an den Membranen von Muskeln finden Erregungsvorgänge statt – dauert sie mehrere Hundert Millisekunden).

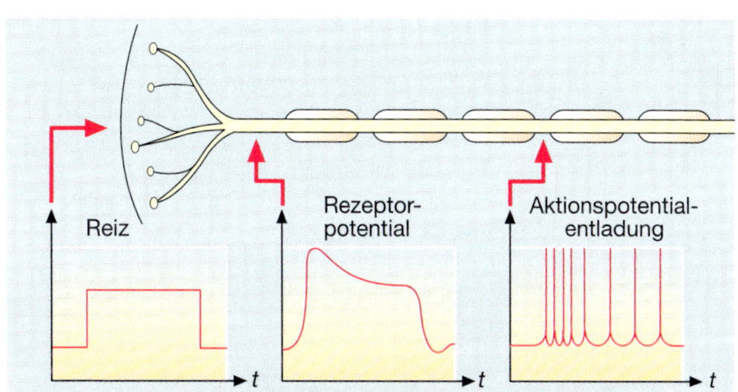

2 Reiz, Amplituden und Frequenzmodulation am Rezeptor

Die mögliche Taktfrequenz, mit der solche Impulse im Nervensystem über eine Nervenfaser transportiert und verarbeitet werden können, beträgt damit theoretisch bis zu 500 Hz, liegt aber praktisch im Organismus deutlich darunter. (Ein Computerprozessor taktet im Vergleich millionenfach schneller!)
Muskeln sprechen bei Kontakt mit 50 Hz Netzspannung mit deutlicher Kontraktion an. Das zeigt, dass Aktionspotentiale auch durch elektrische Impulse von außen ausgelöst werden können. Wird davon auch der Herzmuskel erfasst, so kann dies lebensgefährlich werden. Hochfrequente Spannungen sind für uns weitaus weniger bedrohlich, da die durch sie ausgelösten Ströme an der Körperoberfläche verlaufen.

Bioelektrische Potentiale werden in der Medizin zu diagnostischen Zwecken eingesetzt. Das Elektrokardiogramm (EKG) ist als Instrument zur Untersuchung der Herztätigkeit allgemein bekannt. Man kann aber auch die elektrische Aktivität unserer Skelettmuskeln erfassen. Abb. ➤ 1 zeigt ein entsprechendes Elektromyogramm (EMG), das von der Hautoberfläche abgeleitet wurde. Dabei überlagern sich die Einzelerregungen vieler Muskelfasern zu einem stochastischen Gemisch, das in der Praxis schwierig zu interpretieren ist. In der Abbildung ist die elektrische Aktivität der Nackenmuskulatur beim Heben und Senken der Arme zu erkennen. Der besseren Interpretierbarkeit dient die Darstellung der mittleren Aktivität als Kurve (Polynom 6. Grades).

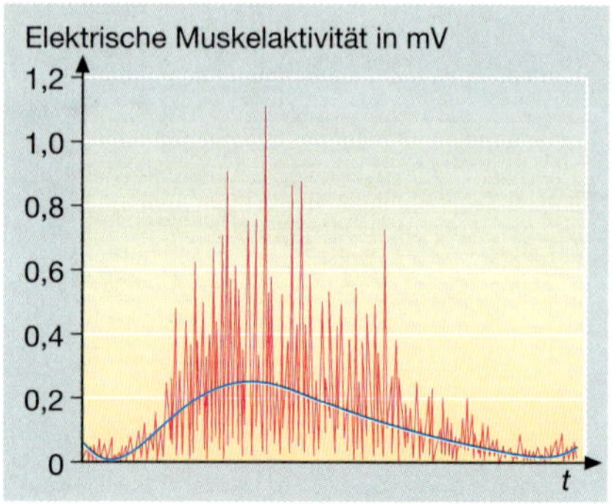

1 Elektromyogramm – grafische Aufzeichnung elektrischer Muskelpotentiale

Beeinflussung der Nervenaktivität von außen

Dass Nerven auf der Basis elektrischer Phänomene funktionieren, kann man auch daran erkennen, dass man ihre Funktion durch elektrische Ströme von außen beeinflussen kann. Durch Elektroden, die man auf die Haut bringen kann oder als Nadeln bis zum Nerv führt, können die elektrischen Ladungsverhältnisse an den erregbaren Membranen verschoben werden. Man erreicht je nach Polung der Elektroden eine Erhöhung oder eine Blockierung der Nervenaktivität.
Solche Effekte werden in der Elektrotherapie genutzt. So kann zum Zwecke des Muskelaufbaus durch Reizstrom die Muskelkontraktion stimuliert werden.
Bei Schmerzpatienten ist dagegen die Hemmung von schmerzübertragenden Strukturen hilfreich. Hier wirken z. B. Gleichstrombäder oder die sogenannte Transkutane Elektroneurostimulation (TENS) günstig. Diese anzuwenden bleibt selbstverständlich dem medizinischen Personal überlassen!

Für Schmerz sind spezielle Rezeptoren (sogenannte Nozizeptoren) zuständig, die ihre Signale an das Zentralnervensystem senden. Schmerz empfindet man allerdings erst, wenn diese Signale an das Großhirn weitergegeben werden. Ob dies geschieht, entscheiden spezielle Schmerzübertragungszellen im Rückenmark und im Hirn.
Abb. ➤ 2 macht das Prinzip dieses „Schmerztores“ (SG: Schmerz-Gate) zum Gehirn deutlich. Die schmerzhemmende elektrische Nervenstimulation TENS greift dabei an der Nervenfaser zwischen Hautrezeptoren und Rückenmark an.

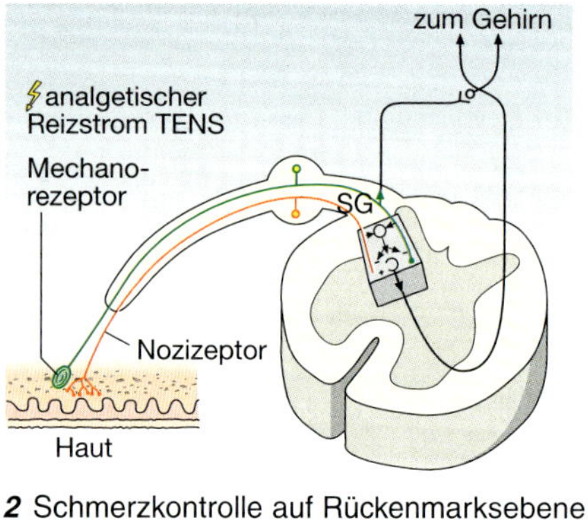

2 Schmerzkontrolle auf Rückenmarksebene

Wie im Organismus Nachrichten versandt werden

VERSUCHE

① Tippen Sie ***sehr kurz*** vorsichtig mit dem Finger auf eine warme bis heiße Fläche (Bügeleisen, Kochplatte,...). ***Vorsicht, nicht verbrennen!*** Achten Sie auf die Berührungs- und Wärmeempfindung! Diese fühlen Sie zeitlich versetzt. Welche Empfindung wird später zum Gehirn gemeldet? Schätzen Sie die zeitliche Differenz? Wie ist das Phänomen zu erklären? Wiederholen Sie das Experiment mit einem Stück Eis! Wird Kälte genauso schnell gemeldet? Gibt es Laufzeitunterschiede, wenn Sie die heißen und kalten Flächen mit dem großen Zeh berühren?

Verlustlos Informationen übertragen

Nach der Generierung von Erregungen im biologischen Sensor, müssen diese zur Bearbeitung an die zuständigen „Rechenzentralen“ des Nervensystems weitergeleitet werden. Technische Leiter (Stromkabel, Lichtleitfaser) sind zwar schnell, es kommt allerdings zu einem gewissen Verlust der transportierten Energie, da die Leitung passiv erfolgt. Wollte man auf diese Weise elektrischen Strom durch das Innere einer Nervenfaser leiten, so käme die Energie nur einige Millimeter weit. Biologische „Kabel“ arbeiten jedoch in der Realität verlustfrei über beliebige Entfernungen. Sie sind aktive Leiter, benötigen hierfür aber auch zusätzliche Energie. Diese Funktion ist wiederum an Erregungsvorgänge an der Membran des Nervs gebunden.

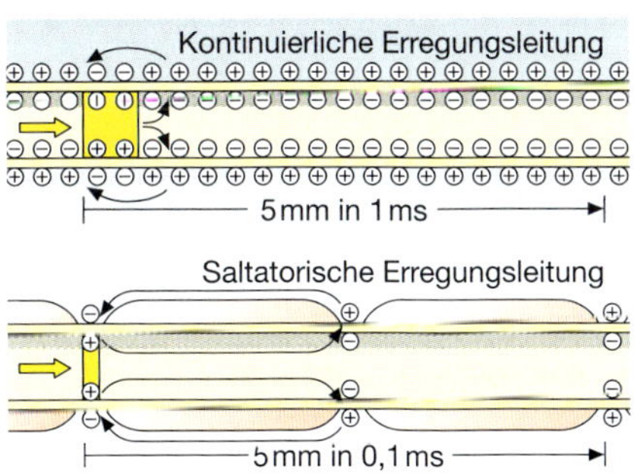

1 Kontinuierliche und saltatorische Erregungsleitung am Axon

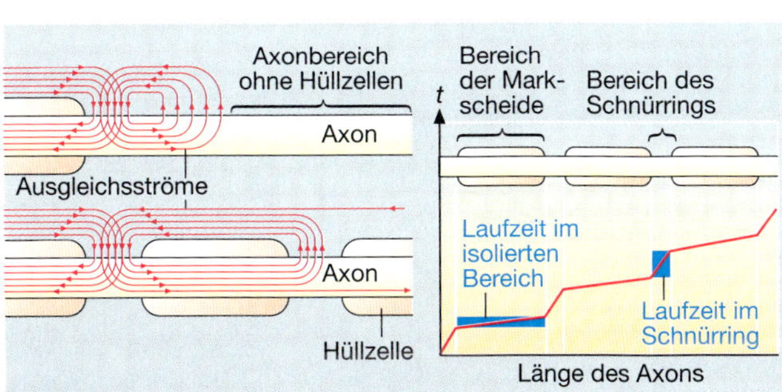

2 Ausgleichsströme und Erregungsfortleitung

Die Nervenfaser – „Zündschnur“ für die Erregungsleitung: An der Membran einer Nervenfaser liegt ein Ruhepotential vor. Wird diese durch ein Aktionspotential erregt (etwa am Ausgang eines Drucksensors), so kommt es zunächst lokal begrenzt im betreffenden Membranareal zur Potentialumkehr (Abb. ➤ 1 oben). Damit ergeben sich Ladungsdifferenzen bezogen auf die unmittelbar angrenzenden Membranbereiche. Diese Potentialdifferenzen werden durch Ionenwanderungen ausgeglichen. Das führt in den Nachbararealen zu einer Reduzierung des Ruhepotentials. Wird dabei die Erregungsschwelle überschritten, so kommt es zu einer aktiven Ausbildung eines Aktionspotentials in den Nachbarregionen, während an der Stelle des ursprünglich auslösenden Aktionspotentials bereits wieder der Ruhezustand aufgebaut wird. Auf diese Weise breitet sich die Erregung von der auslösenden Stelle über die Nervenfaser aus. Dabei wird nicht die ursprüngliche Energie weitergeleitet, sondern sie ist Anstoß für die Bildung neuer Erregungen – ähnlich einer Zündschnur, die an einem Ende angezündet wird und dann nach und nach durchbrennt.
Vorteil: Es gibt keinen Informationsverlust. Nachteile sind: Hoher zusätzlicher Energieaufwand und langsame Geschwindigkeit der Informationsübertragung.

Springen ist schneller als Kriechen: Die beschriebenen Vorgänge gelten für sehr dünne Nervenfasern mit einem Durchmesser von ca. 1 µm. Tatsächlich realisieren die sensiblen Nerven eine Geschwindigkeit von bis zu $70\,\text{m}\,\text{s}^{-1}$ für Informationen. Die Befehle an die Muskeln zur Kontraktion laufen noch schneller: Bis zu $120\,\text{m}\,\text{s}^{-1}$! Sie laufen über die schnellsten Nervenbahnen, die wir besitzen.
Wie arbeiten diese schnellen Fasern? Sie besitzen eine isolierende fettsubstanzhaltige Schicht (Myelinscheide), die die Membran umwickelt (Abb. ➤ 1 unten). Da diese

den elektrischen Widerstand erhöht, wirkt das Aktionspotential wesentlich weitreichender und das nahezu ohne Zeitverlust (Abb. ➤ 2 auf der vorangehenden Seite).

Unterhalb der Myelinscheide wird also die Spannung so übertragen wie in einem Elektrokabel – auch so schnell! Die Myelinscheide ist in gleichmäßigen Abständen (einige mm) ringförmig unterbrochen. An diesen schmalen Ranvier'schen Schnürringen ist die Faser „nackt". Bei Erregung eines solchen Ringes werden sehr schnell die Nachbarringe miterregt. Sie bilden ein Aktionspotential aus und werden so wiederum zum Erreger für den nächsten Nachbarring. Die Auslösung eines solchen Aktionspotentials dauert nur 0,1 ms. Der Sprung zum nächsten Ring ist zeitlich nicht messbar. Durch diese sprunghafte Erregungsleitung wird ein enormer Geschwindigkeitsgewinn erzielt und das bei deutlich weniger Energieverbrauch, denn Aktionspotentiale werden nur noch an einem Bruchteil der Faseroberfläche erzeugt. Dabei gilt: Je dicker die Faser, umso schneller die Leitung, denn der Abstand von Schnürring zu Schnürring (und damit die „Sprungweite") verhält sich direkt proportional zum Faserdurchmesser.

Zur Bedeutung von Nervenbahnen

Schnelle Nervenfasern haben auch einen Nachteil: Sie sind aufwendiger „gebaut". Schnelle Fasern sind nur da anzutreffen, wo schnelle Informationsleitung wichtig ist: Steuerung von Muskeln: $120\,m\,s^{-1}$; Tastempfindungen: etwa $50\,m\,s^{-1}$. Temperaturempfindungen werden schon langsamer übertragen: etwa $15\,m\,s^{-1}$.
Noch weniger eilig sind bestimmte Schmerzsignale – etwa aus den Eingeweiden – oder die Steuerung der Magenbewegungen. Hier ist es sogar sehr sinnvoll, wenn diese allmählich ablaufen. Das vegetative Nervensystem – das ist der Teil des Nervensystems, der lebenswichtige Körperfunktionen wie Herz-Kreislauf-Tätigkeit oder Stoffwechsel reguliert und dabei ohne bewusste Kontrolle, also autonom, funktioniert – arbeitet daher mit langsamen, zum Teil marklosen, Fasern. Es kommt mit Leitungsgeschwindigkeiten von $1-10\,m\,s^{-1}$ aus.

Myeliniserte Fasern sehen aufgrund ihres Fettgehalts weiß aus. Sie bilden die weiße Substanz im Nervensystem, die insbesondere Wirbeltiere auszeichnet. Die Entwicklung dieser schnellen Fasern war Voraussetzung für die Herausbildung des hochentwickelten menschlichen Nervensystems. Es sind nicht nur die über 10 Milliarden Nervenzellen des menschlichen Gehirns, die seine Überlegenheit ausmachen, sondern deren vielseitige und komplexe Vernetzung über unzählige Nervenfasern. Deshalb nimmt die weiße Substanz in Relation zum Gesamtvolumen einen größeren Raum des Nervensystems ein, als bei jeder anderen Spezies.
Wie wichtig das Funktionieren der Nervenbahnen ist, zeigt sich dann, wenn diese unterbrochen sind. Ein trauriges Beispiel hierfür ist die Durchtrennung des Rückenmarks infolge eines Unfalls. In Abhängigkeit von der Höhe der Schädigung fallen die betroffenen Funktionen aus. Das bedeutet eine Vielzahl von Symptomen: Muskellähmungen bis hin zum Ausfall der Atemmuskulatur, spastische Dauerverkrampfungen anderer Muskeln, Ausfall des Tastempfindens, Durchblutungsstörungen, Unfähigkeit, die Ausscheidungsfunktionen bewusst zu steuern, Verlust der sexuellen Funktionen u. v. m.
Eine Wiederherstellung der zerstörten Nervenstrukturen ist nicht oder nur äußerst begrenzt möglich, d. h., der beschriebene Zustand besteht meist lebenslang, bei eingeschränkter Lebenserwartung. Mediziner und Techniker arbeiten deshalb daran, die Nervenunterbrechung über technische Hilfsmittel zu überbrücken. Abb. ➤ 1 zeigt einen Versuch, zwei Nervenzellen durch Mikrochips zu überbrücken. Dabei simuliert der elektronische Baustein die für das Nervensystem charakteristischen Impulse des Aktionspotentials. Ob so Querschnittslähmungen befriedigend behandelt werden können, wird die Zukunft zeigen.

Achtung! Rückenmarksverletzungen kommen besonders nach Aufprall mit hoher Geschwindigkeit zustande. Deshalb: Vorsichtig fahren! Stürze aus größeren Höhen vermeiden! Nicht in unbekannte Gewässer springen!

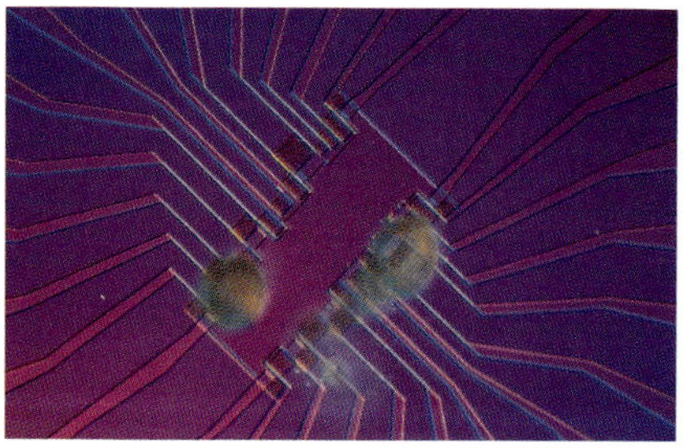

1

Zwei Strategien der Signal-Verarbeitung

VERSUCHE

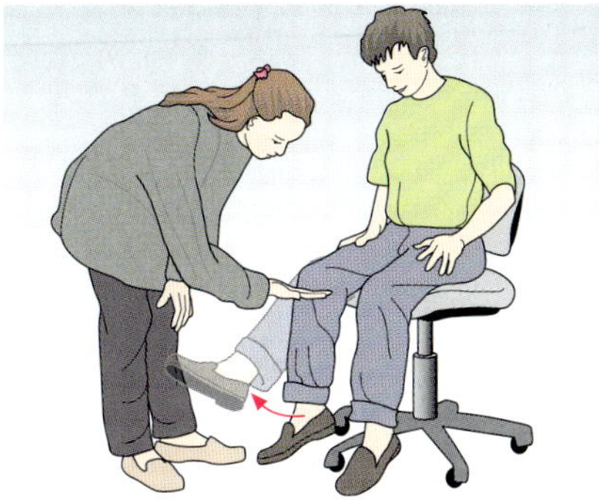

1 Zusammenspiel sensorischer und motorischer Nervenstrukturen beim sogenannten Kniesehnenreflex

2 Zu Versuch 2

① Wir testen unsere Reflexe: Klopfen Sie mit der Handkante bei einer Versuchsperson, die entspannt mit frei hängenden Unterschenkeln sitzt, auf das Kniescheibenband (Abb. ➤ 1). Dieses befindet sich direkt unterhalb der Kniescheibe und lässt sich elastisch eindrücken. ***(Nicht auf die Kniescheibe schlagen!)*** Beobachten Sie die Reaktion! Schätzen Sie, wie lange es bis zur Reflexantwort dauert!

② Balancieren Sie auf einem Bein, das Sie gestreckt halten (Abb. ➤ 2). Der Fuß des anderen Beines kann auch auf dem Fußrücken des Standbeines abgestellt werden. Nehmen Sie die Arme über den Kopf. Wie viele Sekunden können Sie so stehen?
Schließen Sie dann die Augen und prüfen Sie jetzt die Standzeit.
Machen Sie eine kurze Pause zur Entspannung.
Beugen Sie als nächstes das Standbein leicht, versuchen Sie außerdem, die Fußmuskulatur so anzuspannen, dass Sie den Eindruck haben, der Fuß würde sich verkürzen, ohne dabei die Zehen einzukrallen. Machen Sie Beine, Gesäß und Oberkörper fest!
Konzentrieren Sie sich bewusst auf das Gefühl des Bodens unter den Fußsohlen. Wie lange sind die Standzeiten in dieser Position mit geöffneten und mit geschlossenen Augen?

Reflex – einfachste Form der biologischen Signal-Verarbeitung

Wird bei einem locker herabhängenden Bein kurz unterhalb der Kniescheibe auf das Kniescheibenband geklopft, so schnellt der Unterschenkel hoch, d. h., das Bein streckt sich. Dieser Reflex erfolgt zwangsläufig und lässt sich bei entspannter Haltung der Versuchsperson immer wieder auslösen.
Die Reflexantwort des Kniesehnenreflexes benötigt ein bis zwei Zehntelsekunden. Wie wir bereits ausgerechnet haben, dauert der Signaltransport durch den Körper nur wenige Hundertstelsekunden. Der größte Teil der Zeit wird demnach von anderen nervalen Prozessen in Anspruch genommen. Dies sind die Reizdetektion und Reizcodierung am Sensor, die Errechnung der Reflexantwort im zentralen Nervensystem und die Aktivierung des antwortenden Muskels. Die genannten Strukturen sind durch zum verarbeitenden Nervenzentrum hinführende (afferente) bzw. von dort wegführende (efferente) Leitungsbahnen funktionell in einem Reflexbogen miteinander verknüpft (Abb. ➤ 3). Die Reflexantwort wird im Falle des Kniesehnenreflexes über eine einzige Schaltstelle vermittelt. Bei den Abläufen im Alltag werden allerdings viele dieser biologischen „Schalter“ in Anspruch genommen. Reflexe sind die einfachste Form nervaler Informationsverarbeitung. Sie laufen unwillkürlich, also ohne bewusstes Zutun, ab. Bewusste Nervenprozesse vollziehen sich ungleich komplexer. So erfordert eine einfache Willkürbewegung – etwa das Schreiben der Ziffer „1“ – den Einsatz von tausenden Neuronen und Schaltstellen. Allein die Bewegungssteuerung aktiviert verschiedene Areale der motorischen Großhirnrinde, aber auch des Zwischen-, Stamm- und Kleinhirns. Hinzu kommen noch die optische Kontrolle über das Sehzentrum und (kognitive) Funktionen des Verstehens der Bedeutung des Geschriebenen.

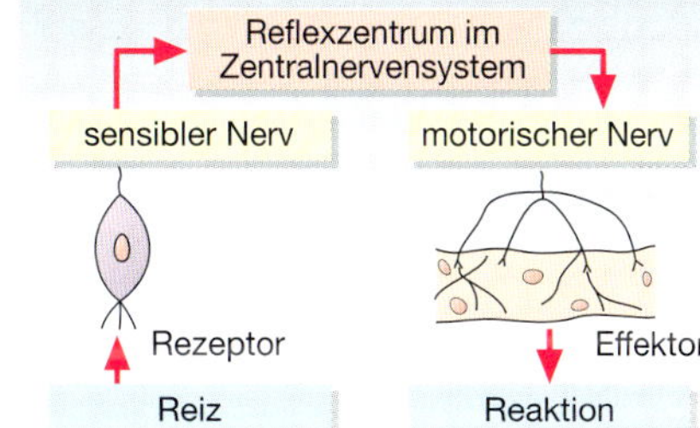

3 Prinzipskizze Reflexbogen

Konrad Zuse konstruierte den „Z1" – den ersten Computer der Welt (Abb. ➤ 1). Die Verarbeitung von binären Informationen erfolgt in einem solchen technischen Gehirn in der zentralen Prozessoreinheit (CPU = Central Processor Unit). Diese Einheit – auch Prozessor genannt – kann eine bestimmte Anzahl von Bytes vorübergehend speichern und mit ihnen logische Operationen durchführen. Auf diese Weise kommt es zur Verarbeitung der Information. Ein grundsätzlicher logischer Arbeitsschritt, zu dem (neben vielen anderen) ein Prozessor in der Lage ist, ist die logische Veknüpfung NOT. Sie ist Teil von Rechenoperationen und führt zu einem Output, der jeweils die Negation des Inputs darstellt. Abb. ➤ 2 zeigt eine entsprechende Schaltung in Transistorausführung.

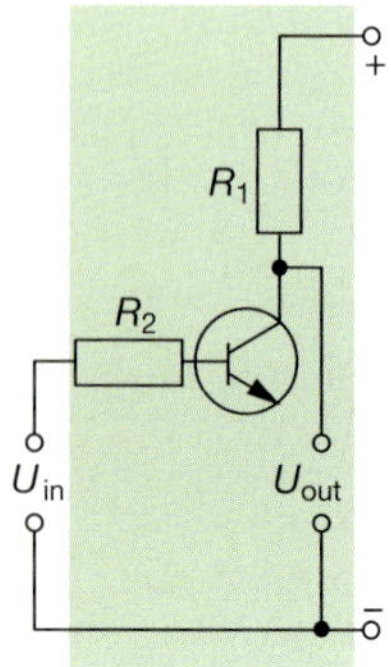

2 NOT-Schaltung: $U_{in} < 0{,}7\,V \Rightarrow$ Transistor sperrt $\Rightarrow U_{out} \approx U$. $U_{in} > 0{,}7\,V \Rightarrow$ Transistor leitet $\Rightarrow U_{out} \approx 0\,V$.

Für die Funktionsweise von Prozessoren ist es also erforderlich, dass Bytes aktuell gespeichert und verschiedenen Operationen unterzogen werden können. Außerdem sind auch organisatorische Aufgaben zu erfüllen wie Adressenzuweisung, Einlesen und Auslesen von Bytes usw. Abb. ➤ 3 zeigt die Pin-Belegung des vergleichsweise einfachen Mikroprozessors „Z80", aus der die verschiedenen Funktionen hervorgehen.

Die Verarbeitungsbreite muss dabei mindestens ein Byte (= 8 Bit) oder Vielfache davon betragen. Moderne CPU können 32 Bit, 64 Bit oder mehr zur gleichen Zeit verarbeiten. Voraussetzung für eine solche Verarbeitungsbreite war allerdings die Miniaturisierung in der Elektronik. Abb. ➤ 4

1 Konrad Zuse mit seinem Z1

zeigt einen modernen Prozessor (ohne Gehäuse und Anschlüsse).

Da immer nur eine sehr begrenzte Anzahl von Byte gleichzeitig verrechnet werden kann, ergibt sich eine zeitliche Staffelung der Verarbeitung (***serielle bzw. sequentielle Arbeitsweise***). Bei einem 32 Bit-Rechner müssen sich also die Bytes im „Viererpack" zur Verarbeitung „anstellen" und werden der Reihe nach abgefertigt. Das Durchsuchen einer Datenbank etwa dauert infolgedessen umso länger, je umfangreicher sie ist. Die Praxistauglichkeit heutiger Computer ergibt sich angesichts dieser vergleichsweise umständlichen Arbeitsweise erst aus der hohen Rechengeschwindigkeit. Ein moderner Prozessor benötigt für einen Arbeitsschritt ca. 10^{-9} bis 10^{-8} Sekunden womit er auf mehrere Hundertmillionen Aktionen pro Sekunde kommt. Damit kann er – abhängig von den auszuführenden Operationen – in jeder Sekunde Millionen von Bytes verarbeiten!

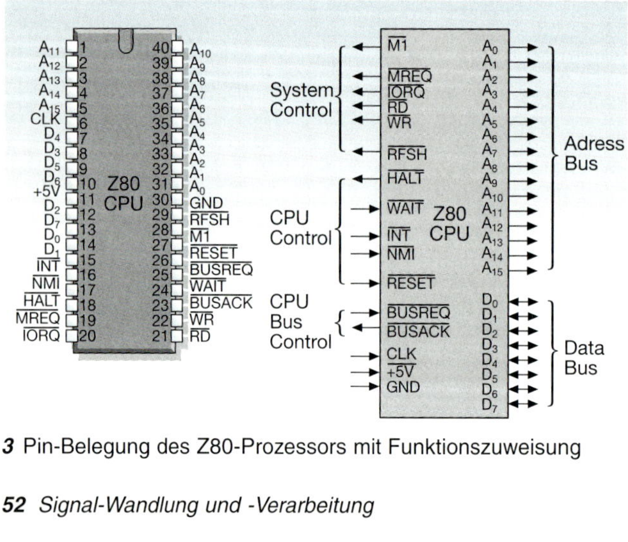

3 Pin-Belegung des Z80-Prozessors mit Funktionszuweisung

4 Mikroprozessor im Größenvergleich

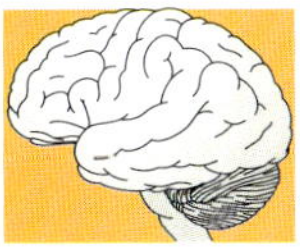

Gibt es im Nervensystem einen vergleichbaren „biologischen Prozessor“? Wie verarbeitet das Gehirn Informationen?

Grundsätzlich sind nervale Verarbeitungsprozesse an Synapsen gebunden. Es handelt sich dabei um die Kopplung zwischen zwei Nervenzellen, die über diese Schaltstelle miteinander auf physikochemischem Wege kommunizieren (Abb. ➤ 1).

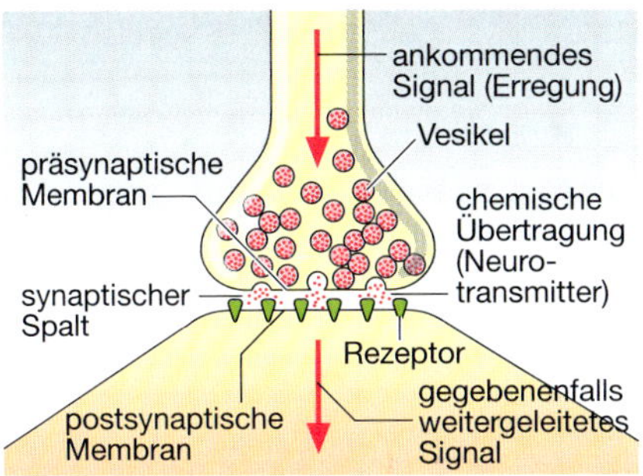

1 Bau einer Synapse

Der präsynaptische Teil ist die Endigung eines Ausläufers einer nachrichtenaussendenden Nervenzelle. Die Information soll auf den postsynaptischen Teil übertragen werden, der zu einer zweiten Nervenzelle, an die die Nachricht gerichtet ist, gehört. Bei Ankunft eines Aktionspotentials am präsynaptischen Teil, öffnen sich die dort vorhandenen Bläschen (Vesikel) und geben eine chemische Substanz frei, die durch den feinen synaptischen Spalt bis zur Membran des postsynaptischen Anteils gelangt. Aufgrund ihrer chemischen Eigenschaften beeinflusst der Überträgerstoff (Transmittersubstanz) dort die Membrandurchlässigkeit für Natrium, aber auch für andere Ionen. Dabei gibt es zwei Möglichkeiten:

1. Die Kanäle für Na^+-, aber auch K^+- und Cl^--Ionen werden geöffnet. Folge: Absenkung des Ruhepotentials. Dies kann an der Empfängerzelle direkt zu einem Aktionspotential führen. Oft kommt es dabei aber noch nicht zum Aktionspotential, die Bereitschaft zu dessen Bildung ist jedoch größer geworden. Der Input ist eine Erregung, die Wirkung ist erregungsfördernd.
2. Die Kanäle für K^+- und für Cl^--Ionen werden geöffnet. Folge: Verstärkung des Ruhepotentials. Durch die Stabilisierung des Ruhezustandes wird die Schwelle zur Auslösung eines Aktionspotentials erhöht. Im Ergebnis ist die Nervenzelle weniger leicht erregbar. Der Input ist eine Erregung, die Wirkung ist erregungshemmend (Abb. ➤ 2).

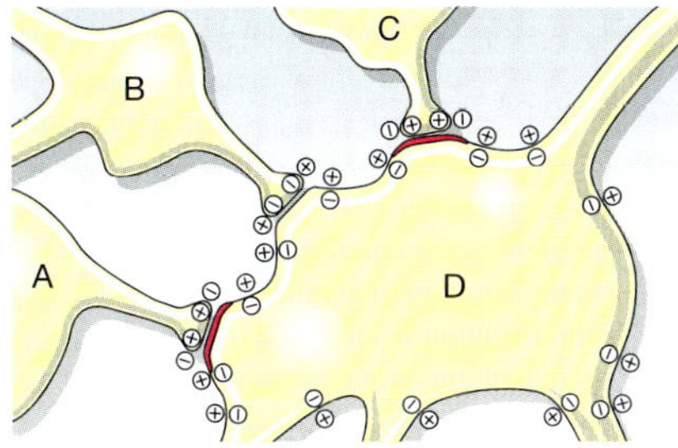

2 Bei Erregung einer hemmenden Synapse (A, C) vergrößern sich die Ladungsdifferenzen.

Die elektrischen Vorgänge der Erregung und Hemmung können mit den in Abb. ➤ 3 dargestellten Schaltungen nach Kuffler und Nicholls modelliert werden. Azetylcholin ist ein wichtiger Überträgerstoff, der hier erregend wirkt.

Neben den hier vorgestellten chemischen Synapsen gibt es auch elektrische Synapsen. Bei diesen wird über tunnelartige Verbindungen zwischen den Zellen (sogenannte gap junctions) ein direkter „Kontakt“ hergestellt, über den die Erregung elektrisch vermittelt wird.

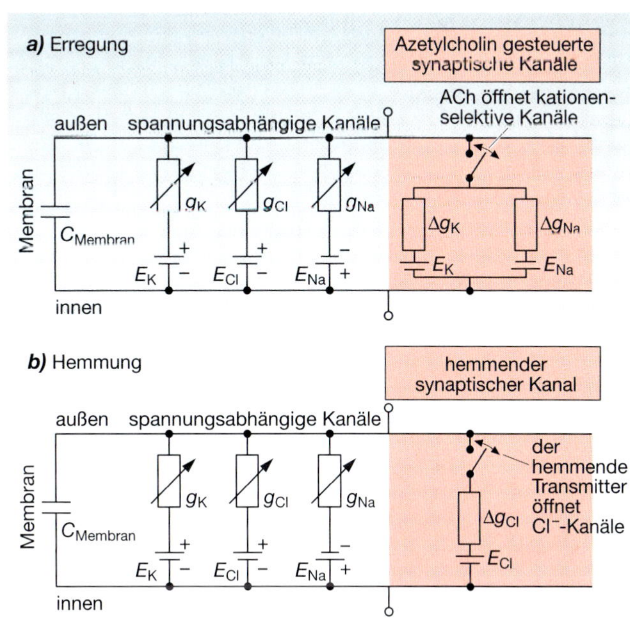

3 Elektrische Modelle zur Erregung und Hemmung (g_K, g_{Cl} und g_{Na} sind die Leitfähigkeiten der K^+-, Cl^--und Na^+-Kanäle.)

Auch die elektrophysiologischen Prozesse, die zur hemmenden Wirkung führen, unterliegen den Gesetzen der Physik: Ein erregungsförderndes Potential kann sich umso besser entlang einer Nervenfaser ausbreiten, je höher der Membranwiderstand ist. Durch ein hemmendes Potential wird dieser – infolge der Öffnung bestimmter Ionenkanäle – reduziert und es kommt zu einem raschen Spannungsabfall des Aktionspotentials. Aus diesem Grund sind hemmende Impulse im Nervensystem wirksamer als erregende.

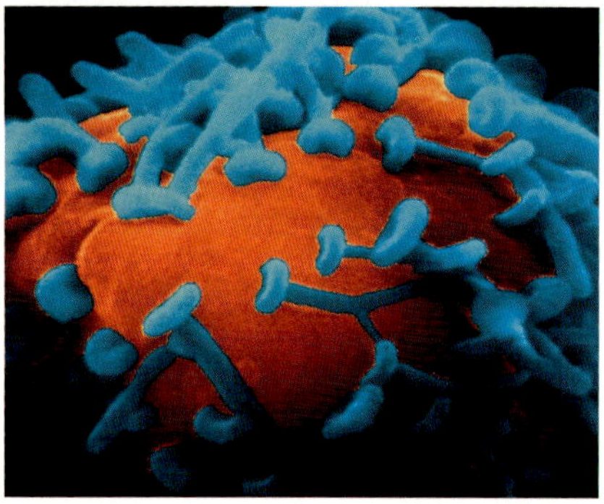

1 Ganglienzelle mit hunderten Synapsen besetzt

Die Funktion der einzelnen Synapse erklärt nocht nicht, wie die „Rechenmaschine" Nervenzelle funktioniert. Die Betrachtung der Funktion einer großen Ganglienzelle soll uns hier einen Schritt weiter bringen: Die in Abb. ➤ 1 dargestellte Zelle ist über Hunderte von Synapsen – erregende und hemmende – mit anderen Zellen verbunden. Es wird erst ein Aktionpotential ausgebildet und weitergeleitet, wenn genügend erregende Inputs zusammenkommen. Hemmende Impulse beeinflussen das Verhalten der Zelle in umgekehrter Richtung. Letztlich entscheidet die Gesamtbilanz erregender und hemmender Signale am Zellkörper darüber, ob ein Aktionspotential entsteht oder nicht (Abb. ➤ 2). In diese Summation synaptischer Potentiale gehen die hemmenden Signale mit höherer Wertigkeit ein. Dabei spielt nicht nur die räumliche Verteilung der synaptischen Impulse über den Zellkörper eine Rolle, sondern auch deren zeitliche Staffelung.
So wirken sich elektrische Potentiale stärker aus, wenn sie gleichzeitig oder zeitnah oder mit hoher Impulsfrequenz auftreten. Für eine Ganglienzelle werden erregende Informationen erst dann verarbeitungswürdig, wenn sie sich räumlich und zeitlich häufen. So erfolgt bereits hier eine Unterscheidung zwischen wichtig und unwichtig. Diese Funktion sorgt z. B. für eine Reduktion des riesigen Datenzustroms aus den unzähligen Sensoren unseres Körpers zum zentralen Nervensystem.
Würden nämlich ständig sämtliche Signale aller Rezeptoren in Haut, Muskeln, Bindegewebe und inneren Organen an das Gehirn gemeldet, so führte dies zu einer Überforderung der Verarbeitungskapazität in den zuständigen Zentren.
Kleine Störungen, z. B. leichte Verschiebungen der Fußwurzelknochen nach langer Stehbelastung, werden zunächst nicht „nach oben" gemeldet, sondern auf Rückenmarksebene reflektorisch beantwortet. Von den Störungsmeldungen durch die Sensoren des Fußes bekommen wir zunächst noch nichts mit. Solche nicht bewusst wahrgenommenen Störungssignale werden als Nozizeptionen bezeichnet. Erst wenn diese eine bestimmte Intensität überschreiten, kommt es an den zuständigen Neuronen zur Summation, was dann zur Weiterleitung an das Gehirn führt. Erst jetzt tritt Schmerz auf, die Störung wird in der Großhirnrinde bewusst wahrgenommen.
Dass Schmerzempfinden eine Funktion des Gehirns und nicht des peripheren Nervensystems ist, wird an Hand des sogenannten Phantomschmerzes deutlich. Dabei werden Schmerzen in einem Körperteil empfunden, der – etwa nach einer Amputation – nicht mehr vorhanden ist. Grundsätzlich aber sind Schmerzen sinnvolle nervale Vorgänge auf der Basis der Summation von Nozizeptionen, die dem Schutz des Organismus dienen.
Allerdings erklärt auch das noch nicht, wie wir logisch denken, lernen und Wissen speichern. Erklärungsansätze hierfür sollen im Abschnitt „Informationen lernen und speichern" diskutiert werden.

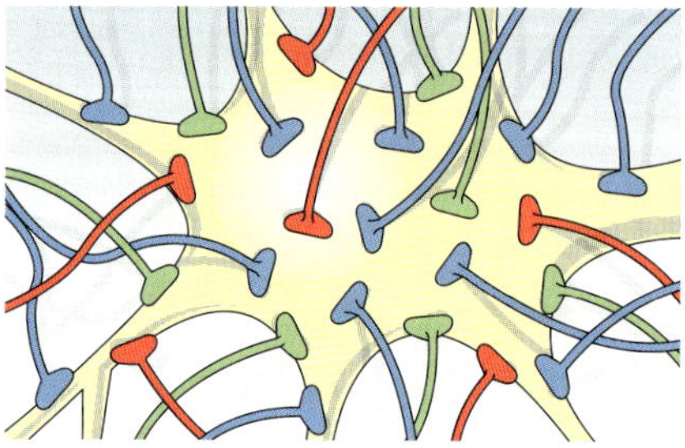

2 Bahnung und Hemmung an einer Nervenzelle. Zur Verdeutlichung sind die hemmenden Synapsen rot gezeichnet.

Zur Schnelligkeit des Gehirns

Die Taktfrequenz eines neuronalen „Bauteils“, einer Synapse, wird kaum über 50 Hz liegen. Was also macht die höhere Rechengeschwindigkeit im Vergleich zum millionenfach schnelleren Computerprozessor aus?
Die Zahl der Nervenzellen des Großhirns wird auf über 10 Milliarden geschätzt. Durch ihre komplexe Vernetzung stehen uns wahrscheinlich mehr als 100 Milliarden Synapsen gleichzeitig zur Verfügung. Beim elektronischen Rechner laufen alle Operationen – unabhängig, ob es um Textverarbeitung, mathematische Berechnung oder Grafik geht – durch den gleichen Prozessor (bzw. eine begrenzte Anzahl von Prozessoren). Biologische „Prozessoren“ aber sind Spezialisten. Für die Übertragung der Impulse der Sensoren des Auges stehen genauso ganz „private“ Schaltstellen zur Verfügung wie etwa für den Geschmackssinn oder für die Befehle an einen ganz bestimmten Muskel, sich zu kontrahieren. Die einzelne Synapse ist zwar langsam, doch können Milliarden von ihnen gleichzeitig arbeiten. Das ergibt einen gegenwärtig noch unschlagbaren Datendurchsatz. Die Vernetzung erlaubt auch eine andere Arbeitsstrategie des „biologischen Rechners“ und ermöglicht damit typisch menschliche „Rechenleistungen“ wie Freude, Liebe, aber auch Wut oder Angst, zu denen Maschinen derzeit nicht in der Lage sind.

Zur Schnelligkeit des Computers

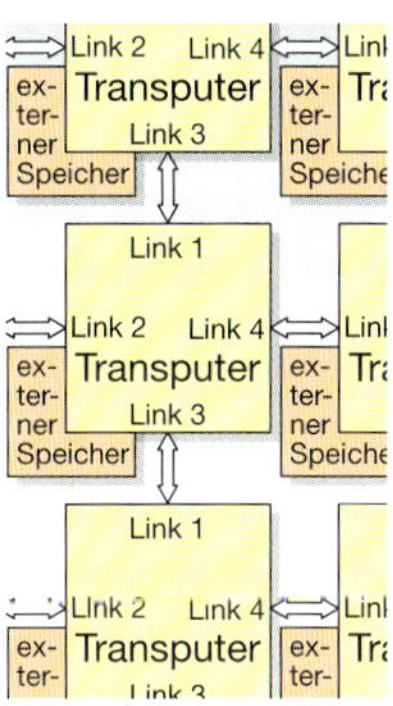

1 Multiprozessoranordnung

Einer der Nachteile der aktuellen Prozessortechnik besteht darin, dass die Bytes seriell, d. h. nacheinander, verarbeitet werden. Ein Weg zur Reduzierung dieses Problems liegt in der Entwicklung von Prozessoren mit größerer Verarbeitungsbreite (s. o.), bzw. solchen, die in der Lage sind, mehrere Arbeitsschritte gleichzeitig zu tun. Ein anderer wird im Einsatz mehrerer Prozessoren gesehen, die sich die Arbeit teilen. Solche ***Multiprozessorsysteme*** erreichen eine höhere Rechengeschwindigkeit. Abb. ➤ 1 zeigt eine solche Anordnung. Voraussetzung für deren Funktionieren ist, dass sich die Mikroprozessoren untereinander über spezielle Verbindungen (bidirektionale „Links“) abstimmen können. Prozessoren, die dazu in der Lage sind, heißen ***Transputer***.
Einen weiteren Fortschritt in der Prozessortechnologie erhofft man sich von sogenannten FPGA-Chips (Field Programmable Gate Array). Diese könne durch mikrofeine Schalter die Verbindungen zwischen den tausenden Logikbausteinen ändern. Damit kann in Millisekundenschnelle die Konfiguration des Prozessors für die jeweils zu lösende Aufgabe optimiert werden. Speziell bei rechenaufwendigen Anwendungen – wie Bildverarbeitung – kann dadurch der Computer bis zu zehnmal schneller werden.

Quantencomputer

Grundsätzlich könnten alle physikalischen Systeme, die in der Lage sind, zwei verschiedene Zustände anzunehmen, binäre Daten speichern und an deren Verarbeitung mitwirken. Das Bestreben, Datenverarbeitung immer weiter zu miniaturisieren, hat in den 80er Jahren zu der Idee geführt, Elementarteilchen für die Informationsspeicherung einzusetzen. Dabei denkt man daran, deren Eigenschaft, verschiedene energetische Anregungszustände einzunehmen, zu nutzen. So könnte ein Bit mit dem Inhalt „1“ durch ein Atom im angeregten Zustand und der Inhalt „0“ durch ein Atom im Grundzustand dargestellt werden. Zusätzlich interessant wird dieser Ansatz dadurch, dass Teilchen darüber hinaus auch einen dritten Status, einen Zwischenzustand annehmen können: die lineare Superposition. Mit einem solchen Quantenbit könnte ein weiterer, von „1“ und „0“ verschiedener Inhalt vermittelt werden. Die auf dieser Basis arbeitenden Quantencomputer würden völlig neue Möglichkeiten der Informationsverarbeitung eröffnen. Ob ihre Realisierung gelingen wird, hängt von der Beantwortung von Fragen wie den folgenden ab:
– Wie erfolgt die Programmierung der einzelnen Teilchen von außen?
– Wie vermeidet man unkontrollierte Quantensprünge durch Umgebungseinflüsse?
Bis zur praktischen Realisierung muss das Thema deshalb noch hinreichend theoretisch begründet werden, weshalb es gegenwärtig vorwiegend noch Gegenstand des Wissenschaftszweiges der Theoretischen Physik ist.

Informationen lernen und speichern

VERSUCHE

① Lesen Sie sich die unten aufgeführte Ziffernreihe einmal laut vor. Schließen Sie dann die Augen und wiederholen Sie die Reihe sofort! Gelingt es Ihnen fehlerfrei? Wenn nicht, so lesen Sie erneut laut. Wie viele Wiederholungen benötigen Sie?
Die Ziffernreihe lautet:
3-6-8-1-6-2-9-4-0-5

② Überprüfen Sie die Speicherkapazität Ihres PC! Wie viele Bytes können Arbeitsspeicher, Festplattenspeicher, Caches (Zwischenspeicher) und weitere externe Speichermedien (Diskette, Streamerband, CD-ROM) aufnehmen?

③ Führen Sie die Aufgaben ***a)*** und ***b)*** nicht parallel zeitgleich aus, sondern hintereinander:
a) Prägen Sie sich die unten aufgeführte Ziffernfolge ein, indem Sie diese genau fünfmal laut lesen. Bitte danach nicht nochmals durchlesen oder anschauen. Kontrollieren Sie nach etwa einer Stunde den Behaltenseffekt, indem Sie die Ziffern aus dem Gedächtnis aufschreiben.
Die Ziffernfolge lautet:
8-2-3-9-2-7-1-0-2-5
b) Prägen Sie sich die unten aufgeführte Ziffernfolge ein, indem Sie sich diese wiederum fünfmal laut vorlesen. Gehen Sie dabei aber im Zimmer auf und ab! Nach etwa einer Stunde kontrollieren Sie wieder den Behaltenseffekt, indem Sie die Ziffern aus dem Gedächtnis aufschreiben.
Die Ziffernfolge lautet:
3-8-2-5-0-6-0-1-3-7

④ Wiederholen Sie jetzt die unter ① aufgeführte Ziffernfolge, ohne sie nochmals vorher anzusehen! Wie viele Ziffern sind (in der richtigen Reihenfolge!) noch in Ihrem Gedächtnis gespeichert, wie viele bereits wieder gelöscht?

Wie Maschinen und Menschen lernen

Gedächtnis basiert auf der Speicherung von Daten. Auch hier gibt es Gemeinsamkeiten und Unterschiede im Vergleich von menschlichem Gehirn und Computer. Beide besitzen einen aktuellen „Arbeitsspeicher" für die Daten, die gerade verarbeitet werden, aber auch stabilere Langzeitspeicher.

Der ***Arbeitsspeicher*** eines PC wird geladen, indem die binären Informationen einzeln jeweils in integrierten Miniatur-FLIP-FLOP-Schaltungen gespeichert werden. Dabei werden diese in einen der beiden möglichen elektrischen Zustände gebracht, die entweder „1" oder „0" repräsentieren. Die Integration von Millionen solcher winzigen Schaltungen auf einem Chip ermöglicht die Speicherung größerer Datenmengen. Der Vorteil besteht im sehr schnellen Zugriff – daher die Verwendung als Arbeitsspeicher. Jede Information ist dabei fest an bestimmte Adressen gebunden. Deshalb muss mit dem Abspeichern einer Information auch vermerkt werden, wo diese zu finden ist. Die gleiche Adresse kann nicht mit mehreren Inhalten belegt werden. Adressenkonflikte wären die Folge.
Besonderheit des Arbeitsspeichers: Die Information bleibt nur erhalten, solange die Betriebsspannung anliegt. Sie wird gelöscht, sobald man den Rechner ausschaltet.

Für die langfristige Speicherung von digitalen Daten werden daher ***dauerhafte Speicher*** benötigt.
Weit verbreitet sind elektromagnetische Systeme, wie etwa Magnetbandspeicher, Disketten, Festplatten (Abb. ➤ 1) usw. Die Arbeitsweise beruht auf dem Prinzip der Magnetisierung der Speicherschicht. Dabei kommt es zur Ausrichtung von Mikromagneten durch ein elektromagnetisches Feld, das im Takt der binären Information umgepolt wird. Beim Lesen der Information kann in etwa 10 Nanosekunden (10 ns) auf ein Zeichen zugegriffen werden.

1 Speichermedium Festplatte

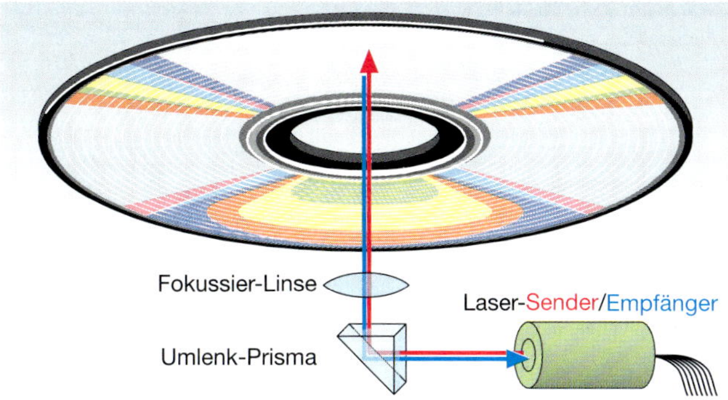

1 CD-ROM und Laserprinzip

Eine höhere Datendichte und Lesegeschwindigkeit erlaubt die Lasertechnologie. Abb. ➤ 1 verdeutlicht das Prinzip, das auf der Aussendung eines Laserstrahls und dessen Reflexion an einer Compact Disc (CD) beruht. Der an der reflektierenden Schicht der CD (meist Aluminium) zurückgeworfene Strahl wird über eine Linse zur Detektion einem optoelektronischen Bauelement zugeleitet. Die Brennweite der Linse ist genau auf die reflektierende Oberfläche fokusiert. Dadurch wird der Laserstrahl immer dann nicht exakt dem optoelektronischen Bauelement zugeleitet, wenn die Reflexion an einer Vertiefung in der Aluminiumschicht der CD erfolgt (Abb. ➤ 2). Solche Senken – „Pits" genannt – repräsentieren die Information „0", während die erhabenen Stellen – die sogenannten „Lands" – die Information „1" darstellen. Es finden sich also wieder zwei Zustände. Damit ist die Voraussetzung zur digitalen Codierung der Daten gegeben. Die binären Informationen sind in Form von Pits und Lands auf einer Rille aufgereiht, die auf der CD – von innen nach außen – rund 22 000 Windungen bildet. Durch die Rotation der CD entsteht ein „Flackern" des reflektierten Laserstrahls im Takt der Bits.

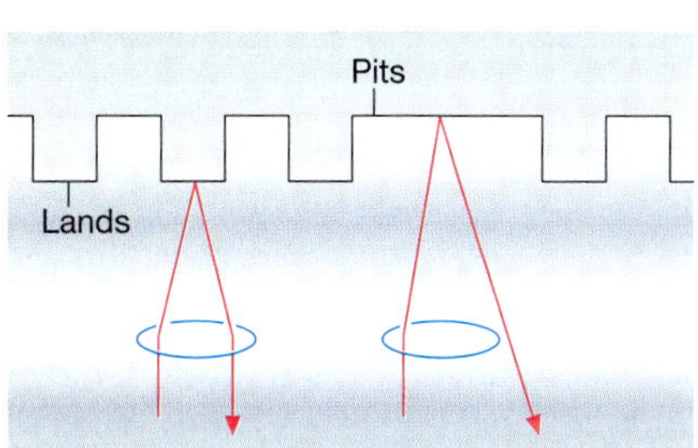

2 „Pits" und „Lands" repräsentieren die digitale Information.

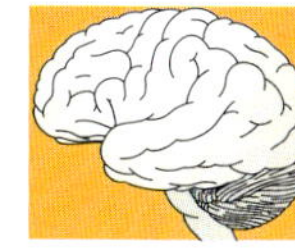

Das biologische Arbeitsgedächtnis (das ***sensorische Ultrakurzzeitgedächtnis***) wird vor allem durch aktuelle Sinneseindrücke „gefüttert". Dieses hat erlaubt, dass Sie eine Zahlenreihe unmittelbar nach dem Lesen wahrscheinlich weitgehend fehlerfrei wiederholen können. Aber bereits wenige Sekunden später ist diese Information zum großen Teil wieder gelöscht. Die Information ist dabei – im Gegensatz zum Speicherchip – nicht auf eine bestimmte „Adresse" im Neuronennetz des Gehirns (Abb. ➤ 3) lokalisiert, sondern existiert, wie man vermutet, in Form „kreisender" Erregungsprozesse zwischen den beteiligten Nervenzellen. Wenn diese Erregungen nach einigen Sekunden abklingen, ist der Inhalt wieder gelöscht.

Etwas längerfristiges Behalten ermöglicht das ***Kurzzeitgedächtnis***, das über mehrere Minuten bis Stunden Informationen speichern kann, während das ***Langzeitgedächtnis*** dauerhaft Daten „sichert". Allerdings kann Letzteres immer nur über das Kurzzeitgedächtnis aktiviert werden. Sowohl das Aufnehmen als auch das Wiedergeben von Gedächtnisinhalten erfolgen über das Kurzzeitgedächtnis. Ein direktes externes Dateneinlesen – wie beim Computer – ist beim Menschen (noch?) nicht möglich. Dass wir aber trotzdem schon auf dem Weg sind, den „Nürnberger Trichter" Wirklichkeit werden zu lassen, wird später noch erläutert.

3 Das Neuronennetz der Großhirnrinde besteht aus 10–20 Milliarden Neuronen.

Wie funktioniert das biologische Speicherprinzip?

Biologische Informationsspeicherung ist Lernen. Voraussetzung hierfür ist die ***Verknüpfbarkeit verschiedener Nervenzellen***. Diese kann zunächst rein funktionell – also ohne Umbau der Zellen – erfolgen. Dabei ist für einen begrenzten Zeitraum die Erregbarkeit der beteiligten Neuronen erhöht. Die eine Information repräsentierenden Erregungen „kreisen" zwischen diesen wahrscheinlich nicht nur einige Sekunden (wie beim sensorischen Ultrakurzzeitgedächtnis), sondern infolge einer erhöhten Erregbarkeit der Zellen bis zu Stunden (***Kurzzeitgedächtnis***). Danach wird die normale Erregbarkeit wieder hergestellt. Die Information ist dann gelöscht. Auch diese Erklärung ist noch Hypothese.

Wie der kanadische Psychologe ***Donald Hebb*** erkannte, ist die synaptische Verbindung zwischen zwei Neuronen aber auch auf Dauer trainierbar. Das beruht auf folgendem Mechanismus: Wenn zwei Neuronen A und B immer gleichzeitig erregt werden, so erfolgen an den zwischen diesen verlaufenden Nervenbahnen und Synapsen ***Umbauvorgänge***, die einen Wachstumsprozess einleiten und damit die Verbindung auf Dauer fixieren. Die Information wird physisch „eingeschrieben" – es bilden sich sogenannte ***Engramme*** (Abb. ➤ 1). Neuron A wird dann besser in der Lage sein, Neuron B zu erregen, bzw. umgekehrt. Bemerkenswert ist aber auch, dass parallel dazu ungenutzte Nervenverbindungen der unmittelbaren Umgebung abgebaut werden. Es erfolgt also eine feste anatomische Verknüpfung der beteiligten Nervenzellen, während Verbindungen zu anderen Neuronen gelöst werden. Die so entstehende bauliche Verknüpfung zweier Hirnareale führt zur Langzeitspeicherung der dort lokalisierten Inhalte.

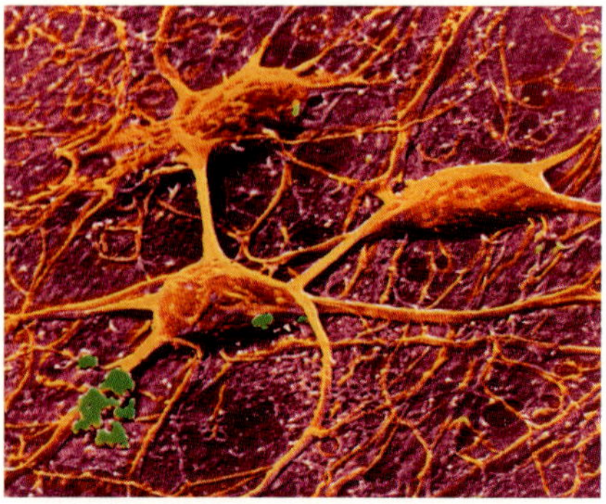

1 Engrammbildung: Nervenzellen knüpfen während des Lernprozesses feste anatomische Verbindungen.

Ein Beispiel soll diese Engrammbildung verdeutlichen (Abb. ➤ 2): *Nimmt man einen unbekannten Gegenstand in die Hand, so werden einerseits die Rezeptoren in Haut und Unterhaut erregt, die einen Tasteindruck von der Beschaffenheit des Gegenstandes vermitteln. Andererseits bekommt man über die Augen einen optischen Eindruck. Die jeweils zu diesen Sinnen gehörenden Hirnareale werden gleichzeitig erregt. Der Aufbau einer dauerhafteren Verbindung beider lässt uns lernen, wie sich etwas anfühlt, auch wenn wir es nur sehen. Umgekehrt können wir uns einen Eindruck von der äußeren Form eines Gegenstandes machen, auch wenn wir ihn nur ertasten. Auch dies ist Lernen.*

Neuere Erkenntnisse lassen vermuten, dass es in einer sehr frühen Lernphase zu einer Vermehrung bestimmter synaptischer Verbindungen kommt, danach aber ein Teil davon wieder abgebaut wird (Abb. ➤ 3). Man kann diesen Prozess mit der Arbeit eines Bildhauers vergleichen, der überflüs-

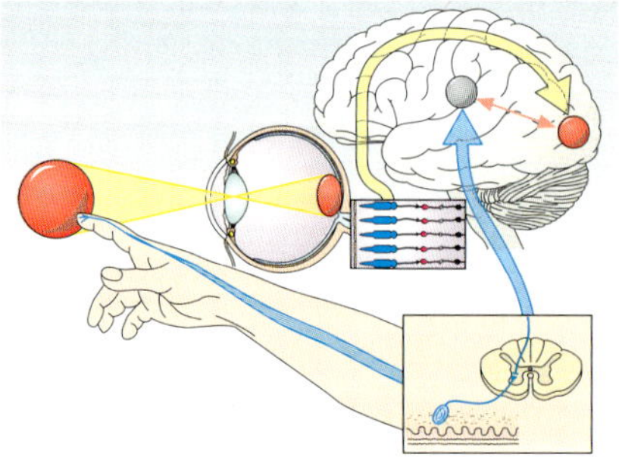

2 Verknüpfung optischer und taktiler sensorischer Areale

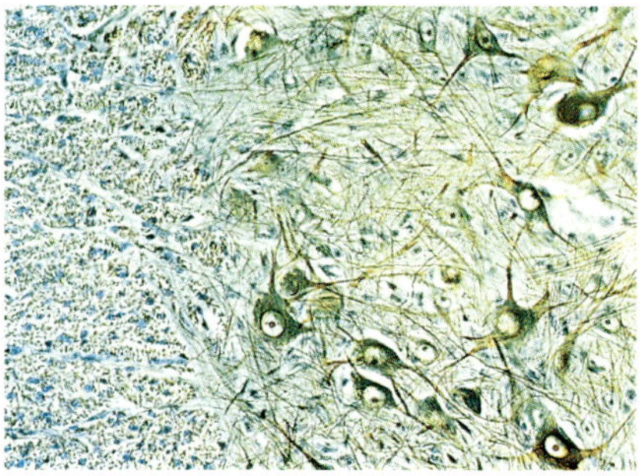

3 Verschiedene Nervenstrukturen im Gehirn

siges Gestein aus einem Rohling herausmeißelt, um mit dem Stehenlassen von Substanz eine neue Qualität – die Skulptur – zu erreichen. Jeder von uns eignet sich also eine höchst individuelle „Gehirnskulptur" an. Um dieser ein harmonisches Bild zu geben, sollten wir unser Nervensystem zahlreichen und vielfältigen Reizen und Lernanforderungen – sowohl logisch-rationalen als auch sinnlich-künstlerischen – „aussetzen". In Tierexperimenten wurde nachgewiesen, dass der Entzug von Lernreizen (Abb. ➤ 1) zu typischen anatomischen Degenerationen des Gehirns führt.

1 Unterschiedlich stimulierende Lernumgebungen bewirken differierende Hirnreifung.

Mehr speichern – schneller lesen!

Mit verschiedenen Ansätzen wird versucht, die CD-Technologie noch leistungsfähiger zu machen. Während herkömmliche Audio-CDs 150 Umdrehungen pro Minute ausführen, kann der Lesevorgang von einer CD-ROM beschleunigt werden, indem man sie schneller rotieren lässt (z. B. 32-fach-Speed-CD-Laufwerke).

Andere Bemühungen gelten der Erhöhung der Speicherkapazität. Bisher können auf einer einzigen CD-ROM die Informationen mehrerer hundert herkömmlicher Disketten gespeichert werden (640 MByte). Das entspricht 75 Minuten Musik hoher Klangqualität oder 300 000 Schreibmaschinenseiten Text. Unter Beibehaltung dieser Technik ist durch bestimmte Algorithmen der Bit-Verarbeitung eine Datenkompression möglich. Mehr Kapazität ist erreichbar, wenn verschiedene reflektierende Schichten übereinander angeordnet werden. Die Linse kann dann gezielt auf bestimmte Etagen fokusiert werden. Voraussetzung ist, dass die Speicherschichten teilweise transparent sind, um in die darunterliegenden Etagen „hindurchsehen" zu können. Aus dem „Speicherflachbau" wird ein „Hochhaus" (Abb. ➤ 2). Damit vervielfacht sich die Speicherfähigkeit einer Disc.

Um die beschriebene Speicherkapazität zu realisieren, müssen statt der bisher üblichen Laserstrahlen mit einer Wellenlänge von $\lambda = 780\,\text{nm}$ kürzerwellige Laser eingesetzt werden, etwa ein blauer Strahl mit $\lambda = 428\,\text{nm}$. Dieser wird auf einen Brennfleck von $0{,}4\,\mu\text{m}$ fokusiert!

Die Information ist aber dabei immer noch jeweils auf einer Etage, und damit zweidimensional, angeordnet. Große Hoffnung für die Zukunft wird in die Entwicklung dreidimensionaler optischer Speichersyteme gesetzt. Ein Weg hierzu besteht in der Nutzung der Holografie, die vom ungarisch-britischen Elektroingenieur ***Dennis Gabor*** (1900 – 1979) entwickelt wurde. 1971 erhielt er hierfür den Physik-Nobelpreis. Erst jetzt ist die Lasertechnologie soweit fortgeschritten, dass sein schon 1947 entwickeltes Konzept praktische Realität werden kann. Hierbei nutzt man die Eigenschaft bestimmter Kristallstrukturen (z. B. mit Eisen oder Cer dotiertes Lithiumniobat $LiNbO_3$) oder lichtempfindlicher Polymere, bei Lichtbestrahlung ihre elektrischen bzw. optischen Eigenschaften zu ändern. Treffen zwei phasengleiche Laserstrahlen im Kristall aufeinander, so wird die entsprechende Stelle optisch transparent bzw. „abgedunkelt". Auf diese Weise kann das Muster digitaler Daten gleich seitenweise als dreidimensionales Datengitter in den Kristall eingeschrieben und wieder gelesen werden. Derartige Systeme sind etwa tausendmal schneller zu lesen als CD-ROMs. Allerdings ist die Speicherkapazität derzeit noch nicht ebenbürtig. Eine schnelle Weiterentwicklung ist aber auch hier zu erwarten.

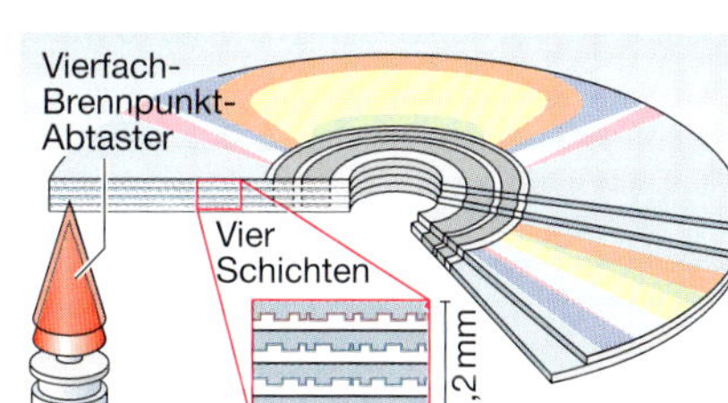

2 Etagenweise Anordnung der Speicherschichten einer CD-ROM

Gene steuern das Lernen

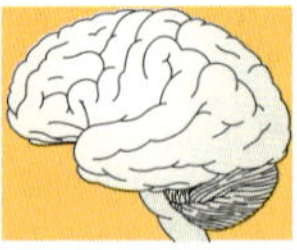

Neurobiologen arbeiten derzeit daran, Mechanismen, die zum Auf-, Um- und Abbau neuronaler Verbindungen führen, zu entschlüsseln. US-Amerikaner ***Tim Tully*** fand ein Gen, das Fliegen bereits nach einem Versuch lernen ließ, dass einem bestimmten Geruchssignal im Rahmen seines Versuchsaufbaus immer ein Elektroschock folgte. Sie flogen bereits beim zweiten Versuch auf, um diesem zu entgehen. „Normale" Fliegen benötigten für diesen Lernprozess 10 Versuche, d. h., die Engrammbildung wurde enorm beschleunigt!

Lerntricks und Gedächtnisformen

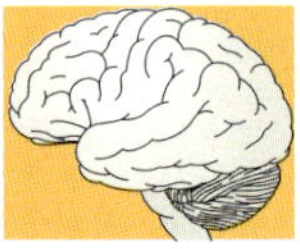

Können Sie sich eine beliebige Ziffernfolge aus 10 Ziffern einprägen und nach mehreren Stunden wiederholen? Wenn dies nicht vollständig gelingt, so versuchen Sie, das Lernen zu unterstützen, indem Sie der scheinbar zufälligen Ziffernfolge einen Sinn geben. Es können dies Geburtsdaten, arithmetische Zusammenhänge, Zählschritte oder etwa die Lage der Ziffern auf dem Tastenfeld eines Telefons sein.
Haben wir erst eine solche „Eselsbrücke" gefunden, so werden wir die Reihe nicht mehr vergessen, solange wir uns nur an den Zusammenhang erinnern können.
Wieso lernen wir auf diese Weise besser? Wir stellen Verknüpfungen her! Dies ist die Strategie des Nervensystems! Es speichert durch die Verbindung von Neuronen. Diese Form des Lernens – das assoziative Lernen – ist sehr effektiv! Es sollte Vorrang vor dem mechanischen „Einpauken" beziehungsloser Fakten haben.

Die dargestellten Beispiele zeigen, dass es verschiedene Gedächtnisformen geben muss. Abb. ➤ 1 gibt eine Übersicht von Gedächtnisformen aus neuropsychologischer Sicht. Diese zeigt, dass nur ein begrenzter Teil unseres Gehirns bewusst mit Fakten und Ereignissen beschäftigt ist. Das deklarative Lernen ist z. B. an bestimmte Areale des Hirnschläfenlappens gebunden.
Abb. ➤ 2 zeigt eine PET-Aufnahme (Positronen-Emissions-Tomografie). Diese stellt die Schläfenlappenareale während des Erinnerns an Gelerntes hell dar. Helle Gebiete weisen einen erhöhten Stoffwechsel auf, d. h., sie sind aktiver.
Andere Gedächtnisformen dienen etwa der Speicherung von sprachungebundenen Inhalten, von Prozeduren also. Dazu gehören Bewegungsprogramme (motorische Fertigkeiten – gespeichert im motorischen Nervensystem) aber auch Verhaltensweisen und Gewohnheiten. Prozedurales Lernen erfolgt dabei meist ohne bewusste Kontrolle. So ist zu erklären, dass beispielsweise Suchtverhalten nur sehr schwer bewusst durch den Willen beeinflussbar ist.

Manche Menschen können Gelerntes besser behalten, wenn sie sich das, was sie lernen sollen, laut vorsagen und dabei auf und ab gehen. Dieser Effekt ist darauf zurückzuführen, dass durch das Gehen eine allgemein erhöhte Erregung der Neuronen vorliegt. Die richtige Lern-Stimulanz kann allerdings für verschiedene Menschen sehr unterschiedlich sein. Was den einen anregt, regt den anderen auf. Jeder sollte bewusst die für ihn günstigsten Lernbedingungen erproben.

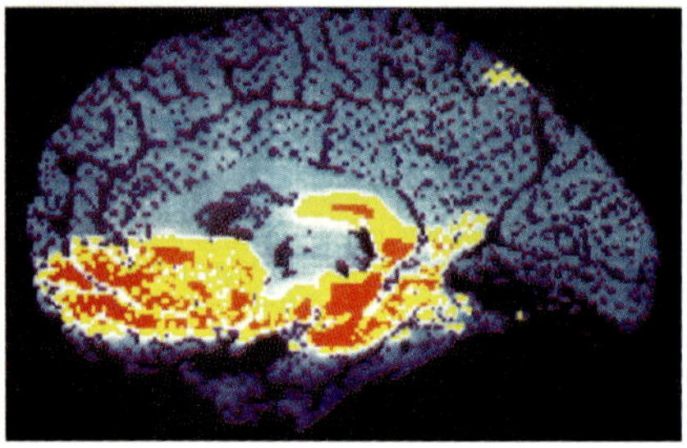

2 Darstellung stoffwechselaktiver Hirnregionen

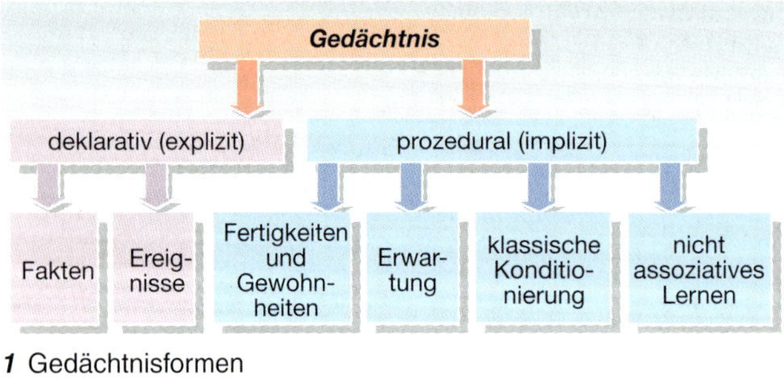

1 Gedächtnisformen

Das Geheimnis des schnellen Datenzugriffs

Stellen Sie sich vor Ihrem „geistigen Auge" die nachfolgenden Begriffe bildlich vor! Wie schnell gelingt das Aufrufen der gespeicherten bildlichen Assoziationen? Begriffe: „Haus", „Baum", „Mercedes", „Notenschlüssel", ...

Das Abrufen bildlicher gut bekannter Vorstellungen aus dem Gedächtnis gelingt nahezu ohne Zeitverlust, wozu ein Computer nicht in der Lage ist. Dieser muss erst seine Speicher nacheinander durchsuchen. Das Geheimnis für den schnellen Zugriff aber auch weiterer Vorzüge des menschlichen Gehirns liegt wahrscheinlich in dessen neuronaler Netzstruktur begründet.

Die offensichtlich überlegene „Rechnerarchitektur" der Natur hat dazu veranlasst, diese Prinzipien technisch nachzuahmen. Ein Ansatz in dieser Richtung sind künstliche ***neuronale Netze***. Man kann diese sowohl als Hardwarekonstruktion durch elektronische Verschaltungen herstellen als auch über Software rechnerisch simulieren. Dabei bildet man eine bestimmte Anzahl von Neuronen durch Netzelemente nach, die über „Nervenverbindungen" miteinander kommunizieren (Abb. ➤ 1). Einige Elemente des so entstehenden Netzwerks erhalten Input-Informationen, die – entsprechend der Vernetzung – an andere Elemente weitergeleitet werden. An jedem Element erfolgt eine vorher definierbare rechnerische Verarbeitung der Information. Dabei können bestimmte Verbindungen von höherer Wertigkeit sein als andere. Jede neuronale Verknüpfung erhält also ihr eigenes Gewicht. Bestimmte Netzelemente fungieren als Outputzellen. An ihnen wird das Ergebnis der Netzverarbeitung ausgegeben. Das Netz soll zu einem Input genau einen Output liefern. In Abhängigkeit von Anzahl und Anordnung der Neuronen sowie der Verknüpfungen einschließlich der Gerichtetheit des Datenflusses sind sehr unterschiedliche neuronale Netze modelliert worden. Abb. ➤ 1 zeigt ein dreischichtiges Netzwerk mit einer Eingabeschicht, einer verdeckten Schicht und einer Ausgabeschicht, wobei die Schichten vorwärts gekoppelt sind, d. h. die Informationen laufen immer nur in einer Richtung.

Ein solches neuronales Netz weist im Vergleich zum sequentiell arbeitenden Prozessor eines Computers bemerkenswerte

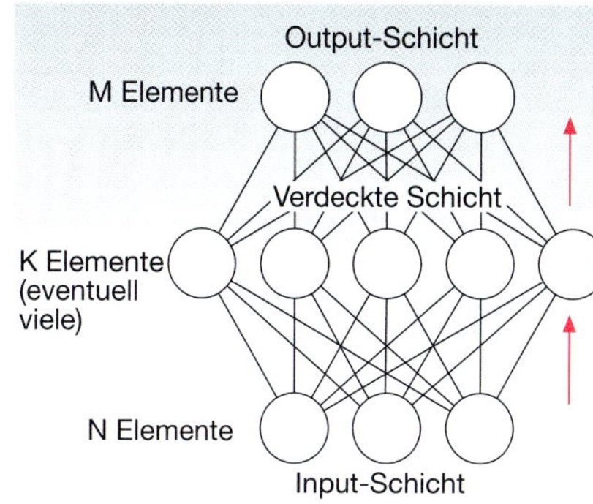

1 Dreischichtiges neuronales Netz

Vorzüge, aber auch Nachteile auf:
- Es wird nicht programmiert, sondern trainiert. Damit ist es lernfähig!
- Die Lerninhalte sind nicht – wie beim Computer – in konkret adressierten Speichern lokalisiert, sondern werden durch die Charakteristik der Verschaltung aller beteiligten Neuronen repräsentiert.
- Die Netzelemente arbeiten gemeinsam am kollektiven Lernergebnis, wobei sie nicht unbedingt synchron takten müssen.
- Schwächen neuronaler Netze bestehen in mangelhafter Rechenleistung und eingeschränkter Genauigkeit.
- Stärken liegen in der Fähigkeit, Ähnliches als vergleichbar zu erkennen, Assoziationen herzustellen, in der geringen Störanfälligkeit und hohen Arbeitsgeschwindigkeit.

Neuronale Netze erlauben z. B. den unmittelbaren Zugriff auf einen Inhalt, während sequentielle Rechner ihren gesamten gespeicherten Datenpool Schritt für Schritt durchsuchen müssen, um eine gesuchte Information zu erhalten. Wir können aber auch umgekehrt beim Betrachten eines Hauses (Abb. ➤2) ohne Zeitverzug die zu-

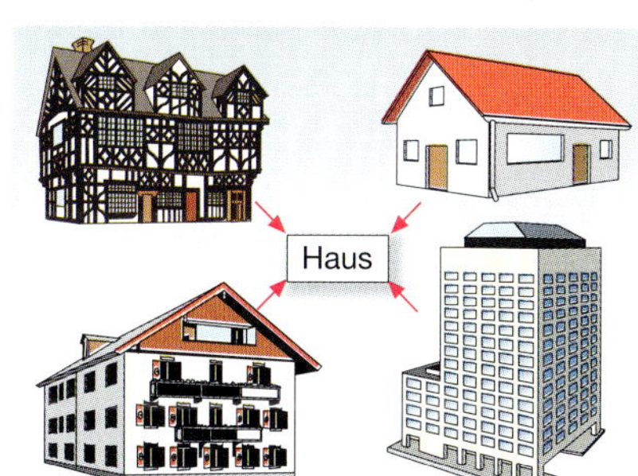

2

gehörige verbale Assoziation „Haus“ abrufen. Dabei kann es sich um ein Haus handeln, das wir noch nie gesehen haben. Dank der neuronalen Netzstruktur unseres Hirns genügt die Ähnlichkeit zur Identifikation und Klassifizierung.
Das Durchsuchen der grafischen Dateien eines Rechners würde demgegenüber wesentlich längere Zeit in Anspruch nehmen und zudem noch nur auf die vorher gespeicherten Bilder begrenzt sein.

Obgleich mit der Konstruktion und Erforschung neuronaler Netze eine grundsätzliche Annäherung an biologische Nervenstrukturen möglich wurde, wird das Gehirn in seiner Komplexität wohl kaum durch technische Systeme erreichbar sein. Neuronale Netze werden vom Menschen aber bereits dort genutzt, wo sie gegenüber Computern Vorteile bieten. Neben

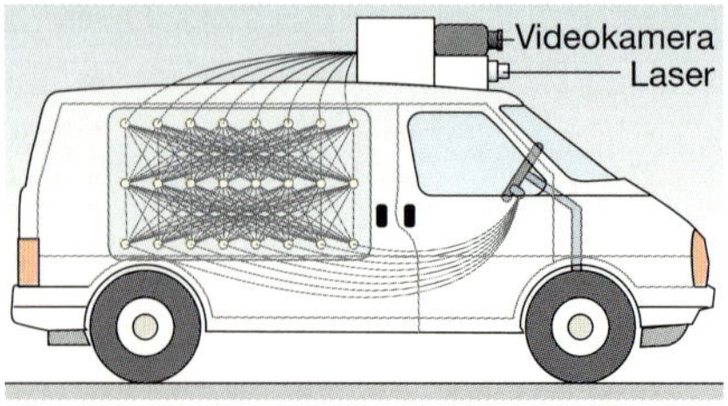

1 Automatische Fahrzeugsteuerung mit Hilfe eines neuronalen Netzes (Prinzip)

Anwendungen wie Bild- oder Schrifterkennung, Entscheidungshilfen in komplexen Situationen durch Expertensysteme oder Signalanalysen können neuronale Netze z. B. auch für die selbständige Steuerung von Fahrzeugen auf der Basis der Videoanalyse der Umgebung eingesetzt werden (Abb. ➤ 1).

Nerven sind nicht alles

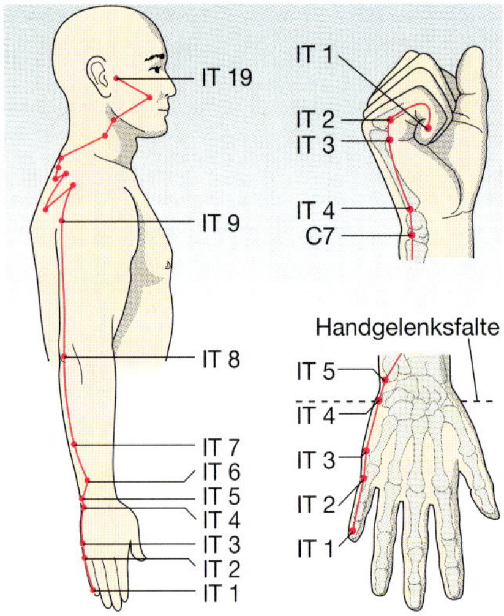

2 Dünndarm-Akupunktur-Meridian: Entlang des Meridians befinden sich Akupunkturpunkte. Jeder Punkt ist nummeriert und besitzt im Verständnis der chinesischen Medizin bestimmte regulative Funktionen. Durch Reizung der Punkte (z. B. durch Nadeln, Pressen) kann ein therapeutischer Effekt erzielt werden.

Während wir Europäer Regulation von Körperfunktionen weitgehend mit dem Nerven- und dem Hormonsystem in Verbindung bringen, kennen andere Kulturen weitere Regulationssysteme, die in der abendländischen Medizin bisher wenig Resonanz gefunden haben. So beschäftigt sich etwa die chinesische Medizin mit der Theorie der Akupunktur-Meridiane.

Abb. ➤ 2 zeigt den Verlauf des Meridians, der u. a. mit Funktionen des Dünndarms in Verbindung gebracht wird. Nach Auffassung der chinesischen Medizin zirkuliert durch die „Gefäße“ dieser Meridiane „Chi“, das im Sinne von Lebensenergie verstanden wird. ***Es handelt sich dabei nicht um Energie im Sinne der Physik!***

Ein kleiner Versuch soll demonstrieren, welche Wirkungen der Fluss der „Akupunktur-Energie“ haben kann: Eine Versuchsperson liegt auf dem Rücken und hat ein Bein in Hüfte und Knie rechtwinklig gebeugt. Ein Tester verschafft sich einen Eindruck von der Kraft der hüftbeugenden Muskel indem er für etwa 3 Sekunden – ***langsam steigernd – mit nur mittlerer Kraft*** *oberhalb des Knies gegen das gebeugte Bein in Richtung Streckung drückt. Die Testperson soll widerstehen. Es geht nicht darum, das Bein zu strecken, sondern den Widerstand zu fühlen!* ***Vorsicht – keine Verletzungen provozieren! Bei Schmerz abbrechen!*** *Nachdem sich der Tester einen Eindruck von der Kraft des Muskels gemacht hat, überstreicht er mit der flachen Hand den Dünndarm-Akupunkturmeridian der gleichen Körperseite in der Richtung vom Ohr zum Kleinfinger 4 Mal. Unmittelbar danach wird die Kraft des Muskels erneut geprüft. Danach wird der Meridian in umgekehrter Richtung – vom Kleinfinger zum Ohr – mehrmals überstrichen. Wie reagiert der Muskel auf die verschiedenen Interventionen? Welche Erklärung lässt sich für den gefundenen Effekt geben?*

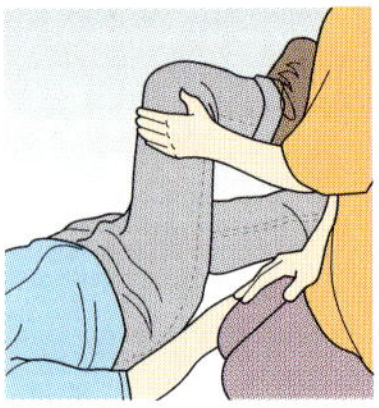

3 Muskeltest des geraden Oberschenkelmuskels im Liegen

AUFGABEN

Versuche

1 Bei digitalen Schaltungen unterscheidet man zwei Zustände, die durch Spannungen dargestellt werden:

Zustand	***Spannung***	***Zeichen***
keine Spannung vorhanden – Low	0 V – 0,4 V	0 (Low)
Spannung vorhanden – High	2,4 V – 5,0 V	1 (High)

Weisen Sie mit Hilfe des Experiments in Abb. ➤ 1 die Schaltwirkungen eines Transistors nach! Legen Sie an den Eingang eine Spannung (High) und beobachten

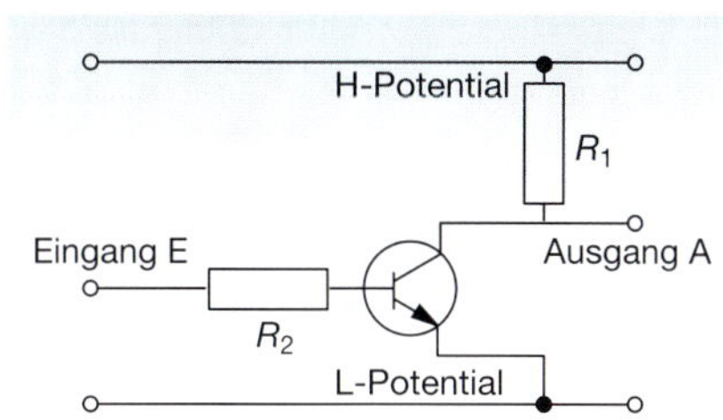

1 Schalterwirkung des Transistors

Sie, welche Spannung am Ausgang festzustellen ist. Erläutern Sie die Schalterwirkung und vervollständigen Sie die Tabelle!

Eingang E	***Ausgang A***
1	
0	

2 Abb. ➤ 2 zeigt eine FLIP-FLOP-Schaltung in Transistorausführung. Erklären Sie, was beim Drücken der Tastschalter S und R geschieht! Bauen Sie anschließend die Schaltung auf und überprüfen Sie Ihre Aussagen!

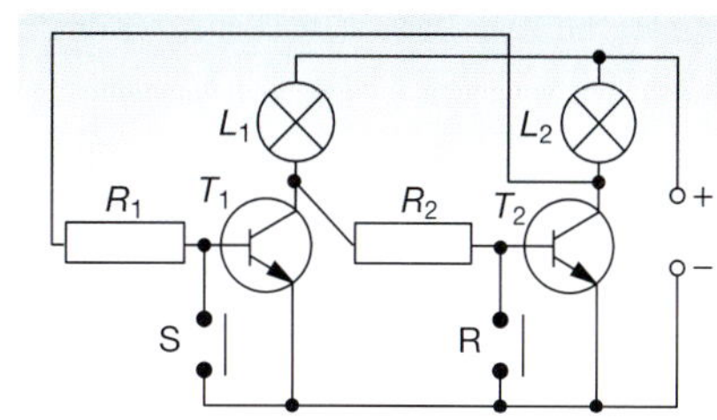

2 FLIP-FLOP-Schaltung

Fragen

Zur „Sprache" von Rechenmaschinen und Nervenzellen

1 In Abb. ➤ 3 ist die Verteilung von verschiedenen Ionen beidseits einer biologischen Membran schematisch dargestellt.

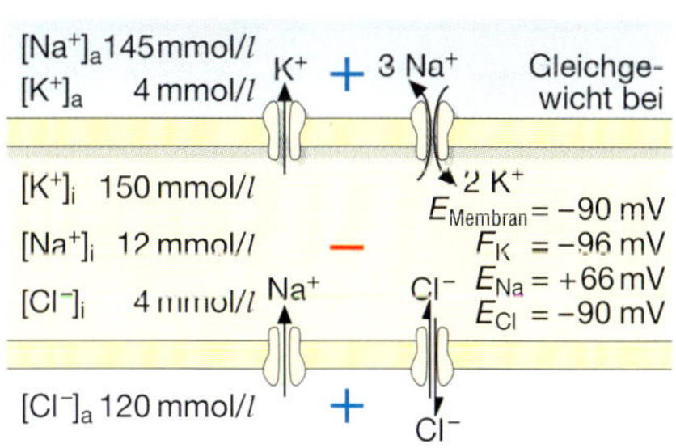

3 Verteilung der Ionen an einer Membran

a) Welche osmotischen und welche elektrischen Gradienten wirken auf die Ionen, wenn man die Ladungsverhältnisse an der Membran (innen gegenüber außen: negativ) beachtet?
b) Unter welchen Bedingungen kann die dargestellte Ionenverteilung aufrecht erhalten werden?

2 Wieviele verschiedene Zeichen lassen sich mit einem Byte darstellen?
Wie viele Zeichen lassen sich aus einer Sequenz aus 10 Bit codieren?

3 Warum können Muskeln durch elektrische Impulse zur Kontraktion angeregt werden?

4 Erläutern Sie die Begriffe Aktions- und Ruhepotential!

5 Wie funktioniert ein MHD-Generator?

Zur Nachrichtenübermittlung

6 Erläutern Sie, warum biologische Informationsleitungen verlustfrei arbeiten!

7 An der Membran einer Nervenfaser liegt ein Ruhepotential vor. An einer Stelle der Membran kommt es infolge eines negativen elektrischen Reizes zur Potentialumkehr (Aktionspotential; Abb. ➤ 4).
Welche weiteren Prozesse werden an der Membran ausgelöst? Denken Sie dabei an Verhalten von Trägern entgegengesetzter Ladung!

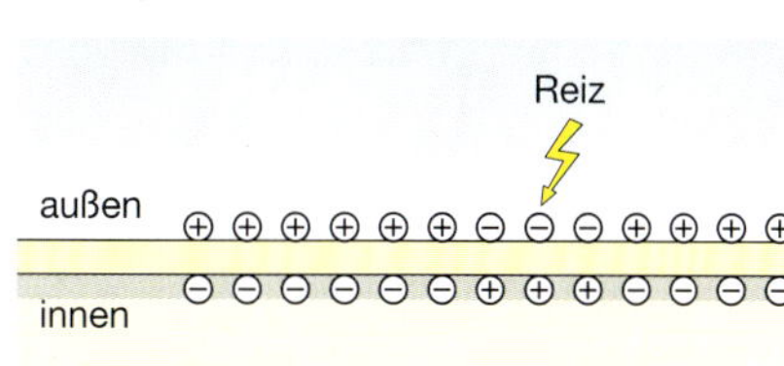

4 Reiz an der Membran einer Nervenfaser

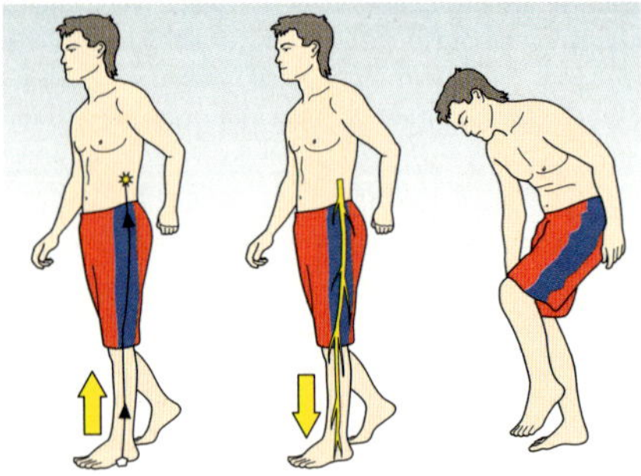

1 Nervenfasern leiten Informationen

8 Dünne Nervenfasern leiten Informationen mit einer Geschwindigkeit von $1\,m\,s^{-1}$.
a) Wie lange benötigte man nach einem Tritt mit dem unbekleideten Fuß auf einen spitzen Stein, um eine Schutzreaktion einzuleiten (Abb. ➤ 1), wenn wir ausschließlich solche Fasern besäßen? Beachten Sie bei der Festlegung der zurückzulegenden Strecke, dass die unwillkürliche Antwort nicht über das Gehirn reguliert wird, sondern über das Rückenmark im Bereich der Lendenwirbelsäule.
b) Wie lang wäre die Reaktionszeit, wenn das Gehirn als Schaltzentrale fungieren würde?
c) Schätzen Sie die tatsächlich für die Signalleitung benötigte Zeit!

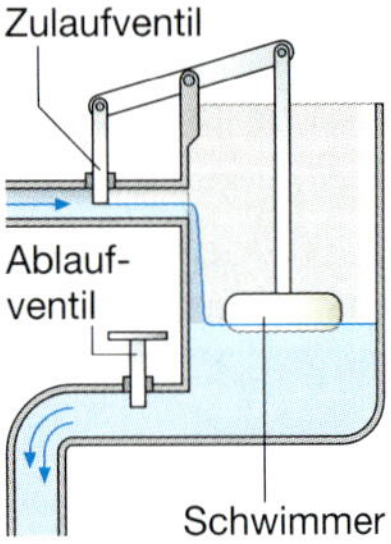

2 Prinzip eines Regelkreises

Zur Signal-Verarbeitung

9 Machen Sie sich über die Funktionsweise eines elektronischen Prozessors kundig! Wie verarbeitet ein Computer Bits und Bytes?

10 Abb. ➤ 2 zeigt das Prinzip eines technischen Regelkreises (Toilettenspülung).
a) Erläutern Sie die Funktionsweise anhand der Abbildung.
b) Welche Elemente gehören bei allgemeiner Betrachtung von Regulationsvorgängen grundsätzlich zu einem Regelkreis?

11 Erläutern Sie den Reflex als eine Form der biologischen Signal-Verarbeitung! An welchen Stellen des Reflexbogens laufen physikalische Vorgänge ab?

12 In diesem Kapitel wurde die NOT-Schaltung als ein logischer Verarbeitungsschritt vorgestellt. Welche weiteren logischen Verknüpfungen gibt es? Wie können Sie als Schaltung dargestellt werden?

13 Vergleichen Sie die Arbeitsweise eines Mikroprozessors mit der einer Synapse!

14 Trotz beachtlicher Fortschritte ist für bestimmte Anwendungen die Rechengeschwindigkeit von Computern oft noch zu gering. Wie kann diese weiter erhöht werden?

Zu Informationen lernen und speichern

15 Informieren Sie sich über Technologien der Datenspeicherung der verschiedenen Speichermedien (Arbeitsspeicher, Diskette, CD-ROM, ...)!
a) Vergleichen Sie Vor- und Nachteile der einzelnen Lösungen im Hinblick auf Speicherkapazität, Speicher- und Lesegeschwindigkeit, Langlebigkeit und Überschreibbarkeit!
b) Auf welchen physikalischen Prinzipien beruht das Speichern von Daten?

16 Worin bestehen die besonderen Eigenschaften von Laserlicht? Wie kann dieses erzeugt werden? Welche Eigenschaften des Laserlichts werden bei der Datenspeicherung ausgenutzt.

17 Aus dem Text geht der Aufbau einer CD hervor. Welche physikalische Erklärung gibt es für die farbigen Lichteffekte beim Betrachten der verspiegelten Seite?

18 Vergleichen Sie die Speicherung von Daten im menschlichen Gehirn und in Computern! Vergleichen Sie in diesem Zusammenhang das biologische und das elektronische Speicherprinzip!

19 Erläutern Sie die Begriffe Ultrakurzzeit-, Kurzzeit- und Langzeitgedächtnis!

20 Vergleichen Sie ein neuronales Netz mit einem Prozessor eines Computers. Nennen Sie Vorteile und Nachteile!

21 Wie viele Disketten herkömmlicher Speicherkapazität werden für die Speicherung der Daten einer CD benötigt?

22 Wäre es nicht verlockend, im Handumdrehen zu lernen, sich alles sofort merken zu können?
Diskutieren Sie die Konsequenzen, die eine solche Manipulation beim Menschen haben könnte. Wägen Sie Nutzen und Risiken ab. Welche ethischen Probleme ergäben sich?

23 Was verstehen Sie unter Engrammbildung bei Lernprozessen? Erläutern Sie diesen Prozess an einem Beispiel!

24 Computer zählen im Dualsystem wie folgt 1, 10, 11. Die Zahl 5 lautet im Dualsystem: $1 \cdot 2^2 + 0 \cdot 2^1 + 1 \cdot 2^0 = 101$. Stellen Sie die Zahlen 7, 8, 12, 19 im Dualsystem dar.

Die Umwelt wirkt auf den Menschen

UV- Strahlung der Sonne

In der Urlaubszeit ist „Sonnenbaden“ eine der häufigsten Freizeitbeschäftigungen. Millionen Bürger fahren deshalb in Gebiete mit Schönwetterlage. Der Aufenthalt in der Sonne birgt aber auch Risiken, die dabei allzu oft verdrängt werden.

Elektrosmog

In der Nähe von Hochspannungsmasten ist der Elektrosmog besonders stark, deshalb dürfen seit dem 1.1.1997 in der Bundesrepublik Deutschland neben Kindergärten, Krankenhäusern und Schulen keine Strommasten errichtetet werden.

Lärmbelästigung im Alltag

Nach Auswertung von Untersuchungen in der Bundesrepublik Deutschland fühlen sich 6 bis 9 Millionen Menschen durch Fluglärm belästigt. Lärmquellen stellen heute einen wichtigen Stressfaktor im Alltag dar.

Natürliche radioaktive Strahlenbelastung

Wildwachsende Pilze, insbesondere Maronen, reichern sich im Fruchtkörper mit radioaktivem Cäsium an. Wo kommt dieses radioaktive Element her?

Halten Sie feuchtes Kaffeefilterpapier oder feuchte Watte 10 Minuten vor das Saugrohr eines angeschalteten Staubsaugers. Messen Sie die Zählrate vor und nach dem Saugen. Was können Sie feststellen?

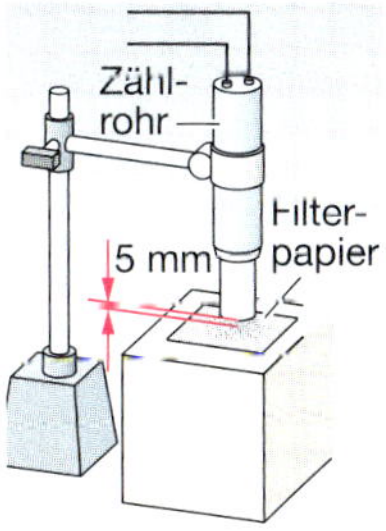

Wie verträglich ist die Sonne?

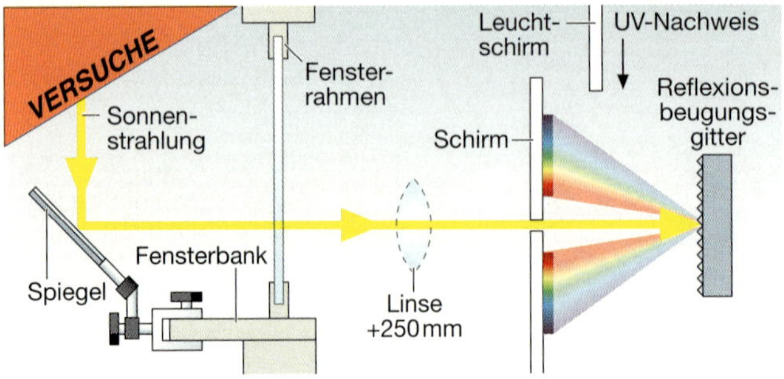

1 Experimentieranordnung zur spektralen Zerlegung des Sonnenlichts

① Über einen Spiegel dringt das Sonnenlicht durch eine (fensterfreie) Öffnung in den verdunkelten Klassenraum ein. Das Licht passiert einen schmalen Spalt des Schirmes und fällt auf ein Reflexions-Beugungsgitter. Auf dem Schirm ist das kontinuierliche Sonnenspektrum zu erkennen (Abb. ➤ 1). Bringt man an die Stelle des violetten Lichts einen Leuchtschirm, so kann man besonders gut im Frühjahr ein Aufhellen des Leuchtschirmes jenseits des violetten Lichts erkennen. Voraussetzung für den Nachweis des UV-Lichts ist, dass das Sonnenlicht nicht durch Fensterglas und die Sammellinse geleitet wird.

② Der infrarote Anteil der Sonnenstrahlung kann mit Hilfe fotoelektrischer Elemente (fotodiode, fototransistor, fotowiderstand) oder einer Thermosäule nachgewiesen werden. Bewegt man einen solchen Strahlungsmesser langsam durch das Sonnenspektrum, so zeigt das angeschlossene Messgerät auch außerhalb des roten Lichts im Infraroten einen Wert an.

③ Das Ionisierungsvermögen der UV-Strahlung kann man nachweisen, indem der Raum zwischen geladenen Kondensatorplatten mit Licht einer Hg-Lampe bestrahlt wird. Der Ausschlag des Elektroskops geht allmählich zurück. Das Ionisierungsvermögen der UV-Strahlung kann auch mit Hilfe eines Geiger-Müller-Zählrohres demonstriert werden. Dazu wird die auf dem Zählrohr vorhandene schwarze Lichtschutzschicht an einer Stelle vorsichtig mit Aceton abgewaschen. Bringt man ein solches betriebsbereites Zählrohr in die Nähe einer eingeschalteten Hg-Lampe, so spricht es auf die energiereichen UV-Quanten an.

Strahlung von der Sonne

Die Sonne emittiert Strahlung, die den gesamten Bereich des elektromagnetischen Spektrums umfasst. Durchschnittlich 41 % der abgestrahlten Energie werden im sichtbaren, etwa 52 % im infraroten und rund 7 % im ultravioletten Bereich emittiert. Die Energie, die im Röntgenbereich ausgestoßen wird, unterliegt starken Schwankungen und beträgt nur 0,001 %. Energie, die in Form von Radiowellen abgegeben wird, ist mit 10^{-10} % völlig geringfügig. Die Prozentwerte stellen Mittelwerte dar und berücksichtigen nicht die elfjährige Sonnenfleckenperiode. Das infrarote Licht, das sichtbare Licht und ein Teil der UV-Strahlung (UVA und UVB) erreichen die Erdoberfläche.

Eigenschaften ultravioletter Strahlung:
– UV-Strahlung ist mit dem Auge nicht wahrnehmbar.
– Mit UV-Strahlung findet eine Energieübertragung statt.
Nach der Weltgesundheitsorganisation wird die UV-Strahlung in drei Bereiche eingeteilt (Abb. ➤ 2). Die UVC-Strahlung ist am energiereichsten. Ihre Wellenlänge liegt in der Nähe der Röntgenstrahlung.
– UV-Strahlung folgt den Gesetzen der Brechung, Beugung, Reflexion und Absorption. Die Absorption ist stoffabhängig. Sauerstoff und Ozon absorbieren UV-Strahlung unterhalb 300 nm vollständig,

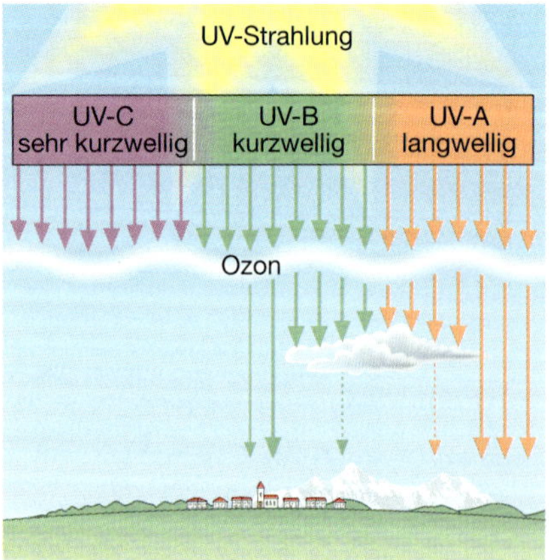

2 UV-Strahlung der Sonne

daher gelangt der größte Teil der energiereichen UV-Strahlung (UVC und teilweise UVB) nicht auf die Erdoberfläche. Glas absorbiert UV-Strahlung bis ca. 350 nm. Normale optische Linsen eignen sich daher nicht für UV-Experimente.
– UV-Strahlung ist in der Lage, bestimmte Stoffe zum Leuchten anzuregen (Fluoreszenz, Phosphoreszenz). Diese Eigenschaft ermöglicht einen einfachen Nachweis dieser Strahlung.

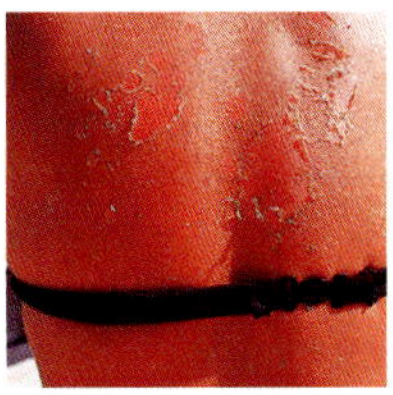

3 Rötung der Haut durch Erweiterung der Blutgefäße

Abhängigkeit der Intensität der UV-Strahlung auf der Erde: Die Stärke der ultravioletten Bestrahlung hängt von folgenden Faktoren ab:
– Die UV-Strahlung ist in unseren Breiten im Frühjahr am intensivsten und im Dezember am schwächsten, da die absorbierende Ozonschicht der Atmosphäre jahreszeitlichen Schwankungen unterliegt. Im Frühjahr ist die Ozonschicht sehr dünn. Im Laufe des Frühjahres wird die Ionosphäre mit Ozon angereichert, der sich aus Sauerstoff durch die Sonne bildet. Die intensive UV-Strahlung im Frühjahr ist auch teilweise dadurch bedingt, dass die Atmosphäre infolge starker Luftbewegungen weniger Schadstoffe enthält als im Sommer. Sonnenbäder im Frühjahr haben daher einen stärkeren Effekt als solche im Sommer.
– Die Höhe des Sonnenstandes, d. h. der Einfallswinkel der Sonnenstrahlung, beeinflusst die Bestrahlungsstärke (Abb. ➤ 1).
– Pro 1000 m Höhenzunahme über dem Meer steigt der UV-Anteil um 15 %.
– Weiterhin ist die UV-Bestrahlungsstärke von der Reflexion an der Erdoberfläche (Wasserfläche, Schnee, Sand, Gletscher) und von der Wolkenbildung abhängig.

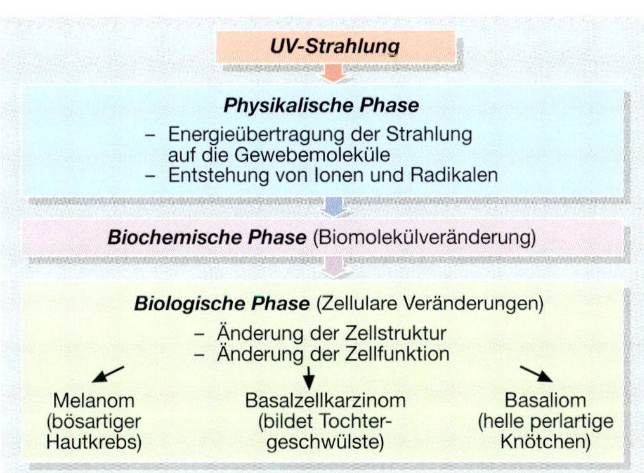

2 Phasen der biologischen Wirkung der UV-Strahlung

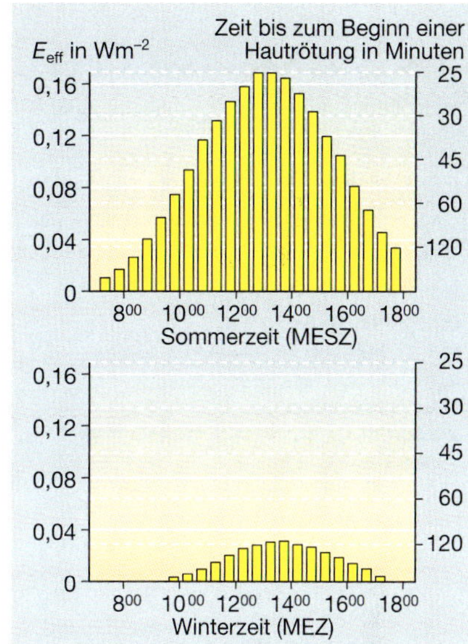

1 Tagesgang der biologisch wirksamen UV-Bestrahlungsstärke E_{eff} an einem wolkenlosen Sommer bzw. Wintertag

Biologische Wirkung der UV-Strahlung: Die Wechselwirkungen zwischen UV-Strahlung und lebender Materie ist Gegenstand aktueller Forschung der Medizin und der Fotobiologie. Bekannt ist, dass die Wechselwirkung von UV-Strahlung mit normaler Haut eine Fülle biologischer Effekte auslöst. Sofort nach Absorption der UV-Strahlung setzt im Gewebe eine Ionenbildung ein. Dabei werden Moleküle aufgespalten und biochemische Reaktionen ausgelöst. Diese Reaktionen können zur Änderung der Zellstruktur und der Zellfunktion führen. UV-Strahlung kann akut entzündliche und chronisch schädigende Wirkungen auslösen.
Man unterscheidet folgende Phasen der biologischen Wirkung der UV-Strahlung (Abb. ➤ 2):
Durch die Einwirkung der UV-Strahlung werden in der Haut Stoffe freigesetzt, die zu einer Erweiterung der Blutgefäße führen. Es kommt zu einer stärkeren Durchblutung der Haut, die dadurch eine rote Färbung annimmt (Abb. ➤ 3).

Die Haut hat im Laufe der Evolution folgende Schutzmechanismen entwickelt:
– Lichtschwiele: Eine kontinuierliche Zufuhr von UV-Strahlung ohne Ausbildung eines Sonnenbrandes führt innerhalb von zwei bis drei Wochen zu einer Verdichtung der obersten Hautschicht. Die entstandene

1 Verdichtung der obersten Hautschicht durch Einwirkung der Sonnenstrahlung (Seemannshaut, Landmannshaut)

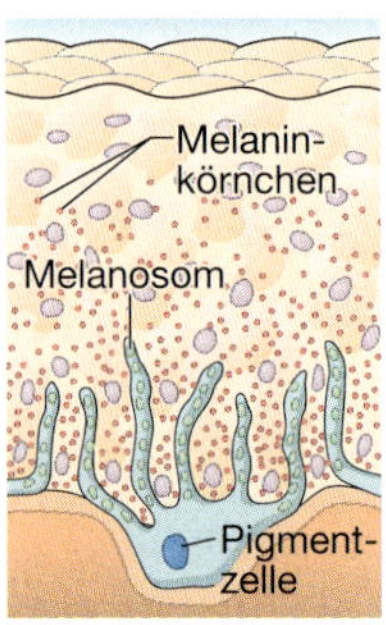

3 Schematische Darstellung zur Entstehung der Sonnenbräune

Lichtschwiele schützt die darunter gelegene Zellen mit einem bestimmten Lichtschutzfaktor (Abb. ➤ 1). Der Lichtschutzfaktor gibt an, wievielmMal länger die Haut der UV-Strahlung ausgesetzt sein kann, ohne einen Sonnenbrand zu erhalten.
Die in Tab. ➤ 2 angegebenen Bräunungszeiten beziehen sich auf die pralle Mittagssonne bei klarem Himmel. In der Nachmittagssonne kann die Zeit verdoppelt, gegen Abend sogar verdreifacht werden. Durch Sonnencremes kann der natürliche Schutz verstärkt werden. Die angegebenen Zeiten sind mit dem angegebenen Sonnenschutzfaktor zu multiplizieren.
Beispiel: Die Sonnenbadezeit am dritten Tag für ungeschützte Haut beträgt 20 Minuten. Der Sonnenschutzfaktor der genutzten Creme beträgt 6. Die Sonnenbadezeit beträgt danach 120 Minuten.

– Pigmentierung (Melaninbildung): Die Pigmentierung schützt die darunter gelegenen Zellen. In der Keimschicht der Epidermis wird in den Pigmentzellen Melanin hergestellt. Es verleiht der Haut Farbe. Das Melanin hat die Aufgabe, UV-Strahlung zu absorbieren. Die Farbkörnchen durchdringen die dünnen Fortsätze der Pigmentzellen und werden den Zellen der Oberhaut zugeführt. Diese teilen sich und bilden die Hornhaut (Abb. ➤ 3). Bei UV-Einstrahlung wird die Melaninproduktion vermehrt. Die Pigmentierung verläuft in

Tag	1	2	3	4	5	6	7
Min.	10	15	20	30	40	55	75
SF	1,4	2,0	3,0	4,0	5,5	7,5	10
Woche	1		2		3		
Std.	1		4		10		
SF	10		30		70–100		

2 Empfohlene Bräunungszeiten für ungeschützte Haut in der prallen Mittagssonne; SF: natürlicher Sonnenschutzfaktor

zwei Phasen. Die Sofortpigmentierung tritt unmittelbar nach der UV-Bestrahlung ein. Es werden Melaninvorstufen durch UVA-Strahlung zu Melanin umgewandelt. Dieser Effekt ist allerdings nur kurzfristig, und die Bräunung der Haut verschwindet nach 3 bis 10 Stunden. Die Spätpigmentierung bewirkt die eigentliche Hautbräune, die sich erst drei oder vier Tage nach der UVB-Bestrahlung entwickelt. UVB-Strahlung löst im Gegensatz zur UVA-Strahlung einen Sonnenbrand aus. Die Hautrötung regt die Melaninproduktion an. Einer lang anhaltenden Bräunung geht somit immer ein leichter oder schwerer Sonnenbrand voraus. Die UV-Empfindlichkeit ist individuell sehr verschieden (Abb. ➤ 4).

– Reparaturmechanismus: Sofort nach Entstehung der UV-Schäden beginnt die Zelle mit der Reparatur. Es sind heute mehrere Reparaturmechanismen bekannt.

Hauttyp	***Beschreibung***	***Bezeichnung***	***Reaktion auf die Sonne*** Sonnenbrand	Bräunung	***Bestrahlungsdauer für minimale Hautrötung***
I 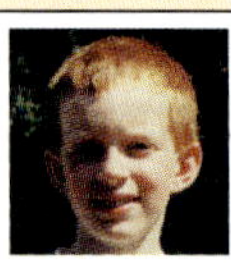	Haut: auffallend hell Sommersprossen: stark Haare: rötlich Augen: blau, selten braun Brustwarzen: sehr hell	Keltischer Typ (2 %)	nur schwer schmerzhaft	keine Rötung, nach 1 bis 2 Tagen weiß	5–10 Minuten
II 	Haut: etwas dunkler als I Sommersprossen: selten Haare: blond bis braun Augen: blau, grün, grau Brustwarzen: hell	Hellhäutiger Europäer (12 %)	immer schwer, schmerzhaft	kaum, Haut schält sich	10–20 Minuten
III 	Haut: hell bis hellbraun Sommersprossen: keine Haare: dunkelblond, braun Augen: grau, braun Brustwarzen: dunkel	Dunkelhäutiger Europäer (78 %)	seltener, mäßig	Durchschnitt	20–30 Minuten
IV 	Haut: hellbraun, oliv Sommersprossen: keine Haare: dunkelbraun Augen: dunkel Brustwarzen: dunkel	Mittelmeerischer Typ (8 %)	kaum	schnell, tief	40 Minuten

4 Anhaltspunkte für die Einteilung der Hauttypen

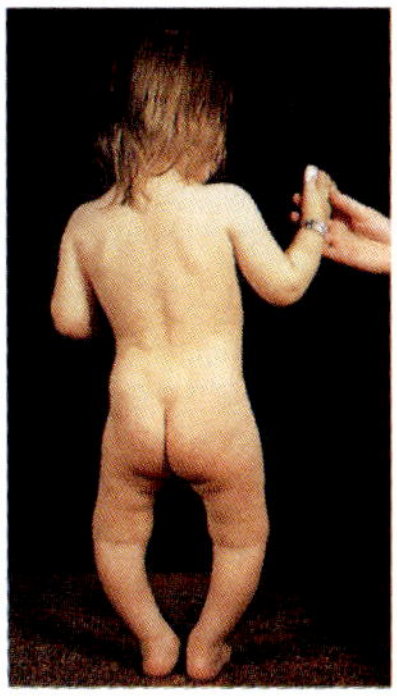

2 Mangel an Vitamin D führt vor allem im frühen Kindesalter zu Rachitis.

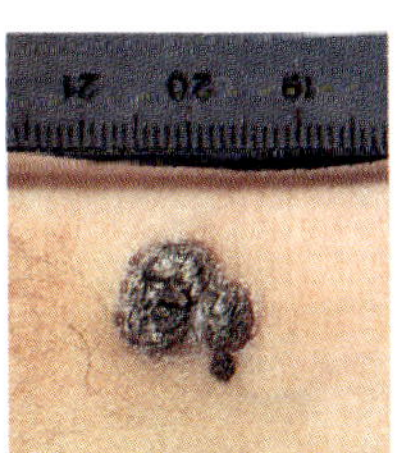

3 Melanom

Eine zentrale Stellung nimmt der Reparaturmechanismus an den DNS-Strängen ein. Im Zellkern geschädigte Zellen, die überleben und im Bereich der untersten Hautschicht (Basalschicht) verbleiben, können ihren Defekt an die Nachkommenschaft weitergeben. Schäden im Zellkern führen zu Veränderungen der genetischen Information und sind daher potentiell krebserregend.

Nutzen und Gefahren der UV-Strahlung: Die ultraviolette Strahlung nimmt eine wichtige Funktion bei der Erzeugung von Vitamin D ein. Sie wandelt in der Haut Vorstufen von Vitaminen (Provitamine) in Vitamin D um, dessen Mangel zu Rachitis (Knochenerweichung) führt. Enthält der Körper zu wenig Vitamin D, so kommt es zu einer verminderten Calcium- und Phosphataufnahme im Darm. Die Knochen bleiben weich und verformen sich unter dem Einfluss des Körpergewichts (Abb. ➤ 2).

Sonnenstrahlung wird von der Bevölkerung unserer Breiten überwiegend positiv bewertet. Sonnenstrahlung in vernünftigem Maße, also deutlich unterhalb der Schwelle für einen Sonnenbrand, aktiviert den Organismus und verbessert die körperliche und geistige Leistungsfähigkeit. Etwa 80 % der Menschen erfahren durch Sonnenbestrahlung ein Wohlgefühl. UV-Strahlung kann aber auch trotz intakter Reparaturmechanismen zellschädigend wirken, wenn die Reparaturkapazität der Zelle überfordert ist. Das bedeutet, dass übermäßige Sonnenbestrahlung in den Hautzellen zu permanenten DNS-Schäden und bei wiederholter Überdosis zu Tumoren führen kann.

Den Zusammenhang zwischen Hautschäden und Sonneneinstrahlung erkennt man, wenn man die Häufigkeit des Hautkrebses (Abb. ➤ 3 in den Ländern unterschiedlicher UV-Einstrahlung untersucht. So ist diese Erkrankung z. B. in Australien häufiger als in Mitteleuropa. Weiterhin findet man Hautkrebs häufig bei solchen Berufszweigen, in denen die Beschäftigten starker Sonneneinstrahlung ausgesetzt sind. Bergsteiger schützen Augen und Haut vor intensiver UV-Strahlung im Hochgebirge (Abb. ➤ 4). Einen völligen Schutz vor UV-Strahlung gibt es aber nicht. Der größte Teil der UV-Strahlung (UVC- und UVB-Strahlung) wird zwar durch die Ozonschicht der Stratosphäre reflektiert und absorbiert, aber die Ozonschicht weist bereits starke Lücken auf. Dadurch kann auf die Hautoberfläche

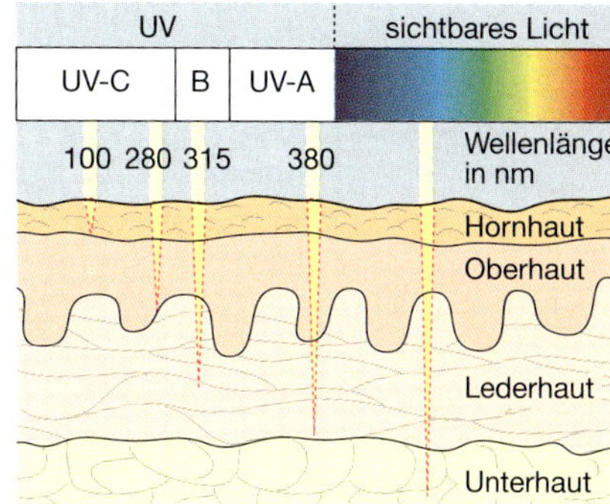

1 Eindringtiefe von UV-Strahlung in die Haut

auch UV-Strahlung kürzerer Wellenlänge (UVB-Strahlung) auftreffen.
UV-Strahlung im C- und B-Bereich, die in der Oberhaut absorbiert wird (Abb. ➤ 1), ist am gefährlichsten. Als eine der ersten Auswirkungen erhöhter UVB-Strahlung wird der Anstieg der Hautkrebsrate bei hellhäutigen Menschen befürchtet.
Sorge verursacht auch das Wachstum und die Produktivität höher entwickelter Pflanzen. Untersuchungen an landwirtschaftlich genutzten Pflanzen weisen nach, dass erhöhte UVB-Strahlung die Photosynthese beeinträchtigt und das Wachstum hemmt. Dadurch kann sich die Nahrungsmittelqualität verschlechtern. Weiterhin hat man festgestellt, dass photosynthetische Algen im Süßwasser und im marinen Bereich durch UV-Strahlung vernichtet werden können. Ursprüngliche Annahmen, dass die Solarstrahlung bereits in den obersten Wasserschichten absorbiert wird, wurden durch jüngste Untersuchungen widerlegt. Damit würde einer der wichtigsten Biomassenproduzenten im marinen Bereich ausgeschaltet. Dies hätte Folgen für das komplexe Nahrungsnetz bis hin zum Fischfang.

4 UV-Schutz im Hochgebirge ist lebensnotwendig.

Elektrosmog – er qualmt nicht, er stinkt nicht

VERSUCHE

① Ein Leiter wird senkrecht an zwei Holtz'schen Klemmen befestigt und mit einer Reuterlampe (6 V, 5 A) sowie einer Quelle für Wechselspannung von 6 V leitend verbunden. Mit Hilfe einer Spule (1600 Windungen mit Eisenkern), die an einem Vielfachmessinstrument hoher Wechselspannungsempfindlichkeit angeschlossen ist, wird das Magnetfeld um einen Leiter ausgemessen (Abb. ➤ 1).

s in cm	5	10	15	20
U_i in mV	200	100	68	50

② Das elektrische Wechselfeld einer Einfachleitung mit angeschlossener Glühlampe (230 V, 150 W) wird mit Hilfe eines empfindlichen Wechselspannungsmessgerätes ausgemessen. Zu diesem Zweck wird an das Messinstrument eine kleine Stabantenne von 6–10 cm Länge angeschlossen. Der andere Eingang des Messinstrumentes wird mit einer zur Erde führenden Leitung verbunden. Indem die Antenne mit Messinstrument senkrecht zur Leitung verschoben wird, kann das elektrische Wechselfeld ausgemessen werden (Abb. ➤ 2).

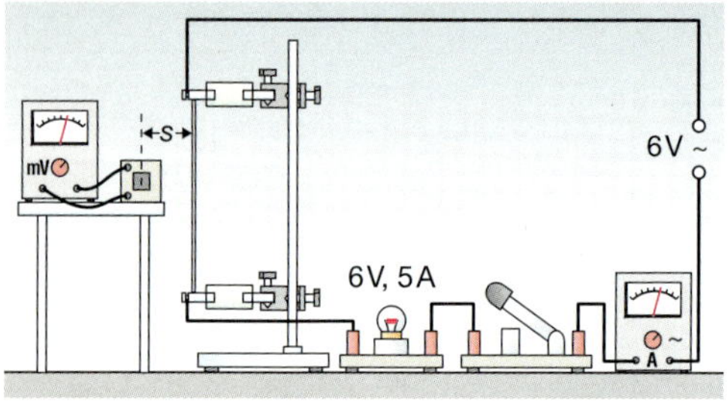

1 Anordnung zur Ausmessung des magnetischen Wechselfeldes einer stromführenden Leitung

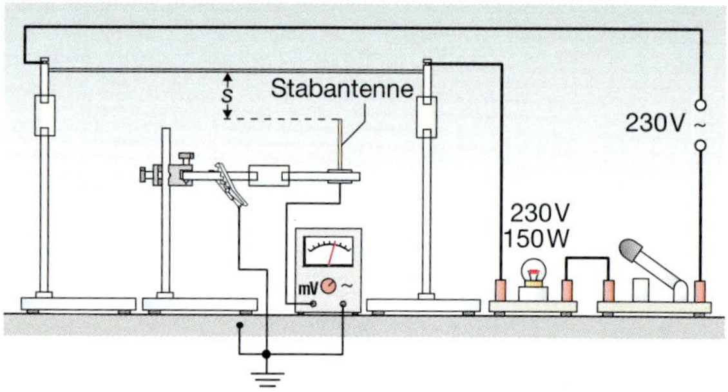

2 Versuchsanordnung zur Ausmessung eines elektrischen Wechselfeldes

Was ist Elektrosmog?

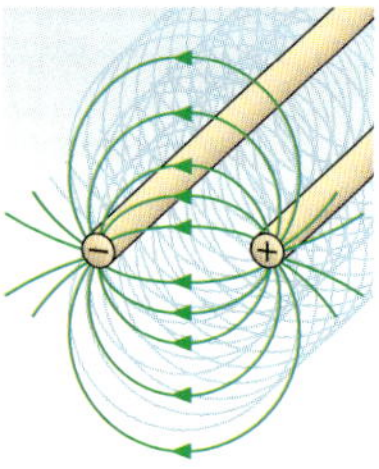

3 Elektrische Feldlinien zweier Leiter mit entgegengesetzter Ladung

Elektrosmog ist mit unseren Sinnen nicht wahrnehmbar, d. h., er ist nicht sichtbar, hörbar und fühlbar. Smog ist abgeleitet aus den beiden englischen Worten SMOKE (Rauch) und FOG (Nebel). Das Wort SMOG, das prägnant die Luftverschmutzung beschreibt, verwendet man im übertragenen Sinne zur populärwissenschaftlichen Umschreibung der elektromagnetischen Umweltbelastung.

Das elektrische Feld

Quellen des elektrischen Feldes: Jede elektrische Ladung und damit jeder stromführende Leiter ist von einem elektrischen Feld umgeben. Die Richtung und die Stärke des elektrischen Feldes werden durch Feldlinien dargestellt (Abb. ➤ 3).

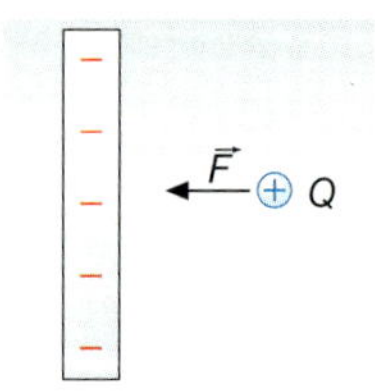

4 Festlegung der elektrischen Feldstärke

Elektrische Feldstärke E: Die elektrische Feldstärke E gibt an, wie groß die Kraft auf einen elektrisch geladenen Probekörper im elektrischen Feld ist (Abb. ➤ 4).

$E = \frac{F}{Q}$ Einheit: $1\,\frac{\text{V}}{\text{m}}$ oder $1\,\frac{\text{kV}}{\text{m}}$

Die Dichte der Feldlinien ist ein Maß für die elektrische Feldstärke. Mit wachsendem Abstand vom Leiter nimmt die Feldstärke und damit die Dichte der Feldlinien ab. Die elektrische Feldstärke ist umso größer, je höher die Spannung U einer elektrischen Quelle ist. $E \sim U$.

Eigenschaften des elektrischen Feldes:
– Influenz: Gerät ein Körper in ein konstantes elektrisches Feld, so werden die Ladungen auf der Oberfläche des Körpers verschoben. Positive Ladungen z. B. werden in Richtung des elektrischen Feldes verschoben. Der Körper bleibt als Ganzes elektrisch neutral, er hat aber auf seiner Oberfläche zwei unterschiedlich geladene Bereiche (nächste Seite, Abb. ➤ 4).
– Dielektische Polarisation: Unter dem Einfluss eines elektrischen Feldes können Ladungsschwerpunkte in Molekülen von nicht leitenden Stoffen verschoben werden. Es kommt zur Ausbildung von elektrischen Dipolen, die sich in Richtung des elektrischen Feldes ausrichten (nächste Seite, Abb. ➤ 1 und 3).

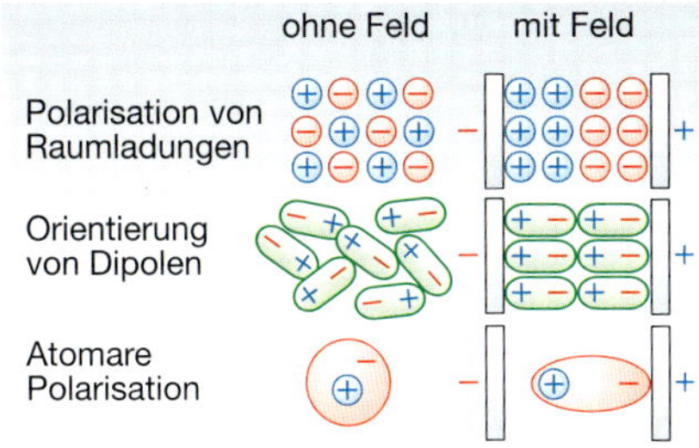

1 Elektrische Polarisationserscheinungen an den Körperoberflächen

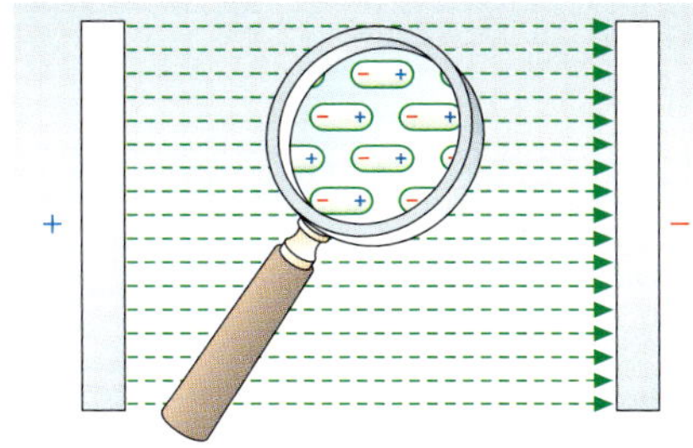

3 Polarisation und Ausrichtung von Molekülen im homogenen elektrsichen Feld

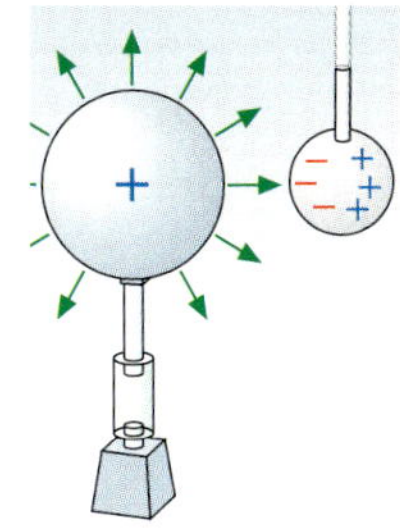

4 Influenzwirkung auf eine Metallkugel

– Abschirmung: Elektrische Felder können durch leitfähige Gegenstände (Leiter) abgeschirmt werden. Das Innere eines Leiters ist feldfrei (Prinzip eines Faraday'schen Käfigs). Leitfähige Gegenstände unserer Umwelt wie Bäume, Büsche und Gebäude schwächen das elektrische Feld. Ein Baum z. B. reduziert das elektrische Feld einer 380 kV-Leitung bis auf 15 % in seiner unmittelbaren Umgebung. Die Abschirmung lässt mit zunehmender Entfernung nach (Abb. ➤ 2).

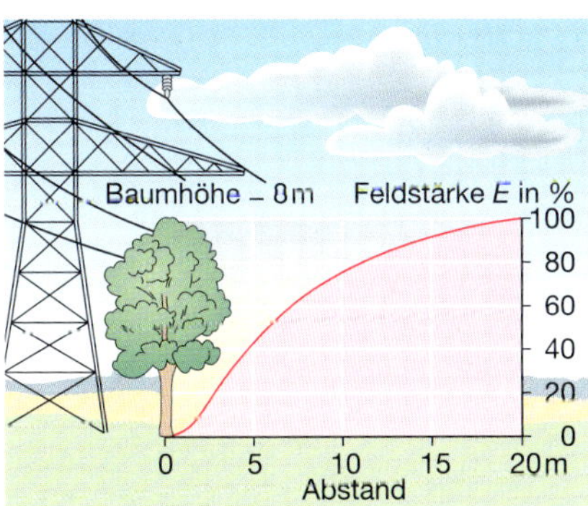

2 Abschirmung des elektrischen Feldes durch einen Baum

Allgemein gilt, dass sich die elektrische Feldstärke deutlich mit der Entfernung von der Quelle verringert.

Die physiologische Wirkung elektrischer Felder:
– Auftreten von Oberflächenströmen: Tritt eine Person in ein elektrisches Feld, so können durch die Influenzwirkung bzw. Polarisationswirkung Ladungen an der Körperoberfläche umverteilt werden. Das geschieht solange, bis sich die Körperoberfläche einheitlich aufgeladen hat. Bei elektrischen Wechselfeldern wiederholen sich die Ladungsumverteilungen ständig mit der Frequenz des Feldes. Es treten Körperoberflächenströme im Rhythmus des elektrischen Wechselfeldes auf.
– Aufladung von Körperoberflächen: Durch die Influenzwirkung richten sich Körperhaare auf und vibrieren. Weil die Haare gleichnamig aufgeladen werden, stoßen sie sich gegenseitig ab. In ausreichend starken elektrischen Feldern nehmen einige Menschen ein Kribbeln auf der Haut wahr.
– Ausbildung eines feldfreien Körperinneren: Die Organe und Gewebe des Menschen enthalten Flüssigkeiten, die elektrische Ladungsträger enthalten. Durch Influenzwirkung werden die Ladungsträger an der Oberfläche verschoben, Die Feldlinien enden an diesen Ladungen und das Körperinnere bleibt dadurch feldfrei.

Das magnetische Feld

Quellen des Magnetfeldes: Magnetische Felder werden sowohl durch permanente Magnete als auch durch elektrische Ströme (bewegte Ladungen) hervorgerufen. Je größer die Stromstärke in einem Leiter ist, desto stärker ist sein Magnetfeld (Abb. ➤ 5). Wechselströme verursachen ein magnetisches Wechselfeld.

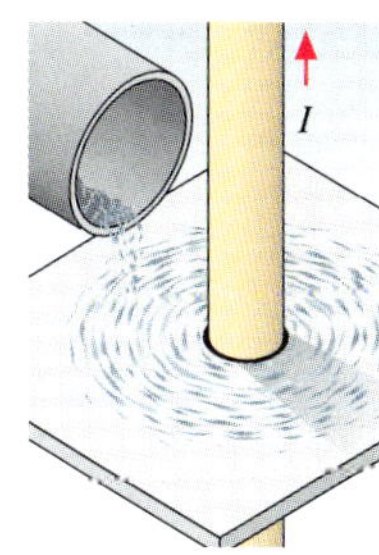

5 Veranschaulichung des Magnetfeldes eines stromführenden Leiters durch Eisenfeilspäne

Magnetische Feldstärke: Zur Beschreibung des Magnetfeldes hat man die magnetische Flussdichte *B* eingeführt. Sie gibt an, wie groß die Kraft auf einen Probeleiter mit der Stromstärke *I* und der Leiterlänge *s* ist, wenn der Strom und die magnetischen Feldlinien senkrecht aufeinander stehen (Abb. ➤ 6).

$B = \frac{F}{I \cdot s}$ Einheit: $1\,\text{Tesla} = 1\,\text{T} = 1\,\frac{\text{N}}{\text{A} \cdot \text{m}}$.

Die magnetische Flussdichte im Eisenkern eines Transformators beträgt maximal 1 T.

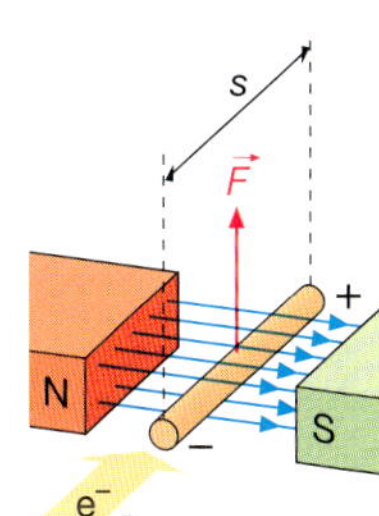

6 Zur Definition der magnetischen Flussdichte

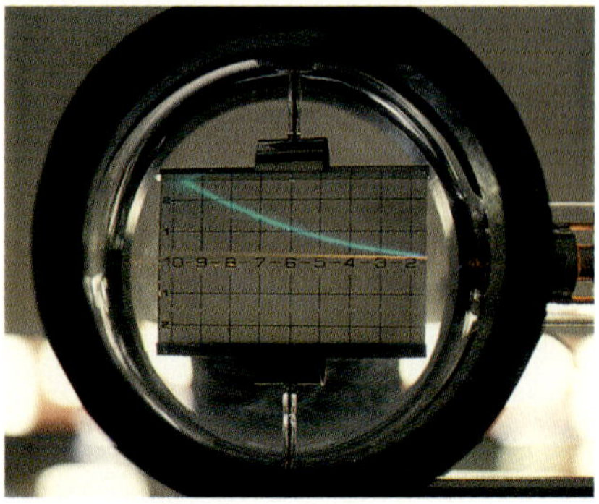

1 Ablenkung von Elektronen in einem Magnetfeld

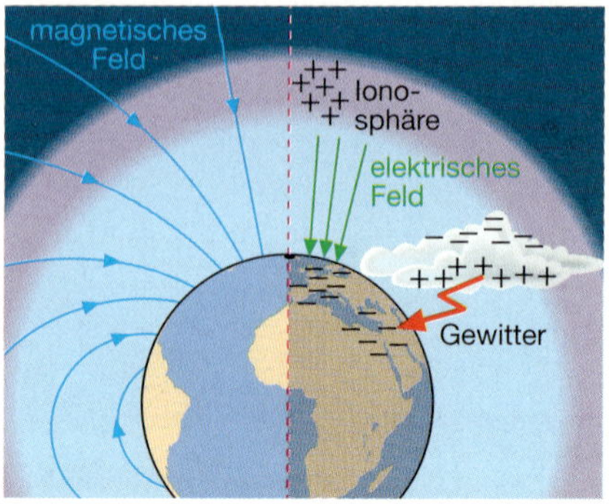

2 Elektrische und magnetische Felder sind Bestandteil unserer natürlichen Umwelt.

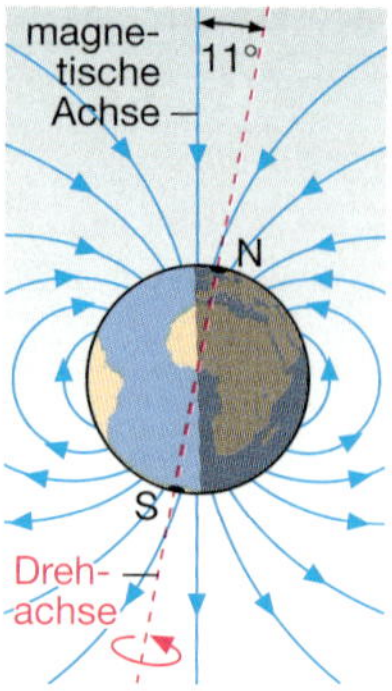

3 Magnetfeld der Erde im erdnahen Raum

Eigenschaften des Magnetfeldes:
– Kraftwirkung auf Ladungsträger: Magnetfelder können bewegte Ladungen von ihrer Bewegungsrichtung ablenken (Abb. ➤ 1).
– Veränderliche Magnetfelder induzieren elektrische Ströme (Wirbelströme) in leitenden Körpern.
– Durchdringungsvermögen: Im Gegensatz zum elektrischen Feld durchdringen Magnetfelder nahezu unbeeinflusst die meisten Materialien (Metalle, Hauswände, Gewebe, menschliche Körper). Magnetfelder lassen sich nur unter großem technischen Aufwand abschirmen.
– Räumliches Ausbreitungsvermögen: Magnetfelder verringern sich, sobald man sich von der Quelle entfernt. Im Haushalt ist bereits in geringer Entfernung von der Quelle eine starke Schwächung nachweisbar.

Physiologische Wirkung magnetischer Felder: Der Mensch besitzt kein Sinnesorgan, mit dem er Magnetfelder registrieren könnte.
Magnetfelder beeinflussen freie Ladungsträger in der Zelle (K^+, Na^+, Cl^-). Durch Ladungsverschiebung zwischen den Zellen werden Veränderungen an der Zellmembran ausgelöst, die zu Veränderungen der Zellfunktionen führen können.
– Induktion von Wirbelströmen: Magnetfelder, die sich zeitlich ändern, induzieren im Körperinneren Wirbelströme. Erreichen diese Ströme einen bestimmten Schwellenwert, so werden beispielsweise Nerven und Muskelzellen erregt.

Natürliche elektrische und magnetische Felder

Das Erdmagnetfeld ändert seine Stärke und Richtung nur geringfügig in Abhängigkeit vom Ort, von der Tages- und Jahreszeit. Daher richtet sich ein horizontal beweglicher Dauermagnet in Nord-Südrichtung aus. In der Bundesrepublik Deutschland beträgt die durchschnittliche magnetische Flussdichte 45 µT (Abb. ➤ 3).
An der Erdoberfläche existiert ein elektrisches Feld. Seine Stärke wird durch die ionisierende Wirkung der kosmischen Strahlung in der Ionosphäre und durch Luftbewegungen in der Atmosphäre bestimmt (Abb. ➤ 2).
Dieses Feld besteht zwischen Ionosphäre und Erde. Es erreicht bei normalen Wetterbedingungen 0,5 $kV\,m^{-1}$. Bei Gewitterbedingungen kann die elektrische Feldstärke auf bis zu 20 $kV\,m^{-1}$ anwachsen.
Seeleute kennen seit Jahrhunderten das Elmsfeuer, eine Leuchterscheinung an der Mastspitze ihrer Schiffe. Dieses Phänomen stellt sich z. B. bei gewittriger Wetterlage ein (Abb. ➤ 4).

4 Seit Jahrhunderten ist den Seefahrern das Elmsfeuer bekannt.

Elektromagnetische Felder im Alltag

Niederfrequente elektromagnetische Wechselfelder

Zeitlich veränderliche Felder besitzen sowohl elektrische als auch magnetische Feldkomponenten (Abb. ➤ 1 und 2 auf der nächsten Seite). Die wichtigsten Quellen niederfrequenter elektromagnetischer Energie (50 Hz) sind Elektrizitätswerke, Umspannstationen, Fernleitungen und die Stromversorgung der Eisenbahnen. Der Mensch ist diesen elektromagnetischen Feldern mehr oder weniger stark ausgesetzt. Die elektrischen Feldstärken von Haushaltsgeräten, sind gering im Vergleich zu den Feldstärken, die durch Fernleitungen entstehen. Diese Aussage trifft nicht für die magnetischen Feldstärken zu.

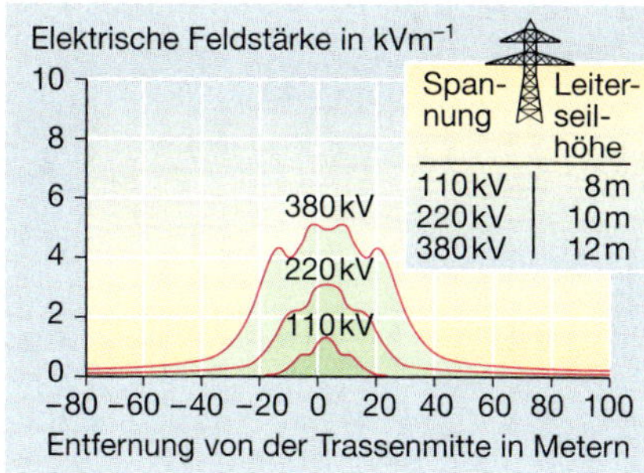

1 Elektrische Feldstärken im Nahbereich von Fernleitungen

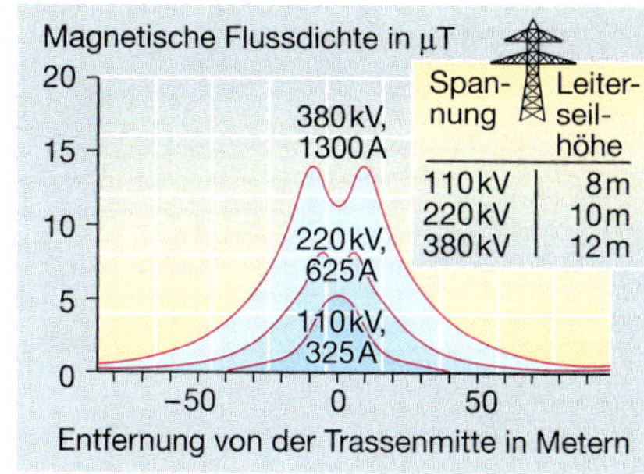

2 Magnetische Feldstärken im Nahbereich von Fernleitungen

Physiologische Wirkungen:

– Resonanzeffekte: Auf Grund der niemals auszuschließenden Resonanzeffekte zwischen der Netzfrequenz von 50 Hz und den elektrischen Biorhythmen des Nervensystems, die zwischen 10 Hz (Gehirnwellen) und 100 bis 200 Hz (Signalübertragung in den Nervenzellen) liegen, ist ein ständiges Leben unter Hochspannungsleitungen zu vermeiden.

– Produktion des Hormons Melatonin: Dieses Hormon wird im Tag-Nacht-Rhythmus von der Hypophyse ausgestoßen. Der nächtliche Anstieg des Melatoninspiegels wird durch elektrische Wechselfelder stark reduziert.

– Grenzwerte. Akute Gesundheitsschädigungen durch elektromagnetische Felder sind auszuschließen, wenn die elektrischen Feldstärken unterhalb von 5 $kV m^{-1}$ und die magnetischen Flussdichten unterhalb von 100 µT bei 50 Hz liegen. Diese Grenzwerte werden von internationalen Gremien für die Bevölkerung empfohlen.

3 Zweifel an der Harmlosigkeit des Handy hat dieser junge Mann. Er trägt eine „Cyber-Cap", eine aus metallischem Gewebe gefertigte Mütze.

Hochfrequente elektromagnetische Felder

Zu den hochfrequenten Strahlungsquellen gehören Sendeanlagen der Rundfunk- und Fernsehstationen, deren Frequenzen im kHz-Bereich beginnen und im sogenannten Mikrowellenbereich bei 12 GHz enden. Es sind nicht nur die Frequenzen, sondern auch die emittierten Leistungen zu unterscheiden. Während Richtfunkstrecken mit geringen Leistungen (mW bis W) auskommen, strahlen Sender für den kommerziellen und militärischen Flugverkehr Mikrowellenimpulse ab, deren Spitzenleistungen im MW-Bereich liegen. Die in der Industrie und im Haushalt eingesetzten Mikrowellen (GHz) werden für Heiz- und Trockenprozesse eingesetzt. Die Leistungen liegen zwischen einigen hundert Watt und einigen Kilowatt.

– Mobilfunk: Im Gegensatz zum klassischen kabelgebundenen Telefon wird beim drahtlosen Telefon das Signal von der Antenne in den Raum ausgestrahlt. Dabei kann Sendestrahlung in den Kopf oder in andere Körperteile eindringen und eine Erwärmung hervorrufen.

Das drahtlose Telefon und der Mobilfunk arbeiten im Hochfrequenz- und im Mikrowellenbereich von 450 MHz bis 1,8 GHz. Die Geräte erreichen Strahlungsleistungen von 25 W im kontinuierlichen und bis 100 W im Impulsbetrieb.

Physiologische Wirkungen:

– Thermische Effekte: Im Resonanzbereich zwischen 50 und 200 MHz (Menschlicher Körper als Dipol) verschieben sich Ionen unter dem Einfluss elektromagnetischer Wechselfelder. Molekulare Dipole (z. B. Wasser) führen Orientierungsbewegungen aus. Im zellulären Bereich kommt es zu Polarisationserscheinungen von Raumladungen. Alle diese Bewegungen führen zur Erwärmung des bestrahlten menschlichen Gewebebereiches. Problematisch ist bei einigen Körperteilen, wie z. B. Augapfel, Hoden und Haut, dass der natürliche Wärmeregulationsmechanismus bei der Einstrahlung hochfrequenter Wechselfelder verspätet oder nicht einsetzt.

– Nichtthermische Effekte: Im menschlichen Körper gibt es natürliche elektrische Potentiale an den Zellwänden. Sie können von äußeren hochfrequenten elektromagnetischen Feldern unter 10 MHz überlagert werden und dadurch die normgerechte Zellfunktion beeinflussen.

Wissenschaftliche Untersuchungen weisen auf einen erhöhten Kalziumausstoß im Hirngewebe und Veränderungen der Gehirnströme hin.

Leben mit der Radioaktivität

VERSUCHE

① Im Klassenzimmer wird ein Zählrohr mit Zähler und Lautsprecher eingeschaltet. Der Zähler misst die Zahl der Impulse. Obwohl kein radioaktives Präparat im Klassenzimmer steht, zeigt der Zähler Impulse an. Für jeweils 60 Sekunden lesen wir folgende Impulsraten ab:

Messung	1	2	3	4	5	Ø
Impulse/min	18	20	23	22	21	21

② Um die Radioaktivität der Luft nachzuweisen, wird Watte oder Kaffeefilterpapier in ein Sieb gelegt und 10 Minuten lang vor das Saugrohr eines eingeschalteten Staubsaugers gehalten. Anschließend wird die Impulsrate der Watte bestimmt.

Messung	1	2	3	4	5	Ø
Impulse/min	51	54	50	58	60	55

Die Messung in einem Kellerraum einer Schule ergab folgende Messwerte:

Messung	1	2	3	4	5	Ø
Impulse/min	227	247	216	237	241	237

③ Vor ein Zählrohr werden folgende Gegenstände gehalten und die Impulsraten bestimmt:
Paranüsse (40 Imp./min), Uranglaswürfel (1468 Imp./min), Holzkohle (38 Imp./min), Kaliumpermanganat (138 Imp./min), Feuersteine eines Feuerzeugs (39 Imp./min), Kaliumiodid (142 Imp./min). Der Nulleffekt beträgt 21 Imp./min.

④ In eine Metallkammer pumpen wir radioaktives Radon (Abb. ➤ 1). Dieses Gas entsteht im Laufe der Zeit im radioaktiven Thoriumsalz. Die Metallkammer wird verschlossen, und es wird eine elektrische Spannung zwischen Kammerwand und Anode angelegt. Sobald Radon in die Kammer gelangt, können wir einen Strom nachweisen.
Mit Hilfe eines Messverstärkers messen wir alle 25 Sekunden die Stromstärke:

t in s	0	25	50	75	100	125	150
I in pA	62	45	33	24	17	13	8

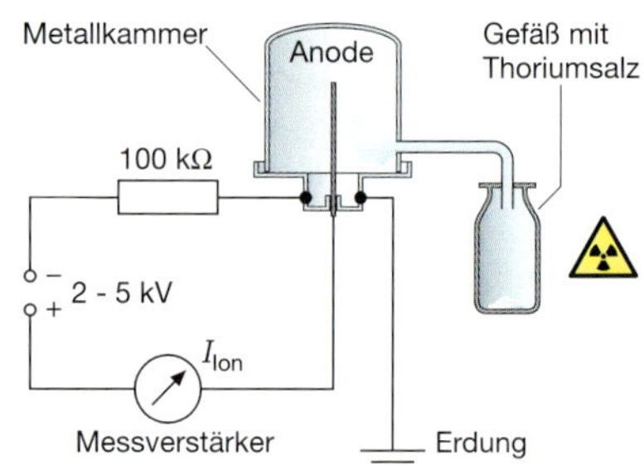

1 Bestimmung der Halbwertszeit von Radon

Quellen der natürlichen Radioaktivität

Die heute auf der Erde vorhandenen natürlichen Radionuklide stammen aus zwei Quellen:

1. Mit der Entwicklung des Kosmos entstanden die Atome, die größtenteils instabil waren. Einige instabile Atomkerne wie z. B. $^{238}_{92}U$, $^{235}_{92}U$, $^{232}_{90}Th$, $^{128}_{52}Te$ und $^{40}_{19}K$ senden bis heute radioaktive Strahlung aus.

2. Durch die Wechselwirkung der energiereichen kosmischen Strahlung mit Materie der Erde entstehen ständig neue radioaktive Nuklide.

2 Veranschaulichung der Entstehung des Universums

Man kann heute annehmen, dass nach dem Urknall zunächst Neutronen und Protonen sowie stabile und instabile Nuklide der Elemente mit kleinen Ordnungszahlen wie z. B. Helium entstanden sind (Abb. ➤ 2). Mit der Herausbildung der Sterne traten Kernreaktionen mit extrem starker Energiefreisetzung auf. Aus der Kernverschmelzung dieser Supernovae-Ereignisse vor 10^{10} Jahren stammen heute alle bekannten Nuklide mit hoher Ordnungszahl. Die meisten dieser Atomkerne waren instabil. Sie haben sich in der Folgezeit teilweise in stabile Kerne umgewandelt. Ist die Halbwertszeit eines entstandenen Radionuklids in der Größenordnung 10^9 Jahre, so kann diese Umwandlung heute noch beobachtet werden. Heute ist die Radioaktivität dieser Elemente infolge der Umwandlung zu stabilen Nukliden weitgehend abgeklungen.

Entstehung von Radionukliden durch kosmische Strahlung:
An der Erdoberfläche kann man Radionuklide mit relativ kleiner Halbwertszeit nachweisen, die nicht aus der Nuklidproduktion nach dem Urknall stammen können. Diese werden heute kontinuierlich durch die kosmische Strahlung erzeugt, wie z. B. $^{3}_{1}H$, $^{7}_{4}Be$, $^{14}_{6}C$ und $^{22}_{11}Na$.

2 Polarlicht

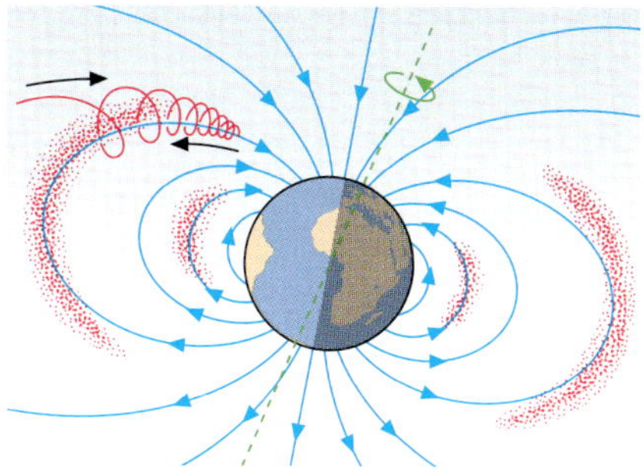

1 Aus dem Weltraum kommende elektrisch geladene Teilchen werden durch das Magnetfeld der Erde abgeschirmt.

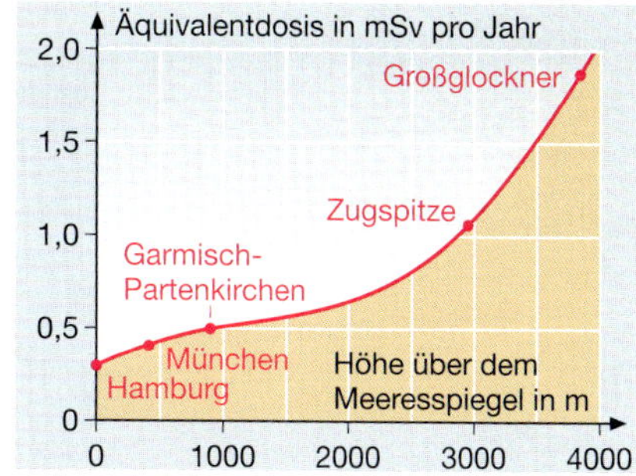

4 Zunahme der Strahlenbelastung mit der Höhe

5 Das Alter von Mumien wird heute mit Hilfe der C-14-Methode bestimmt.

Quellen der kosmischen Strahlung:

– Galaktische und extragalaktische Strahlung: 91,5 % dieser Strahlung besteht aus hochenergetischen Protonen, deren Energie bei 10^{14} MeV liegt. Man nimmt an, dass diese Strahlung von Supernovae, Quasaren und von instabilen Kernen anderer Sonnensysteme ausgeht.

– Solare Strahlung: Diese Strahlung der Sonne ist niederenergetisch und wird größtenteils vom Magnetfeld der Erde abgeschirmt (Abb. ➤ 1). Diese Strahlung ist besonders bei Sonnenaktivitäten intensiv, deren Maxima alle 11 Jahre auftreten. Die Intensität der kosmischen Strahlung ist durch die abschirmende Wirkung des Erdmagnetfeldes am Äquator am geringsten und an den Polen am stärksten. Elektrisch geladene Teilchen werden schraubenförmig in einen Strahlungsgürtel eingeschlossen, ohne die Erdoberfläche zu erreichen. Sie pendeln ständig zwischen den Polen hin und her. In den Polgebieten stoßen diese Teilchen mit Molekülen der Atmosphäre zusammen. Dadurch kommt es zu Leuchterscheinungen, die man Polarlicht nennt (Abb. ➤ 2).

3 Bei einer Bergtour im Hochgebirge ist die Strahlenbelastung wesentlich höher als in der Nähe eines Kernkraftwerkes.

– Sekundäre Strahlung der Atmosphäre: Die kosmische Strahlung, die zu 91,5 % aus energiereichen Protonen, 7,8 % aus Heliumkernen und 0,7 % aus Atomkernen mit der Ordnungszahl 30 besteht, löst beim Auftreffen auf Moleküle der Erdatmosphäre eine Sekundärstrahlung aus. Es werden ganze Schauer von Elementarteilchen und Atomkernen ausgelöst. Die kosmische Strahlenbelastung ist abhängig von der Höhenlage. Sie beträgt auf Meeresspiegelhöhe (Helgoland) etwa 0,3 $mSv\,a^{-1}$ und erhöht sich pro 100 m um etwa 0,15 $mSv\,a^{-1}$ (Abb. ➤ 3). Auf dem Gipfel der Zugspitze liegt die kosmische Strahlenbelastung bei rund 1,2 $mSv\,a^{-1}$ (Abb. ➤ 4).

Beispiele für die Bildung radioaktiver Nuklide in der Atmosphäre:

– Bildung radioaktiven Kohlenstoffs: Neutronen der kosmischen Strahlung haben eine so hohe Energie, dass sie in der Lage sind, Kernreaktionen z. B. mit Stickstoffkernen der Atmosphäre durchzuführen. Dabei wird das radioaktive Isotop des Kohlenstoffs gebildet.

$$^{14}_{7}N + ^{1}_{0}n \longrightarrow ^{14}_{6}C + ^{1}_{1}p$$

Auf diese Weise entsteht der gesamte Gehalt an radioaktiven C-14 in der Atmosphäre und auf dem Erdboden. Bei der Assimilation nehmen alle Pflanzen das radioaktive C-14-Isotop auf. Mit dem Tod eines Baumes ist die C-14 Aufnahme beendet, und der Anteil von radioaktiven C-14 des toten Materials nimmt mit einer Halbwertszeit von 5760 Jahren ab. Eine aktuelle Messung des C-14-Gehaltes an organischen Substanzen kann zur Altersbestimmung herangezogen werden (Abb. ➤ 5).

– Bildung von radioaktivem Tritium: Bei der Wechselwirkung sehr energiereicher Protonen der kosmischen Strahlung mit Stick-

2 Flussspat enthält hohe Mengen an Uran.

stoff- und Sauerstoffatomen zerplatzen diese Atomkerne, und es entsteht das Wasserstoffisotop Tritium $^{3}_{1}$H. Dieses Nuklid sendet sehr energiearme β-Strahlung aus. Tritium ist im Regenwasser enthalten und gelangt über das Trinkwasser in den menschlichen Körper.

– Kosmische Strahlung im Flugzeug: Flugpassagiere und Besatzungsmitglieder sind einer erhöhten Strahlenbelastung durch kosmische Strahlung in großer Höhe ausgesetzt (Abb. ➤ 1).

1 Ein Flug von Frankfurt nach New York und zurück führt zu einer zusätzlichen Strahlenbelastung von etwa 0,03 mSv.

In 10 000 m Höhe beträgt die Dosisleistung etwa 0,002 mSv h^{-1}. Bei Flugzeugbesatzungen ergeben sich im Laufe eines Jahres Werte von etwa 5 mSv. Das entspricht einer jährlichen Dosis von beruflich strahlenbelasteten Personen. Seriöse Fluggesellschaften klären ihre Passagiere über die Strahlenbelastung insbesondere bei Polarflügen auf.

Terrestrische Strahlung:

Die Erde enthält in regional unterschiedlicher Konzentration eine Vielzahl natürlich radioaktiver Stoffe (Abb. ➤ 2), die aus einer der vier natürlichen Zerfallsreihen, der Thorium-, der Uran-Radium-, der Uran-Actinium- und der Neptunium-Zerfallsreihe stammen. Die Ausgangsnuklide dieser Zerfallsreihen wandeln sich in Folge des spontanen Zerfalls in mehreren Stufen in stabile Bleiisotope um (Abb. ➤ 3). Kalium-40, das diesen Zerfallsreihen nicht zugeordnet werden kann, befindet sich in jeder Kaliumverbindung. Alle Kaliumverbindungen sind daher schwach radioaktiv.

Die radioaktive Belastung des Menschen durch die terrestrische Strahlung ist vom Untergrund und von den verwendeten Baumaterialien abhängig (Tab. ➤ 4). Es gibt Gebiete auf unserer Erde, die im Boden oder im Gestein eine sehr hohe Konzentration an Thorium, Uran und deren Folgeprodukten aufweisen. Solche Gebiete befinden sich in Indien bei Kerela (26 mSv a^{-1}), an der brasilianischen Atlantikküste (120 mSv a^{-1}) und im Iran bei Ramsa (450 mSv a^{-1}). Grundsätzlich gehören auch alle Uranerzlagerstätten zu den Gebieten mit hoher terrestrischer Strahlung, z. B. im Erzgebirge mit 1,5 mSv a^{-1}.

– Radioaktive Strahlung in Häusern und Wohnungen: Radon ist ein natürliches radioaktives Edelgas, das in allen natürlichen Zerfallsreihen auftritt. Die Mutternuklide des Radons findet man in allen Gesteinen, Baumaterialien und im Erdboden. Die Radonkonzentration in den Wohnhäusern ist von der geologischen Formation des Standortes und von der bautechnischen Ausführung des Kellers abhängig. In Gegenden mit einem hohen Radiumgehalt des Bodens ist auch die Radonkonzentration in Häusern besonders hoch. Im Allgemeinen beträgt die Radonkonzentration in Wohnhäusern, gemittelt über jahreszeitliche Schwankungen, etwa das Doppelte der Radonkonzentration im Freien. In Norddeutschland hat man eine Aktivität von 30 Bq m^{-2} und in Süddeutschland von 60 Bq m^{-2} gemessen. Hochbelastete Häuser (250 Bq m^{-2}) erfordern folgende Sanierungsmaßnahmen: Undichtheiten, Risse im Betonfußboden und Öffnungen bei Rohrdurchführungen, durch die das Radon in das Haus strömen kann, sind mit Silikongummi bzw. Spezialfolie zu versiegeln. Außerdem sind Kellerräume besonders in den Wintermonaten regelmäßig zu lüften. Die gesundheitliche Schädigung durch Radongas besteht darin, dass sich Radon und seine Folgeprodukte vorwiegend in der Lunge ablagern. Radon ist ein α-Strahler, der ein hohes Ionisierungsvermögen besitzt. Die Lunge ist dadurch einer besonderen Stahlenbelastung ausgesetzt. Die Entstehung eines Tumors kann nicht ausgeschlossen werden.

Gesteine/Boden	$^{40}_{19}$**K**	$^{226}_{88}$**Ra**	$^{232}_{92}$**Th**
Basalt	260	10	12
Granit	1500	40	110
Schiefer	800	40	50
Kalkstein	70	30	10
Quarz	400	10	10
Boden	500	20	40

4 Aktivität natürlicher radioaktiver Nuklide in verschiedenen Gesteinen und im Boden in Bq kg^{-1}

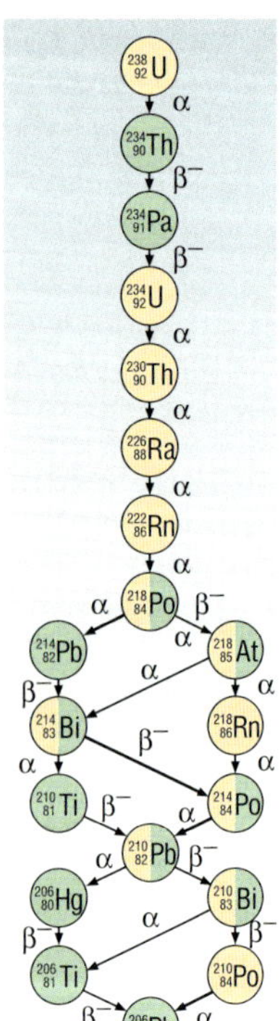

3 Uran-Radium-Zerfallsreihe

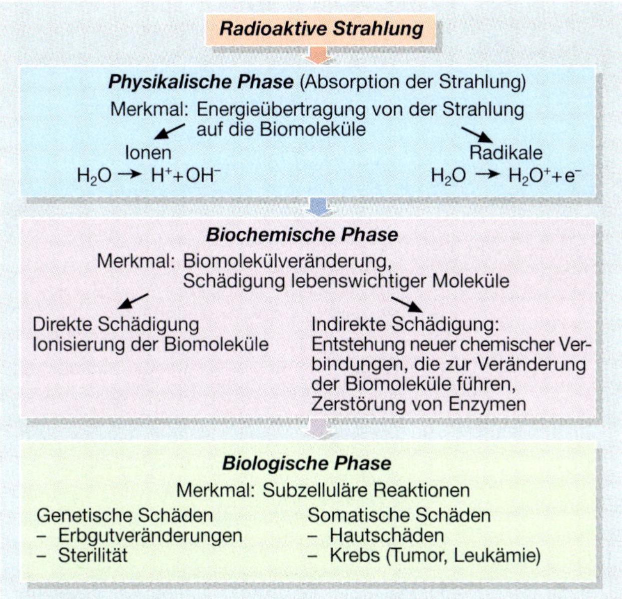

1 Phasen der Strahlenwirkung

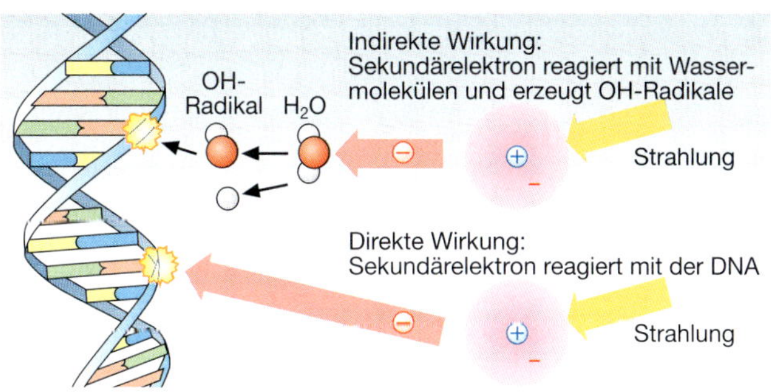

2 Direkte und indirekte Wirkung radioaktiver Strahlung

4 Genetischer Strahlenschaden

Biologische Strahlenwirkung in lebenden Zellen

Das Grundprinzip der radioaktiven Strahlenwirkung (Abb. ➤ 1) besteht darin, dass nur die im Gewebe absorbierte Strahlung, nicht die hindurch gehende, biologisch wirksam wird. Im Menschen finden ständig Zellteilungen statt. Diese Zellteilungen können durch radioaktive Strahleneinwirkungen beeinflusst werden. Tritt radioaktive Strahlung in eine Zelle, so werden die Atome und Biomoleküle ionisiert. Dabei kann die schädigende Wirkung in zwei Varianten erfolgen.

– Direkte Wirkung: Wird ein Biomolekül, z. B. ein DNS-Molekül, direkt getroffen und ionisiert, so führt das zu chemischen Veränderungen. Als Folge können Einzelstränge, bzw. Doppelstränge dieses Moleküls brechen oder neue Querverbindungen bilden sich heraus. Daraus können Genmutationen entstehen.

– Indirekte Wirkung: Biomoleküle können durch Substanzen, die vorher durch das Ionisierungsvermögen der Strahlung entstanden sind, chemisch verändert werden. Dabei entstehen insbesondere durch die Radiolyse des Wassers Radikale und Ionen. Radikale besitzen ein ungepaartes Elektron und sind daher chemisch hoch reaktiv. Alle diese Produkte sind Ausgang für chemische Reaktionen mit Biomolekülen, die zu Krebs führen können (Abb. ➤ 2).

Strahlenschäden: Das Eintreten von Strahlenschäden ist von folgenden Faktoren abhängig:
– Art der Strahlung
– Dauer der Strahleneinwirkung, Dosis
– Sensibilität der bestrahlten Organe.

Durch die direkte oder indirekte Wirkung der radioaktiven Strahlung können zwei Gruppen von Schädigungen hervorgerufen werden.

– Nichtstochastische Schäden: Es sind Frühschäden, die ab einem bestimmten Schwellwert (200 mSv) sofort bzw. nach wenigen Stunden oder Tagen eintreten. Solche Schäden sind z. B.: Hautrötungen (Abb. ➤ 3), Linsentrübung im Auge, Sterilität (Keimzellen), Leukämie, Schwächung des Immunsystems, Abtötung der Stammzellen.

– Stochastische Schäden: Es sind Spätschäden, für deren Eintreten es keinen Schwellwert gibt. Solche Spätschäden sind z. B. Veränderungen des Erbgutes (Genmutationen), Leukämie, Zellwucherungen (Krebs). Bei genetischen Schäden, die durch radioaktive Bestrahlung der Hoden oder der Eizellen entstehen, treten Veränderungen an den Chromosomen der Keimzellen auf. Sie wirken sich erst bei den Nachkommen aus (Abb. ➤ 4).

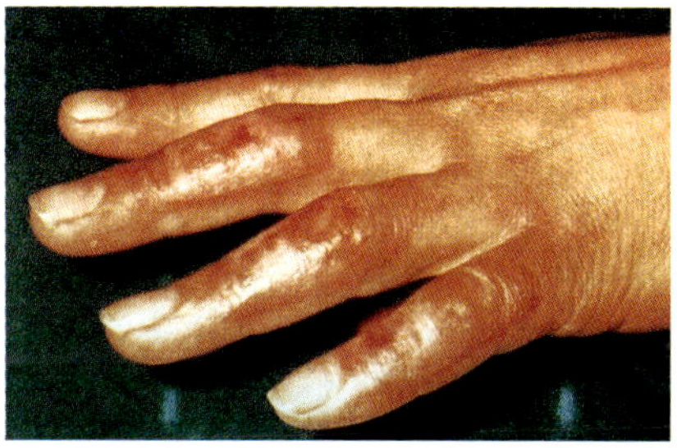

3 Somatischer Strahlenschaden an der Hand

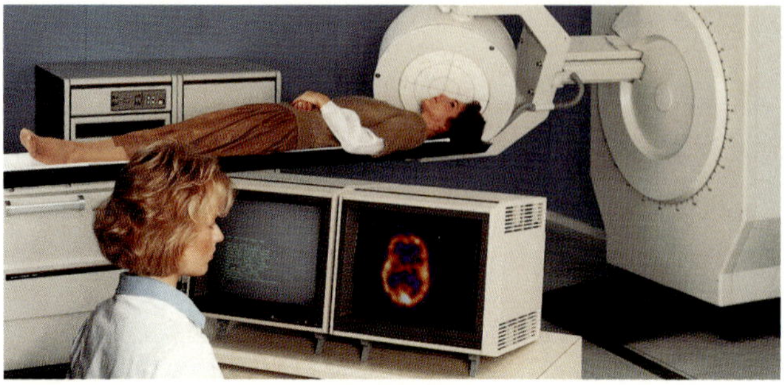

1 Bestrahlung mit einer Kobaltkanone

2 Leuchtzifferblätter von Uhren, die bis 1960 produziert wurden, enthalten Radium

3 Uranhaltige Gebrauchsgläser der 20er Jahre

Strahlenbelastung im zivilen Bereich

– Radioaktive Strahlung in der Medizin: Die von radioaktiven Stoffen ausgehende Strahlung wird in der Medizin eingesetzt, um Krankheiten festzustellen (Diagnose) und um sie zu behandeln (Therapie).
In der ***nuklearmedizinischen Diagnostik*** werden krankhafte Prozesse in den Organen festgestellt, indem dem Patienten durch eine Injektion schwach radioaktive Lösungen mit kleiner Halbwertszeit verabreicht werden. Mit hochempfindlichen Messgeräten (Szintillationszähler) kann die Aufnahme der radioaktiven Substanz in den Organen verfolgt werden.
In der ***Strahlentherapie*** werden Krebserkrankungen behandelt, indem man das kranke Gewebe durch radioaktive Strahlung zerstört. Da Krebszellen besonders strahlenempfindlich sind, werden diese Zellen stärker zerstört als gesunde Zellen (Abb. ➤ 1).
– Radioaktive Strahlung in der Industrie: Bei kontinuierlicher ***Dickenmessung*** von Metallfolien und Drahtdurchmessern sowie in der zerstörungsfreien Werkstoffprüfung wird die Abnahme der Intensität einer γ-Strahlung mit der Dicke der durchdrungenen Schicht genutzt. Der zu untersuchende Gegenstand befindet sich zwischen der Strahlungsquelle und einem Nachweisgerät, z. B. einem Zählrohr oder einem Film.
– Radioaktivität in Gebrauchsgegenständen: Zahlreiche Erzeugnisse der Industrie enthalten radioaktive Stoffe. ***Leuchtzifferblätter*** von Weckern (Abb. ➤ 2) und Armbanduhren wurden noch bis Anfang der 60er Jahre mit radiumhaltigen Farben beschriftet. Heute werden Leuchtzifferblätter mit niederenergetischen „weichen" β-Strahlern wie Tritium und Promethium hergestellt. Ihre Strahlung wird im Uhrglas praktisch vollständig absorbiert.
Gebrauchsgläser und Keramiken wurden früher in Böhmen gerne mit uranhaltigen Farbstoffen hergestellt (Abb. ➤ 3). Durch Bestrahlung mit UV-Licht können derartige Gläser zur Fluoreszenz gebracht werden. Die Dosisleistung an der Oberfläche solcher Gläser, Becher und Keramikschalen kann 1 bis 4 µSv pro Jahr betragen.
In Leuchtstoffröhren und in Energiesparlampen dient das radioaktive Edelgas Krypton-85, das Elektronen emittiert, in geringen Mengen als Starthilfe zum Ingangsetzen der Gasentladung.
– Frisch bestrahlte Lebensmittel auf dem Tisch? In Frankreich, Großbritannien, Italien, Dänemark und in den Niederlanden werden schon seit Jahren Kartoffeln, Zwiebeln, Gewürze, Kräuter, Knoblauch, Eierspeisen, Hähnchenfleisch und Krustentiere mit Kobalt-60 oder Caesium-137 bestrahlt (Abb. ➤ 4). Mit dieser Maßnahme soll die Keimfähigkeit gehemmt und der Befall mit Mikroorganismen eingedämmt werden. Die Ware bleibt länger haltbar und lagerfähig. In Deutschland ist man gegen die Bestrahlung von Grundnahrungsmitteln wie Obst, Kartoffeln, Fleisch und Gemüse, weil bisher nicht alle gesundheitlichen Bedenken ausgeräumt werden konnten. So verändern sich Fettsäuren durch radioaktive Strahlung und Vitamine werden teilweise zerstört.
– Radioaktivität in der Nähe von Kernkraftwerken: Bei der Kernspaltung entstehen radioaktive Edelgase wie z. B. Krypton-85 und Xenon-133. Diese Gase und Aerosole der Raumluft aus dem Reaktorgebäude werden über den Abluftkamin ins Freie geleitet. Dadurch tritt in der Nähe von Kernkraftwerken eine erhöhte Strahlungsbelastung auf. Die Radiotoxität dieser Elemente ist äußerst gering. Auf ein aufwendiges Rückhaltesystem wird deshalb verzichtet. Zur Zeit ist die mittlere Strahlenbelastung der Bundesbürger durch Kernkraftwerke kleiner als 0,01 mSv pro Jahr.

4 Radioaktiv behandelt oder nicht? Für deutsche Verbraucher soll eine Kennzeichnungspflicht Transparenz schaffen.

Umweltbelastung durch Lärm

3 Schaum dämpft Schall.

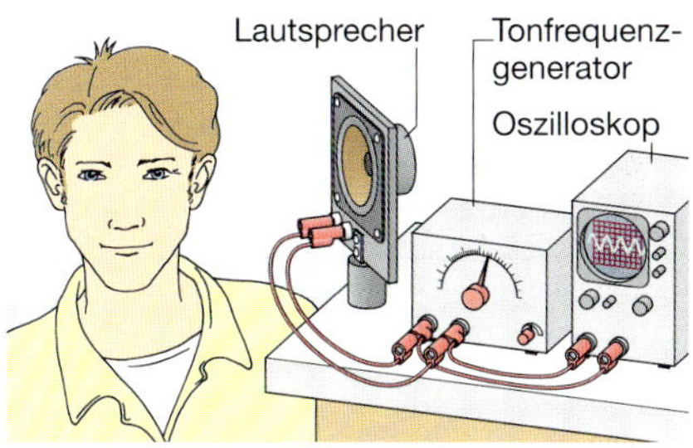

1 Ermitteln des Lautstärkeempfindens

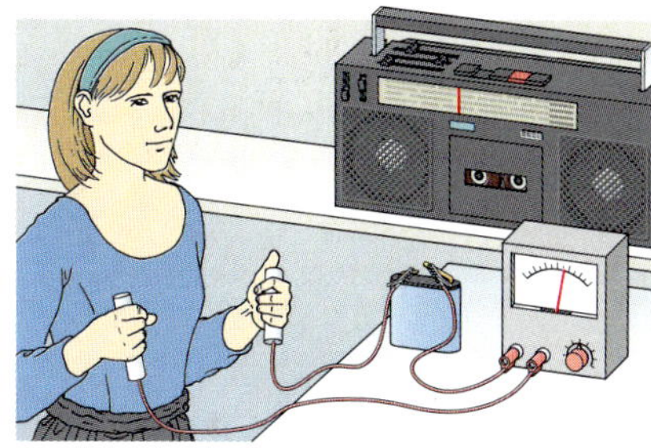

2 Eine Art „Stressdetektor“

① Mit einem Tonfrequenzgenerator werden fünf Töne mit unterschiedlicher Frequenz erzeugt, deren Amplituden auf einem Oszilloskop gleiche Werte anzeigen (Abb. ➤ 1). Kreuzen Sie in einer Tabelle an, wie laut sie die einzelnen Töne empfinden!

Lautstärke-empfinden	*1. Ton 250 Hz*	*2. Ton 500 Hz*	*3. Ton 1 kHz*	*4. Ton 5 kHz*	*5. Ton 10 kHz*
sehr laut laut mittel leise sehr leise					

② Mit einem Schallpegelmesser werden an verschiedenen Orten die Geräusche (Lärm) der Umgebung gemessen. Hauptverkehrsstraße: 80 dB(A), Presslufthammer: 120 dB(A), Kreissäge: 105 dB(A), Güterzug: 80 dB(A), Telefonklingel: 65 dB(A).

③ Eine Batterie und ein empfindliches Strommessgerät bilden mit der Versuchsperson einen Stromkreis (Abb. ➤ 2). Wird die Lautstärke eines Radios erhöht, so verändert sich die Stromstärke.

④ Messen Sie Ihren Puls. Hören Sie per Kopfhörer laute Musik und andere laute Geräusche. Messen Sie alle drei Minuten Ihren Puls.

⑤ Lassen Sie Wasser in einen Eimer laufen, so hören Sie deutlich, wie der Wasserstrahl auf die Wasserfläche trifft. Schütten Sie etwas Spülmittel in den Eimer, so entsteht eine Schaumschicht, die das Geräusch vermindert (Abb. ➤ 3).

Lärm schädigt unser Wohlbefinden!

Aufheulende Motoren, startende Passagierjets, quietschende Bremsen von Zügen, Rasenmäher usw. sind akustische Erscheinungen unserer modernen Umwelt (Abb. ➤ 4). Eine repräsentative Umfrage von über 500 000 Einwohnern der Bundesrepublik Deutschland ergab, dass 50 % der Großstadtbewohner über zu hohen Straßenlärm und 40 % über Fluglärm klagen. Schienenlärm, Lärm aus der Industrie und Gewerbe belästigen die Bevölkerung deutlich weniger. Die menschlichen Reaktionen auf Lärm sind jedoch unterschiedlich! Wie kann Lärm objektiv messend erfasst werden? Welche gesundheitlichen Schädigungen treten durch Lärmeinwirkungen beim Menschen auf?
Lärm ist jede Art von Schall, den ein Mensch als störend oder sogar schmerzhaft empfindet. Man kann daher Lärm als „unerwünschten Schall“ bezeichnen.

4 Die lärmende Umwelt wirkt auf den Menschen ein!

Die Empfindungen von Lärm sind sehr unterschiedlich und hängen unter anderem von der Einstellung des Hörers ab. In Diskotheken und Jazzkellern z. B. werden besonders hohe Lautstärken von den Zuhörern nicht als störend empfunden. Das Lärmempfinden wird außerdem davon beeinflusst, wie häufig ein Lärmereignis auftritt. Lärm ist jedoch nicht nur eine unangenehme Störung, sondern beeinträchtigt auch erheblich die Gesundheit des Menschen (Abb. ➤ 1).

Um Schädigungen durch Lärm einschätzen zu können, hat man folgende Klassifizierung vereinbart:

- Lärmstufe 1: 35 – 65 dB(A), psychische Beeinträchtigung, z. B. der Konzentrationsfähigkeit.
- Lärmstufe 2: 65 – 85 dB(A), psychische und physische Störungen, vorwiegend im Bereich des vegetativen Nervensystems (Nervosität, Herz- und Kreislaufbeschwerden, Verdauungsstörungen, Kopfschmerzen, Schlaflosigkeit, allgemeine Leistungsabnahme).
- Lärmstufe 3: 85 – 120 dB(A), bei Dauereinwirkung irreversible Lärmschwerhörigkeit möglich.
- Lärmstufe 4: über 120 dB(A), unmittelbare Schädigung der Nervenzellen des Gehörorgans.

Hörschäden können auch durch zu laute Musik eintreten, die in Diskotheken oder über Walkmangeräte gehört wird. Eine an 2000 jungen Männern durchgeführte Untersuchung des Bundesgesundheitsministeriums weist nach, dass über 24 % der untersuchten Personen durch zu laute Musik deutlich messbare Gehörschäden im Frequenzbereich zwischen 2 kHz und 6 kHz aufweisen.

Was richtet Lärm im Innenohr an?

In der Schnecke des Innenohres befinden sich etwa 19 000 Hörsinneszellen (Haarzellen), die über Nerven mit dem Gehirn in Verbindung stehen. In der Schnecke des Innenohres wird die Schallwelle wie eine Brandungswelle gebrochen und erregt die Haarzellen (Abb. ➤ 2). Damit die empfindlichen Haarzellen ständig einsatzbereit sind, müssen sie gut durchblutet sein. Bei anhaltender Stimulierung der Haarzellen durch starken Lärm werden einige Sinneszellen direkt zerstört oder die Durchblutung wird gestört, wodurch ebenfalls Haarzellen absterben können. Abgestorbene Haarzellen können nicht nachwachsen. Fallen viele Haarzellen aus, wird man schwerhörig oder taub.

Lärmbekämpfung im Straßenverkehr

Vor Lärm kann und muss man sich im Interesse der eigenen Gesundheit schützen. Lärmverringerung im Straßenverkehr von Wohngebieten kann durch folgende Maßnahmen realisiert werden:

1. Mit Umgehungsstraßen kann der Durchgangsverkehr von Innenstädten und Ortskernen ferngehalten werden.
2. Durch Parkanlagen, Bäume und Sträucher kann viel Lärm absorbiert werden.
3. Durch Geschwindigkeitsminderung von 50 km h^{-1} auf 30 km h^{-1} in Wohgebieten sinkt der Lärmpegel um 3 dB (A). Daher gibt es heute in den Wohngebieten Tempo-30-Zonen (Abb. ➤ 3).
4. Beim Bau von Straßen ist besonders auf eine glatte Oberfläche und auf den Einsatz von geräuscharmen Fahrbahnbelägen zu achten.
5. Entlang vieler Bundesstraßen und Autobahnen, die durch dicht besiedelte Wohngebiete führen, stehen hohe Wände oder Wälle (Abb. ➤ 4). Lärmschutzwände reflektieren einen großen Teil des auftreffenden Schalls. Nachteilig wirkt sich aus, dass der Schall an den Kanten gebeugt wird. Diese Erscheinung tritt umso stärker auf, je größer die Wellenlänge des Schalls ist. Langwelliger Schall (tiefe Frequenzen) lässt sich wegen der Beugung der Schallwellen nur schlecht abschirmen. Um einen wirksamen Schallschutz zu erzielen, muss die Schutzwand wesentlich länger sein als die Wellenlänge des Schalls. Tieffrequenter Schall ist besonders energiereich, aus diesem Grunde müssen die Abschirmungen besonders massiv sein. Da hochfrequenter Schall in der Luft schneller als tieffrequenter absorbiert wird, hat der tieffrequente Schall eine größere Reichweite. So vernimmt man von einem weit entfernten Gewitter nur ein tiefes Donnergrollen.
6. Der Straßenlärm, der durch Kraftfahrzeuge entsteht, kann insbesondere durch folgende Maßnahmen erheblich reduziert werden:

1 Nicht nur die absolute Lautstärke schädigt das Gehör, sondern auch die Dauerbelastung.

3 Tempo 30 verursacht nur halb soviel Lärm!

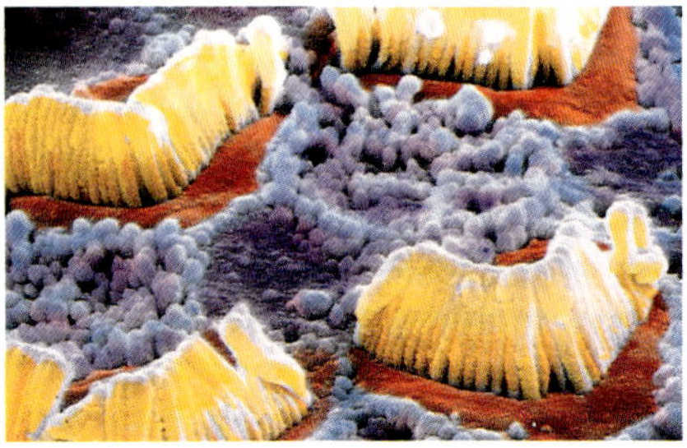

2 Haarzellen

4 Lärmschutzwand

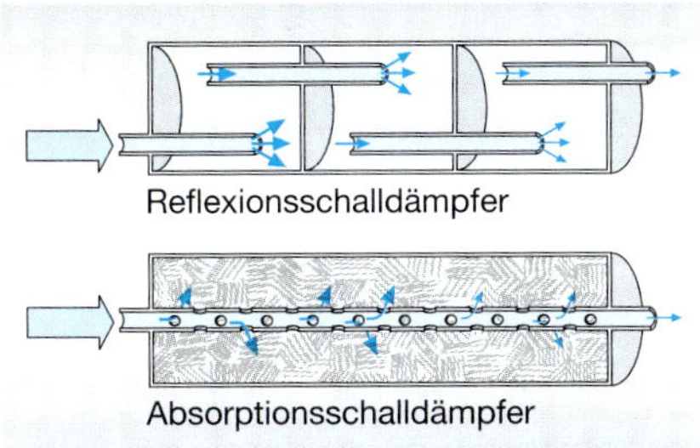

1 Blick in verschiedene Schalldämpfer

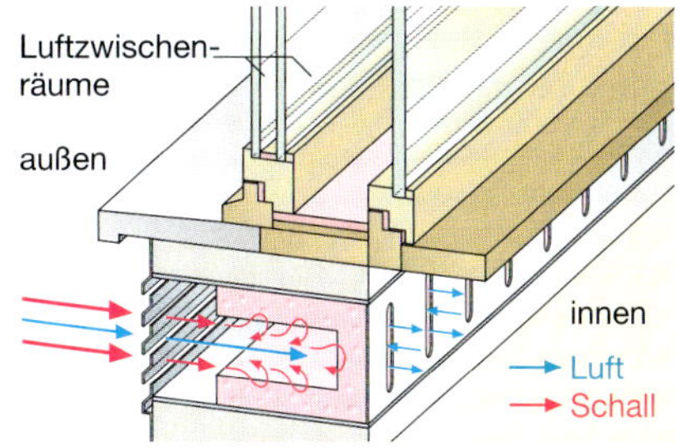

2 Aufbau eines Schallschutzfensters

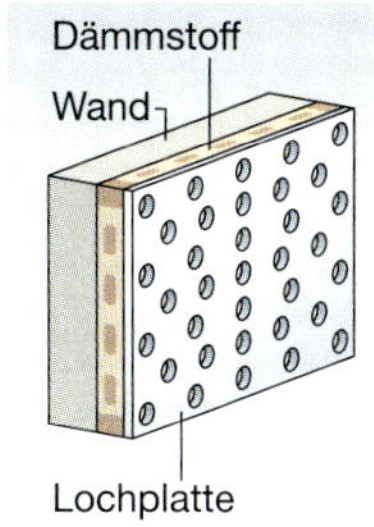

3 Schallschluckende Lochplattenfläche

– Verkapslung von Dieselmotoren mit schalldämmenden Materialien.
– Einsatz von geräuscharmen Bereifungen bei allen Fahrzeugen.
– Einsatz von Schalldämpfern in Auspuffanlagen, die den internationalen Normen entsprechen. In guten Schalldämpfern wird die Schallenergie beim Durchlaufen der Kammern größtenteils in thermische Energie umgesetzt (Abb. ➤ 1).

Lärmschutz in Wohn- und Büroräumen

– Mit dreifach verglasten Schallschutzfenstern (Abb. ➤ 2) werden Wohnungen an Haupverkehrsstraßen ausgestattet. Sie dämmen den Schall genauso gut wie das Mauerwerk.
– Von den Wänden eines Raumes wird der Schall hin- und herreflektiert. Dadurch entsteht ein Nachhall, der außerordentlich störend wirken kann. Will man den Nachhall insbesondere in Büro- oder Arbeitsräumen verringern, so benutzt man Lochplattenflächen (Abb. ➤ 3). Der Schall dringt durch die Lochplatte und wird im Dämmstoff absorbiert. Die Schallenergie wird größtenteils in thermische Energie umgesetzt. Durch diese Wandverkleidung kann man Reflexion und Nachhall fast völlig beseitigen. In einem solchen Raum klingen die Stimmen wie auf freiem Feld, wo ebenfalls ein Nachhall kaum registriert wird.

Lärmminderung durch Antischall

Das Prinzip des Antischalls beruht auf der Überlagerung akustischer Wechselfelder mit einer Phasenverschiebung von 180° (Abb. ➤ 4).

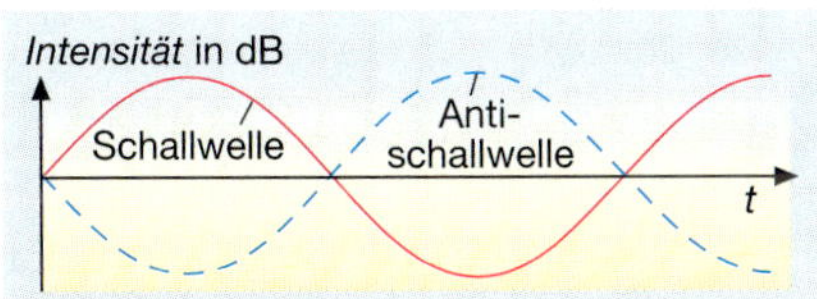

4 Prinzip Antischall

Die zu kompensierende Schallwelle wird durch ein Mikrofon erfasst und dessen Signal in einen elektrischen Wandler eingespeist, der ein um 180° phasenverschobenes Gegensignal erzeugt. Dieses Signal wird von einem Lautsprecher abgestrahlt. Nach dem Huygens'schen Prinzip kann man das von der Schallquelle erzeugte Schallfeld dadurch nachbilden, dass auf einer Hüllfläche um die Primärquelle eine Anzahl von Sekundärquellen angeordnet wird (Abb. ➤ 5). Lässt man diese Sekundärquellen Schall mit gleicher Frequenz und Amplitude, aber um 180° gedrehter Phase abstrahlen, so heben sich die Schallfelder außerhalb der Hüllfläche gegenseitig auf. Hier werden die Schwierigkeiten bei der praktischen Realisierung der Lärmminderung durch Antischall erkennbar. Für eine vollständige Auslöschung müßte man unendlich viele Sekundärquellen einsetzen, um eine exakte Nachbildung des primären akustischen Feldes zu realisieren. Nach dem heutigen Stand der Technik werden Antischallsysteme in Kopfhörern von Propellerflugzeug- und Hubschrauberpiloten, in KFZ-Innenräumen von Luxuslimousinen und in Flugzeug sowie Schiffskabinen erfolgreich eingebaut. In Fahrzeugkabinen werden durch Antischall lediglich die Motorgeräusche gedämpft (Abb. ➤ 6).

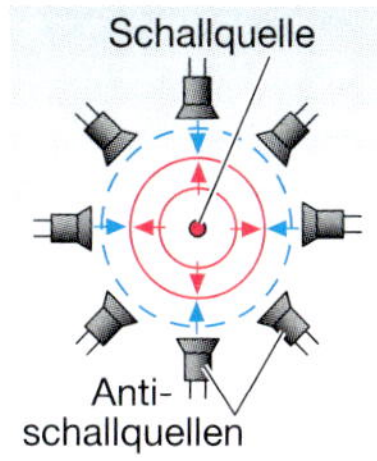

5 Anordnung von Antischallquellen um eine Primärschallquelle

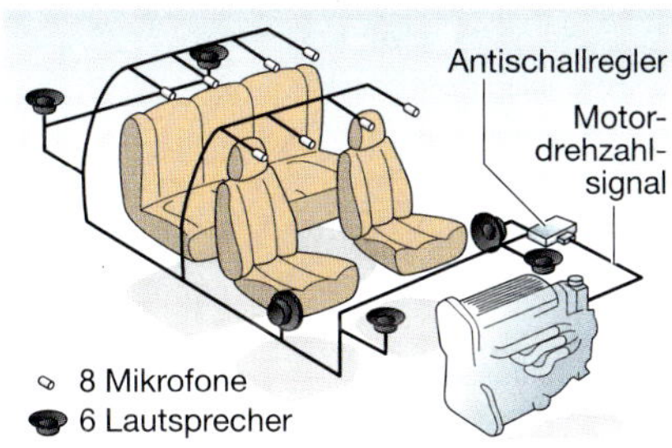

6 Antischall-System für Pkw's

1. Beispiel: Intensität der UV-Strahlung

Je intensiver die Sonne strahlt, umso höher ist die Belastung der Haut durch UV-Strahlung. Nennen Sie wesentliche Faktoren, von denen die Intensität der UV-Strahlung abhängig ist!

Lösung:
Einfallswinkel der Sonnenstrahlung, Bewölkungsgrad, Ozongehalt der Atmosphäre, atmosphärische Trübung, geographische Breite des Beobachterstandpunktes, Höhenlage, Jahres- und Tageszeit, Erdoberfläche (Schnee, Eis, Sand).

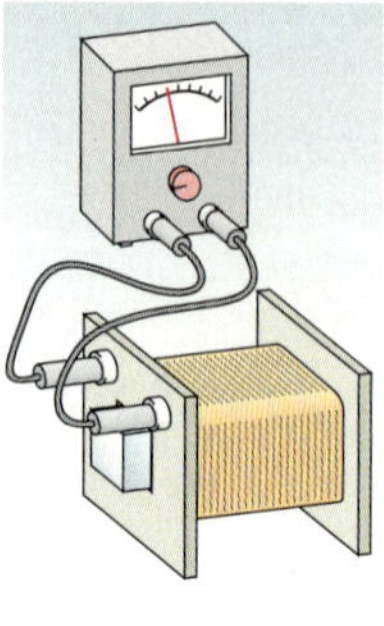

4 Magnetfeldmessgerät

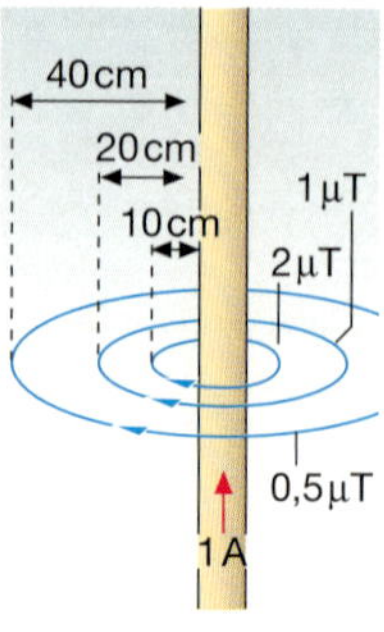

5 Magnetische Flussdichten B

2. Beispiel: Ausmessen elektrischer Wechselfelder

Eichen eines Wechselspannungsgerätes als elektrischen Feldmesser für elektrische Wechselfelder!

Lösung:
An einem Pol eines empfindlichen Messgerätes für Wechselspannung wird eine kurze Stabantenne (steifer Kupferdraht von 8 cm Länge) angeschlossen (Abb.➤1). Der andere Pol wird geerdet. Das Messgerät wird zwischen zwei Kondensatorplatten mit variablem Plattenabstand gelegt (Abb.➤2). Die Plattenlängen des Kondensators betragen 0,5 m. Die Quelle für Wechselspannung und eine Platte des Kondensators werden geerdet. Ein Schutzwiderstand von 1 MΩ macht die obere Platte gegen Berührung ungefährlich. Der Plattenabstand d wird im Bereich zwischen 15 cm und 30 cm variiert. Die angelegte Spannung U_0 beträgt 250 V. Im Plattenkondensator wird ein elektrisches Wechselfeld erzeugt, dessen elektrische Feldstärke annähernd durch die Gleichung $E_0 = U_0/d$ berechnet werden kann (Abb.➤3).

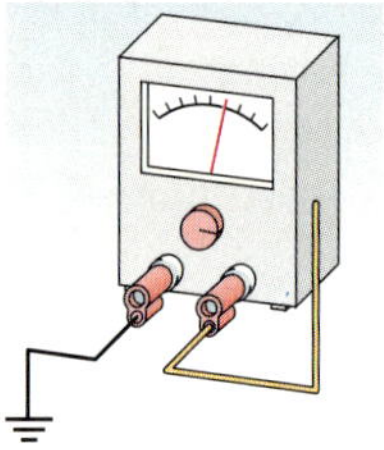

1 Messgerät für die elektrische Feldstärke

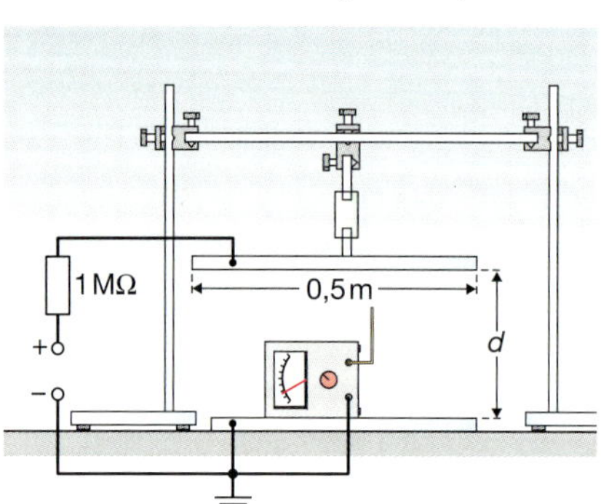

2 Experimenteller Aufbau zur Eichung eines elektrischen Feldmessers

3. Beispiel: Ausmessen magnetischer Wechselfelder

Eichen eines Wechselspannungsgerätes als magnetischer Feldmesser für magnetische Wechselfelder.

Lösung:
Ein Vielfachmessgerät mit hoher Wechselspannungsempfindlichkeit und aufgesteckter Spule bildet ein einfaches Magnetfeldmessgerät (Abb.➤4). In unmittelbarer Nähe einer Leitung, in der ein Wechselstrom von 1 A ist, wird in der Spule eine Wechselspannung induziert. Die magnetische Flussdichte B, die ein gerader, den Strom I führender Leiter im Abstand r erzeugt, ist gegeben durch $B = \mu_0 \cdot I/(2\pi \cdot r)$, wobei $\mu_0 = 1{,}26 \cdot 10^{-6}\,\text{VsA}^{-1}\text{m}^{-1}$.
Für $I = 1\,\text{A}$ und $r = 0{,}2\,\text{m}$ ergibt sich $B = 1\,\mu\text{T}$. Für Schülerübungsspulen beträgt der mittlere Wicklungsquerschnitt bei 1600 Windungen ca. $2{,}8 \cdot 2{,}8\,\text{cm}^2 \approx 8 \cdot 10^{-4}\,\text{m}^2$. Mit Hilfe der Gleichung $U_{i,eff} = N \cdot A \cdot \omega \cdot B$ wird mit $f = 50\,\text{Hz}$ und $B = 1\,\mu\text{T}$ die induzierte Spannung $U_i = 0{,}4\,\text{mV}$ berechnet. Es gilt für diese Spule $1\,\text{mV} \triangleq 2{,}5\,\mu\text{T}$ (Abb.➤ 5).

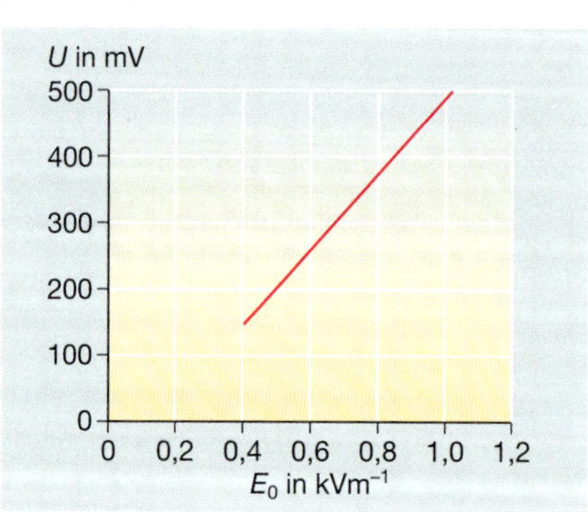

3 Eichdiagramm des elektrischen Feldmessers

4. Beispiel: Altersbestimmung mit Hilfe radioaktiver Nuklide

Mit Hilfe eines Geiger-Müller-Zählrohres wurde eine Aktivität von 11 Imp./min eines ein Gramm schweren hölzernen Gegenstandes aus einer ägyptischen Pyramide gemessen. Wie alt ist der Gegenstand?

Lösung:
In allen lebenden Organismen bildet sich ein konstantes Verhältnis von $^{14}_{6}C$- zu $^{12}_{6}C$-Atomkernen heraus. Dieses Verhältnis beträgt $1{,}5 \cdot 10^{-12}$. Stirbt das Lebewesen ab, sinkt der $^{14}_{6}C$-Gehalt nach dem Zerfallsgesetz. Die $^{14}_{6}C$-Konzentration ist proportional zur $^{14}_{6}C$-Aktivität. In einem Gramm Kohlenstoff eines lebenden Organismus misst man eine Aktivität von 16 Imp./min.

Gegeben: $A = 11$ Imp./min; $A_0 = 16$ Imp./min; $T_{1/2} = 5730\,\text{a}$ Gesucht: t

$$A(t) = A_0 \cdot e^{-\ln 2 \cdot t / T_{1/2}} \Rightarrow$$

$$t = \frac{\ln \frac{A_0}{A(t)} \cdot T_{1/2}}{\ln 2} = \frac{\ln \frac{16}{11} \cdot 5730\,\text{a}}{\ln 2} = 3098\,\text{a}$$

Versuche

1 Messen Sie mit Hilfe eines Messgerätes für Wechselspannung (Beispiel 2) das elektrische Feld
a) in 30 cm Entfernung von folgenden eingeschalteten Haushaltsgeräten: Toaster, Staubsauger, Kochplatte, Glühlampe, Bügeleisen, Mikrowelle, Haarföhn, Kühlschrank.
b) unter Hochspannungsleitungen in verschieden Abständen d von der Erdoberfläche ($d_{max} = 8$ m).
Werden die gesetzlich festgelegten Grenzwerte überschritten?

2 Messen Sie mit Hilfe eines wie in Beispiel 3 geeichten Messgerätes das magnetische Feld
a) in 10 cm Entfernung von den in ***1a)*** genannten Haushaltsgeräten
b) wie in ***1b)*** beschrieben unter Hochspannungsleitungen.

3 Sammeln Sie Pilze (Maronen). Bestimmen Sie zunächst den Nulleffekt. Halten Sie anschließend das Zählrohr im Abstand von 1 cm über die Maronen und bestimmen Sie die Zählrate pro Minute. Erläutern Sie Ihr Messergebnis!

4 Untersuchen Sie mit Hilfe eines Schallpegelmessers wie stark eine Schallschutzwand an einer Autobahn den Verkehrslärm reduziert! Messen Sie den Schallpegel in 10 m, 20 m, 30 m, 40 m, 50 m, 100 m und 500 m an einem Autobahnabschnitt mit und ohne Schallschutzwand.

5 Nach heutigem Stand der Erkenntnisse über den Lärmschutz an Straßen stellt Verkehrslärm eine unzumutbare Beeinträchtigung der Menschen dar, wenn folgende Lautstärkepegel überschritten werden:

Bebauungsart	***Tag***	***Nacht***
reine Wohngebiete	59 dB (A)	49 dB (A)
Gewerbegebiete	69 dB (A)	59 dB (A)
Kleingärten, Friedhöfe und Parkanlagen	55 dB (A)	55 dB (A)
Dorfgebiete und Mischgebieten	64 dB (A)	54 dB (A)
an Krankenhäusern und Schulen	57 dB (A)	47 dB (A)

Überprüfen Sie mit Hilfe eines Lautstärkepegelmessers, ob diese Werte in Ihrem Wohnort eingehalten werden!

Fragen

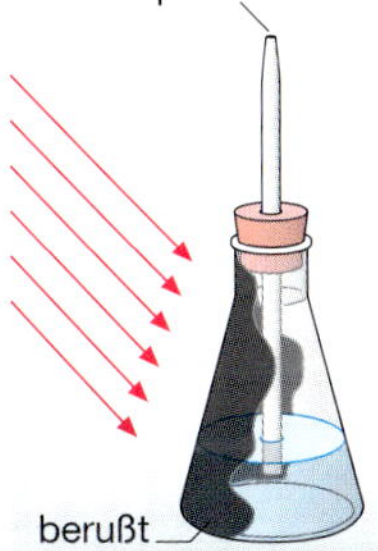

1 Sonnenbrunnen

Strahlung von der Sonne

1 Nennen Sie wesentliche Bestandteile der Sonnenstrahlung außerhalb der Atmosphäre und an der Erdoberfläche!

2 Erläutern Sie, welcher Anteil des Sonnenspektrums bei dem Experiment in (Abb.➤1) wirksam wird!

3 Der infrarote Anteil des Sonnenspektrums kann mit Hilfe photoelektrischer Elemente wie z. B. Fotodiode, Fototransistor, Fotowiderstand oder Thermosäule nachgewiesen werden. Wie könnte eine Experimentieranordnung aussehen?

4 Nennen Sie wesentliche Eigenschaften der UV-Strahlung! Erläutern Sie Experimente zum Nachweis der Eigenschaften!

5 Erläutern Sie die biologische Wirkung der UV-Strahlung! Wie schützt sich der menschliche Körper vor der Wirkung der UV-Strahlung?
Welche positiven Wirkungen löst Sonnenbaden auf den Gesundheitszustand des Menschen aus?

6 Warum wird man auch im Schatten und bei bedecktem Himmel braun?

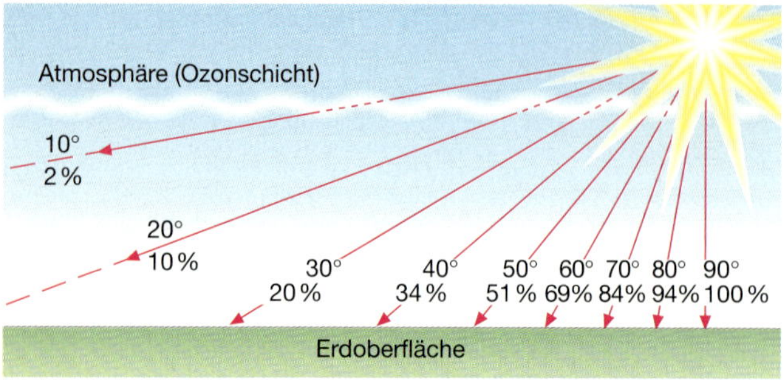

1 Bestrahlungsstärken in Abhängigkeit von der Sonnenhöhe

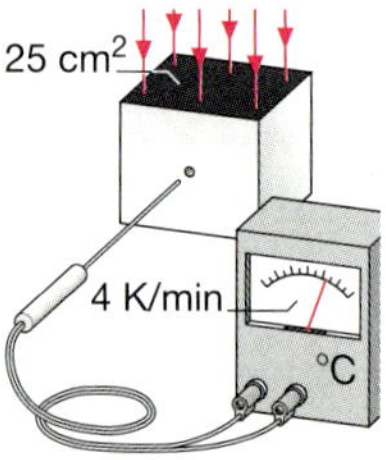

2 Nachweis der Energieübertragung durch Sonnenstrahlung

7 Abb. ➤1 stellt die Bestrahlungsstärke der UV-Strahlung in Prozent in Abhängigkeit von der Sonnenhöhe dar. Am 21. Juni hat die Sonne ihren höchsten Stand erreicht. In Mitteldeutschland sind das rund 60° und am 21. März bzw. 21. September nur noch 40°.
Welche Bestrahlungsstärken sind zu diesen Jahreszeiten zu erwarten?
Welche Strahlungsart der Sonne wird dabei vorrangig wirksam?

8 Die berußte Seite eines Aluminiumquaders der Masse *m* wird senkrecht von der Sonne beschienen (Abb.➤2). In der ersten Minute erwärmt sich der Würfel um ΔT. Welche Strahlungsart der Sonne wird vorrangig wirksam?

9 Die Reaktion der Haut auf die UV-Einwirkung ist individuell unterschiedlich. Generell reagieren Kinder – ebenso wie hellhäutige Menschen – sehr empfindlich gegenüber intensiver Sonneneinstrahlung. Begründen Sie vernünftiges Verhalten für diese Personen in der Sonne!
Welche Rolle spielen dabei Zeitdauer und Zeitpunkt eines Sonnenbades, Lichtschutzfaktoren von Sonnencreme, Einnahme von Arzneimitteln, Kosmetika und Kopfbedeckung?

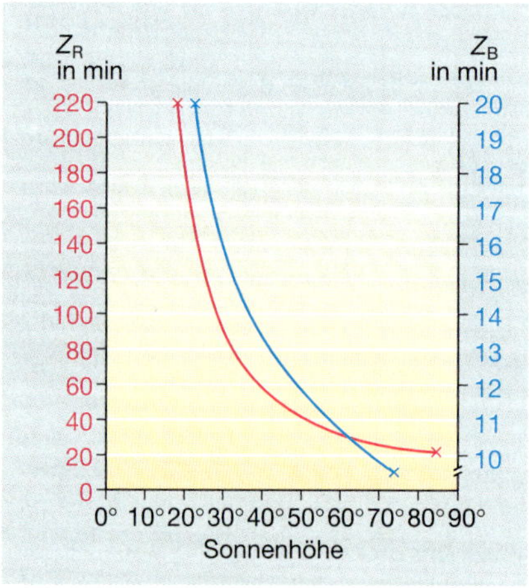

3 Bestrahlungszeiten für beginnende Hautbräunung Z_B und beginnende Hautrötung Z_R in Abhängigkeit von der Sonnenhöhe

10 In Abb. ➤3 sind empirisch ermittelte Werte für Bräunungszeiten Z_B und Zeiten bis zur Rötung der Haut Z_R bei verschiedenen Sonnenhöhen grafisch dargestellt. Unter welchen Voraussetzungen kann diese grafische Darstellung eine Orientierung für Sonnenbaden geben?

11 Warum sollte die Anzahl intensiver Bestrahlungen bis zur Rötung der Haut durch die Sonne bzw. Solarien auf allerhöchstens 50 pro Jahr beschränkt werden. Nennen Sie Merkmale der Spätfolgen intensiver UV-Bestrahlung!

Elektrosmog

12 Erläutern Sie den Begriff Elektrosmog!

13 Nennen Sie Quellen des elektrischen Feldes und erläutern Sie den Begriff der elektrischen Feldstärke!

14 Erläutern Sie wesentliche Eigenschaften und physiologische Wirkungen elektrischer Felder.

15 Erläutern Sie wesentliche Eigenschaften und physiologische Wirkungen magnetischer Felder!

16 Erläutern Sie Eigenschaften und physiologische Wirkungen niederfrequenter elektomagnetischer Wechselfelder?

17 Was verstehen Sie unter hochfrequenten Wechselfeldern?
Wozu werden sie in der Praxis eingesetzt? Welche physiologische Wirkungen können durch diese Felder im menschlichen Körper hervorgerufen werden?

18 Bei normalen Wetterbedingungen beträgt die natürliche elektrische Feldstärke $0{,}5\,\mathrm{kV\,m^{-1}}$. Bei einem 1,70 m großen Menschen müsste daher zwischen Kopf und Füßen eine Spannung von 850 V herrschen. Ist diese Spannung nachweisbar? Welche Rolle spielt dabei der Kontakt zur Erde und der Faraday'sche Effekt?

19 Am 6. 6. 1984 stürzte ein TORNADO-Kampfflugzeug bei München ab, als es in die Nähe eines 400 kW Senders geriet. Erläutern Sie den Einfluss des Senders auf die Bordelektronik des Flugzeuges!

20 Warum sollten Männer, die längere Zeit auf leistungsstarken Funkmessstationen arbeiten, in dieser Zeit keine Kinder zeugen?

21 Beschreiben Sie Experimentieranordnungen, mit deren Hilfe Sie elektrische, magnetische, niederfrequente und hochfrequente elektromagnetische Felder nachweisen können!

22 Warum muss zum Betrieb von Funktürmen und Sendemasten für die unterschiedlichen Funksysteme (Cityruf, Richtfunk, Betriebsfunk) eine Genehmigung der Regulationsbehörde für Telekommunikation und Post in Mainz vorliegen?

23 Zum qualitativen Nachweis von „Elektrosmog" im 50 Hz-Bereich eignet sich ein Versuchsaufbau, der aus einer Spule mit 15 000 Windungen, einem NF-Verstärker (z. B. Zählrohrverstärker) und einem Lautsprecher besteht (Abb. ➤1). Mit dieser Experimentieranordnung ist es möglich, stromführende Kabel in der Wand zu orten. Erläutern Sie die Funktionsweise dieser „Wünschelrute für Elektrosmog"!

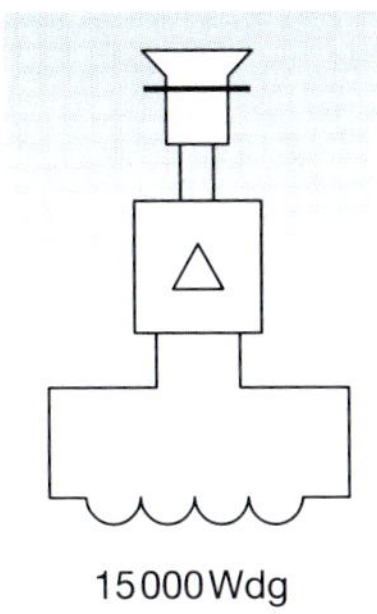

1 Gerät zum Aufsuchen von Elektrokabeln

Radioaktivität

24 1991 wurde in den Ötztaler Alpen eine mumifizierte Leiche (Ötzi) entdeckt. Bei Untersuchungen wurde eine aktuelle Aktivität von 10,8 Imp./min in einem Gramm Kohlenstoff gemessen. Wann lebte Ötzi?

25 In der Nähe eines jeden Kernkraftwerkes tritt eine erhöhte Radioaktivität auf. Worauf ist diese Erhöhung zurückzuführen und warum kann man sie nicht verhindern?

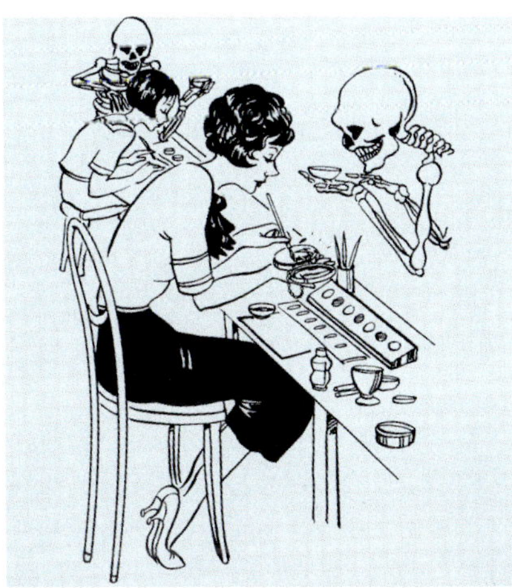

3 Anmerkung eines Künstlers zur Herstellung von Leuchtzifferblättern um 1920

Natürliche Radioaktivität im Menschen (70 kg) infolge

$^{40}_{19}K$	4500 Bq
$^{14}_{6}C$	3800 Bq
$^{87}_{37}Rb$	650 Bq
$^{210}_{82}Pb$, $^{210}_{83}Bi$, $^{210}_{82}Po$	60 Bq
$^{220}_{86}Rn$	30 Bq
$^{3}_{1}H$	25 Bq
$^{7}_{4}Be$	25 Bq
$^{222}_{86}Rn$	15 Bq
Sonstige	7 Bq
Summe	≈ 9100 Bq

Mensch ≈ 130 Bq/kg
Nahrung ≈ 40 Bq/kg

2 Natürliche Radioaktivität im Menschen

26 Misst man den Nulleffekt an verschiedenen Orten in Deutschland, so wird man unterschiedliche Messwerte erhalten. Warum gibt es keinen einheitlichen Nulleffekt in Deutschland, in Frankreich oder den USA?

27 In jedem menschlichen Körper sind radioaktive Nuklide enthalten (Abb.➤2). Erläutern Sie, wie diese einzelnen radioaktiven Stoffe in den menschlichen Körper gelangen! Warum kann es keinen absolut strahlungsfreien Körper geben?

28 Mit Hilfe eines Zählrohrmessplatzes wurde die Zählrate pro Minute von folgenden Stoffverbindungen gemessen. Der Nulleffekt betrug 18 Imp./min. Erläutern Sie die Messergebnisse!

Stoffverbindung	*Imp./min*
Kaliumchlorat	58
Kaliumpermanganat	44
Kaliumnitrat	46
Monazitsand	118
Kochsalz	20

29 Zu Beginn unseres Jahrhunderts wurde in einer medizinischen Zeitschrift folgendes Bild einer radiumverarbeitenden Fabrik veröffentlicht (Abb.➤3). Die Arbeiterinnen feuchteten die Malpinsel durch Lecken an und trugen anschließend Radiumverbindungen und Leuchtstofffarbe auf Zifferblätter von Uhren und Armaturen von Schiffen und Flugzeugen auf.
Warum malte der Künstler neben die Arbeiterinnen den Tod?

30 Nennen Sie Quellen der kosmischen und der terrestrischen Strahlenbelastung!

31 Warum tritt in abgeschlossenen Kellerräumen eine erhöhte Konzentration des radioaktiven Edelgases Radon auf?

32 Erläutern Sie die biologische Wirkung radioaktiver Strahlung. Erläutern Sie in diesem Zusammenhang die Begriffe stochastische und nichtstochastische Schäden!

33 Warum ist man im Hochgebirge und bei Polarflügen einer stärkeren kosmischen Strahlenbelastung ausgesetzt?

34 Wie entsteht radioaktiver Kohlenstoff in der Atmosphäre?

35 Nennen Sie Quellen radioaktiver Strahlung im zivilen Bereich!

Lärm

36 Von welchen Größen hängt das menschliche Lautstärkeempfinden ab?

37 Erläutern Sie die physikalische und physiologische Beschreibung des Schalls. Geben Sie Beispiele für Schallquellen an!

38 Was verstehen Sie unter den Begriff Lärm? Zu welchen gesundheitlichen Beeinträchtigungen bzw. Schädigungen kann Lärm führen?
Erläutern Sie insbesondere die biologischen Wirkungen des Lärms im Innenohr!

39 Welche Lärmarten werden von der Bevölkerung als besonders störend empfunden? Führen Sie eine Befragung in Ihrem Wohngebiet durch!

40 Erläutern Sie Maßnahmen zur Lärmbekämpfung im Straßenverkehr!
Wie kann man in Wohn- und Büroräumen Lärmschutz realisieren?

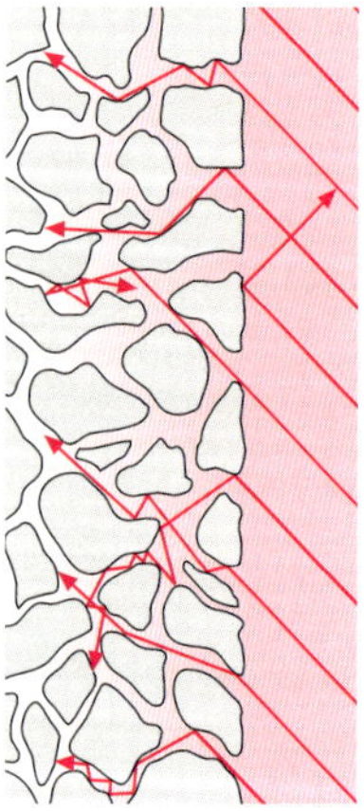

1 Schalldämpfung in porösen Stoffen

41 Von einer Kassette werden laute Geräusche (startendes Düsenflugzeug, anfahrender LKW, vorbeifahrender ICE u. ä.) bei einem mittleren Schallpegel von ca. 90 dB (A) abgespielt. Anschließend erklingt bei gleicher Lautstärke Diskomusik. Beschreiben Sie Ihre Schallempfindungen!

42 Der Verkehrslärm ist abhängig von der Verkehrsstärke Z (Anzahl der Fahrzeuge pro Zeiteinheit), der Geschwindigkeit v der Fahrzeuge, dem Abstand s von der Straße, der Höhe h des Messpunktes, der Straßenoberfläche O und der Straßensteigung $\tan\alpha = \Delta h / \Delta s$. Wie können Sie Zusammenhänge der genannten Größen messend erfassen und dokumentieren?

43 Großraumbüros werden zur Vermeidung von Lärm mit schallabsorbierenden Materialien wie z. B. Teppichböden, Styroporwänden und Lochplatten an der Decke ausgestaltet. Wieso dämpfen poröse Materialien den Schall besonders gut (Abb.➤1)? Welche physikalische Größe erschwert die Wahl geeigneter Absorptionsmaterialien ?

44 Betrachten Sie das Diagramm➤2 über den mittleren Lautstärkepegel in Abhängigkeit von der Verkehrszahl und dem LKW-Anteil.

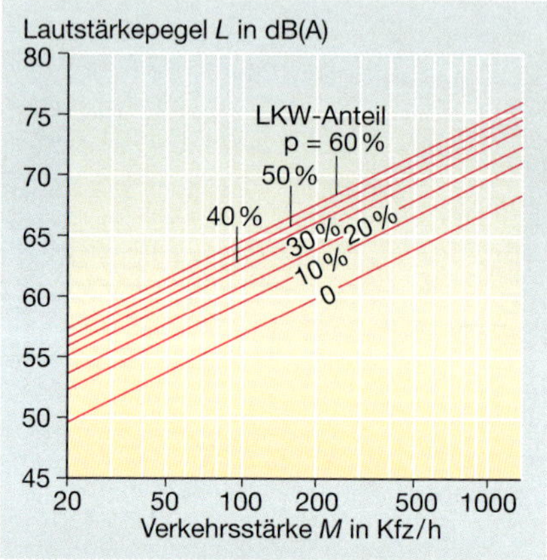

2 Mittlerer Lautstärkepegel L in dB (A) in Abhängigkeit von der Verkehrsstärke M und dem LKW-Anteil p in %, $v_{PKW} = 100\,\text{km}\,\text{h}^{-1}$, $v_{LKW} = 80\,\text{km}\,\text{h}^{-1}$.

a) Um wie viel dB(A) nimmt der Lautstärkepegel bei einer Verdopplung der Verkehrsstärke zu?
b) Welcher Lautstärkepegel ergibt sich bei einer Straße, auf der stündlich 400 LKWs und 2000 PKWs fahren (Abb.➤2)?
c) Stellen Sie die Lautstärkepegeländerung in Abhängigkeit von der zulässigen Höchstgeschwindigkeit für die verschiedenen LKW-Anteile grafisch dar!
d) Um wieviel dB (A) ändert sich der Lautstärkepegel, wenn für eine Straße mit 20% LKW-Anteil nur $70\,\text{km}\,\text{h}^{-1}$ erlaubt sind?

v_{max} in in $\text{km}\,\text{h}^{-1}$	70	80	90	100	110	120
ΔL für						
$p = 0$	−3,5	−2,5	−1,0	0	+1,0	+2,0
$p = 10$	−2,0	−1,0	−0,5	0	+0,5	+1,0
$p = 20$	−1,5	−0,6	−0,3	0	+0,4	+0,8
$p = 40$	−1,0	−0,3	−0,2	0	+0,2	+0,4
$p = 70$	−0,8	0	0	0	0	0

3 Lautstärkepegeländerung in Abhängigkeit von der zulässigen Höchstgeschwindigkeit und des LKW-Anteils p in %

Die Organsysteme des Menschen

Organsystem	... bestehend aus:	wichtige Aufgaben:
Haut	Haut- und Hautanhangsgebilde wie z. B. Haare, Nägel, Schweiß- und Duftdrüsen	• Hilft bei der Körpertemperaturregulation • Schützt Körper vor Außeneinflüssen • Scheidet Abfallstoffe aus • Unterstützt die Synthese von Vitamin D • Dient als Sinnesorgan für Temperatur, Druck und Schmerz
Bewegungs- und Stützapparat	den Knochen des Körpers (Skelett) mit den sie verbindenden Bändern, sowie den Sehnen und Muskeln	• Gibt dem Körper Stütze und Halt • Ermöglicht aktive Körperbewegung • Beherbergt das Knochenmark, das die Blutzellen bildet • Mineralspeicher • Aufrechterhaltung der Körperhaltung • Wärmeaustauscher
Nervensystem	Gehirn, Rückenmark, Nerven, Sinnesorgane (z. B. Augen und Ohren)	• Erfassung der Umwelt durch die Sinnesorgane • Steuerung und schnelle Regulation aller Körperaktivitäten durch Nervenimpulse • „Sitz“ der Psyche • Regulationszentrum für das innere Milieu
Hormonsystem	Drüsen und Gewebe, die Hormone und hormonähnliche Stoffe produzieren	• Langsame und mittelschnelle Regulation fast aller Aktivitäten des Körpers durch Verteilung der Hormone über das Blut
Immunsystem	Lymphbahnen, Lymphknoten, weiße Blutkörperchen, Milz und Mandeln	• Reinigung des Blutes von Fremdstoffen • Erkennung von körperfremden Stoffen und ihre Ausschaltung (z. B. Bakterien und Viren) • Immunologisches Gedächtnis (z. B. nach Impfung) • Unterstützung von Heilungsprozessen
Atmungssystem	Atemwege (Nase, Rachen, Kehlkopf, Luftröhre, Bronchien) und Lunge	• Bringt Sauerstoff zu den Lungenbläschen, wo er vom Blut aufgenommen wird • Transportiert Kohlendioxyd ab • Mitwirkung bei der Aufrechterhaltung des Säure-Basen-Gleichgewichts im Körper
Herz-Kreislauf-system	Blut, Herz, Blut- und Lymphgefäße	• Transportiert Sauerstoff und Nährstoffe zu den Zellen, Abtransport von Stoffwechselendprodukten • Regulation der Körpertemperatur • Verschluss von Blutungsquellen (Gerinnungs-system) • Aufnahme der Lymphe in den venösen Kreislauf
Verdauungs-system	Mund, Speiseröhre, Magen, Dünn- und Dickdarm, Leber und Bauchspeicheldrüse	• Verdauung und Resorption von Nährstoffen • Ausscheidung • Leber: Große chemische Synthesefabrik des Körpers, Blutreinigung, chemischer Fremdstoffabbau, Regulation des inneren Milieus
Exkretions-system	Nieren, Harnleiter, Harnblase, Harnröhre	• Produktion, Sammlung und Ausscheidung des Urins • Regulation des Flüssigkeits- und Elektrolythaushaltes • Aufrechterhaltung des Säure-Base-Gleichgewichtes • Mitwirkung bei der Blutdruckregulation
Fortpflanzungs-system	Geschlechtsorgane (Hoden, Nebenhoden, Prostata, Samenbläschen und Penis bzw. Eierstock, Eileiter, Gebärmutter und Scheide)	• Libido (Geschlechtstrieb) • Fortpflanzung des Organismus • Erhaltung der Art

entnommen aus Schäffler, Arne / Schmidt, Sabine (Hrsg.): MENSCH, KÖRPER, KRANKHEIT; Jungjohann Verlag, Neckarsulm 1993

Ergänzungsinformationen zum Thema Lärm

Angabe der Schallleistung, des Schalldrucks und des Schalldruckpegels bei unterschiedlichen Alltagsgeräuschen:

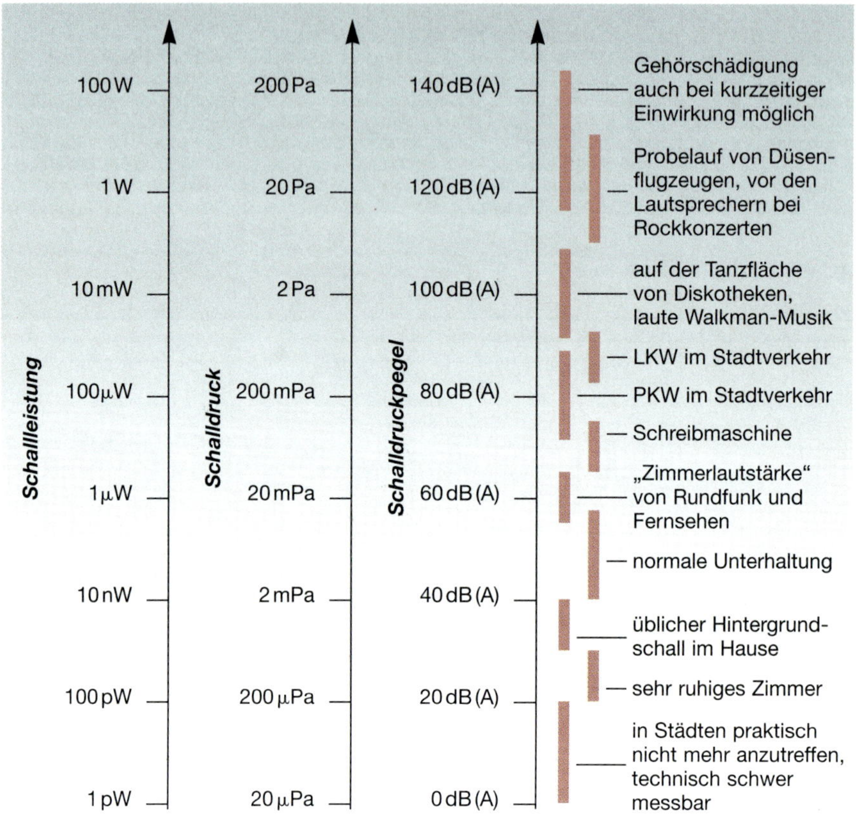

Hörminderungen bei häufigen und zu lauten Discothekbesuchen

Schallpegel in dB(A)	***Risiko für Hörminderung in % bei Stunden Aufenthalt pro Woche***				***Ausmaß der Hörminderung in dB***
	10	***20***	***30***	***40***	
120	94	95	95	95	10 und mehr
110	92	94	95	95	
100	60	75	95	96	
90	0	0	2	12	
120	78	82	84	85	30 und mehr
110	37	55	60	65	
100	0	0	2	5	

Risiko für 16-jährige Jugendliche für eine Hörminderung (bei 4 kHz) gemessen nach 5 Jahren bei häufigeren und zu lauten Diskothekbesuchen.

Nomogramm

Eine wesentliche Ursache für Bluthochdruck ist Übergewicht. Überprüfen Sie mit Hilfe einer Personenwaage und des Nomogramms Ihr Körpergewicht!

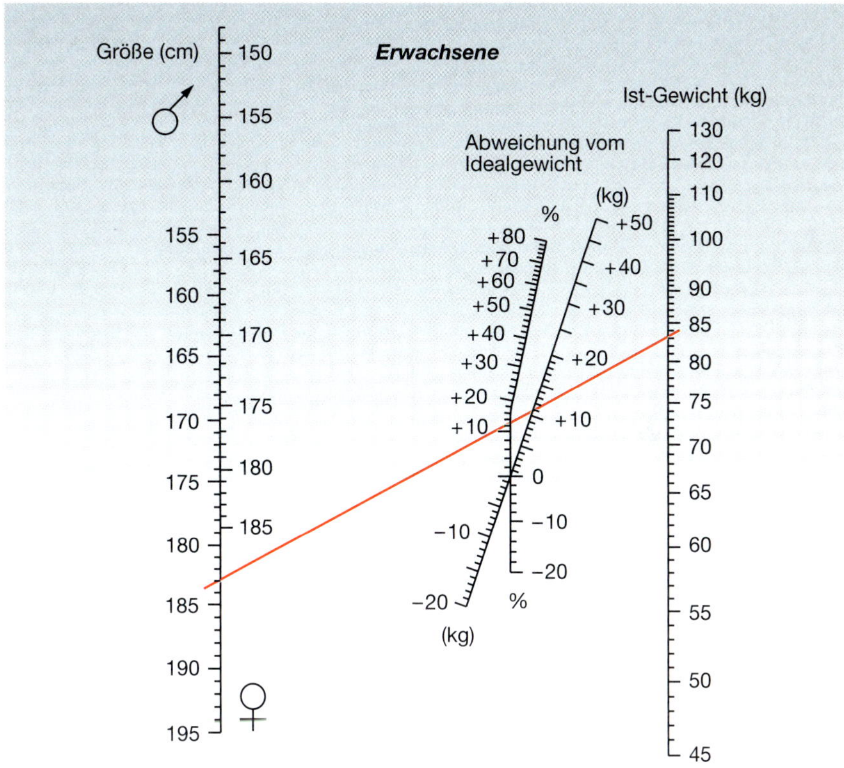

Beispiel: Mann, Größe: 183 cm, Ist-Gewicht: 83 kg ⇒ Abweichung vom Idealgewicht: 10 kg bzw. 12 %

UV-Index (UVI)

- Die UV-Strahlung wird spektral gemessen und hinsichtlich ihrer biologischen Wirkung bewertet.
- UV-Index ist ein Maß für die Stärke der sonnenwirksamen UV-Strahlung.
- Der UV-Index ist abhängig vom Sonnenhöchststand, von der geografischen Ortslage und der Jahreszeit.
- Der UVI wird in Zahlen von 1 – 12 angegeben.
- Der UV-Index ist international festgelegt, d. h. UVI in Kenia = UVI in Deutschland = UVI in Kanada.
- Der höchste UVI-Wert in Deutschland beträgt 8.
- Der UV-Index wird in folgende vier Bereiche eingeteilt:

UVI	***UV-Belastung***	***Sonnenbrand möglich***	***Schutzmaßnahmen***
8 und höher	sehr hoch	in weniger als 20 Minuten	unbedingt erforderlich
5 – 7	hoch	ab 20 Minuten	erforderlich
1 – 4	mittel	ab 30 Minuten	empfehlenswert
0 – 1	niedrig	unwahrscheinlich	nicht erforderlich

- Informationsmöglichkeiten: Bundesamt für Strahlenschutz; Tel. Nr.: 0130/822707 in den Monaten Juni, Juli und August.

Auswirkungen konstruktiver Maßnahmen auf Felder unter Freileitungen

Maßnahme	Elektrisches Feld	Magnetischen Feld	Bemerkungen
Höhere Maste	sinkt	sinkt	Nachteile für optisches Erscheinungsbild
Höhere Spannung Geringere Spannung	steigt sinkt	sinkt steigt	Annahme: gleiche Übertragungsleistung
Kompakte Bauweise	wenig Einfluss	sinkt	Zunahme der Korona-effekte, vor allem Geräuschbildung
Optimierung der Phasenanordnung	sinkt im Bereich der Leiterseile	sinkt im Bereich der Leiterseile	betriebliche Nachteile
Aufteilung auf mehrere Leitungen bzw. Systeme	unverändert	sinkt	mehr Leitungen
Bündelung von Leitungen	abhängig vom Aufbau, meist sinkend	abhängig vom Aufbau, meist sinkend	betriebliche Nachteile

Quelle: Informationszentrale der Elektrizitätswirtschaft e.V, Frankfurt/Main

Grenzwerte für elektrische und magnetische Felder

Sicherheitsvorschriften	Dauerexposition	Kurzzeitexposition
DIN VDE 0848, Teil 4, Oktober 1989	$20\,\text{kV}\,\text{m}^{-1}$ $5000\,\mu\text{T}$	$30\,\text{kV}\,\text{m}^{-1}$ bis 2 Stunden/Tag $7500\,\mu\text{T}$ bis 5 Minuten/Stunde
DIN VDE 0848, Teil 4, A 2, Dezember 1992	$7\,\text{kV}\,\text{m}^{-1}$ $400\,\mu\text{T}$	$10\,\text{kV}\,\text{m}^{-1}$ bis 6 Stunden/Tag $1000\,\mu\text{T}$ bis 6 Stunden/Tag
IRPA/WHO, Empfehlung	$5\,\text{kV}\,\text{m}^{-1}$ $100\,\mu\text{T}$	$10\,\text{kV}\,\text{m}^{-1}$ wenige Stunden/Tag $1000\,\mu\text{T}$ wenige Stunden/Tag

WHO: Weltgesundheitsorganisation, IRPA: Internationale Vereinigung für Strahlenschutz,
VDE: Verband Deutscher Elektrotechniker

Streubreiten von elektrischen und magnetischen Feldern

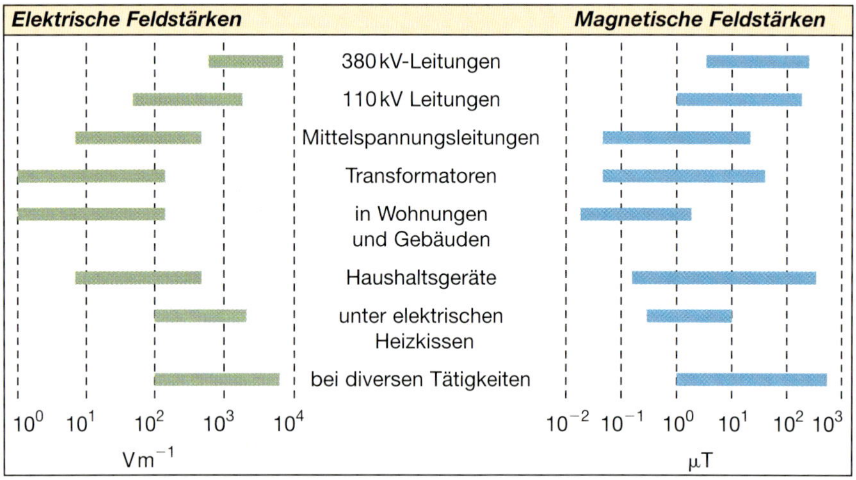

Einheiten der radioaktiven Strahlung

Aktivität

Nach dem schweren Reaktorunfall in Tschernobyl am 26. April 1986 stieg die Radioaktivität bei uns stark an. So nahm die Aktivität bei Milch – gemessen am radioaktiven $^{131}_{53}$Iod – von weniger als 20 Bq l^{-1} auf 750 Bq l^{-1} zu. Was heißt das?

Wenn ein Stoff radioaktive Strahlung aussendet, so finden in ihm Kernumwandlungen statt, deren Anzahl man z. B. mit dem Zählrohr als Impulsrate messen kann. Man definiert:

Die Aktivität *A* eines Körpers ist der Quotient aus der Anzahl ΔN der Kernzerfälle und der Zeit Δt.

$$A = \frac{\Delta N}{\Delta t}$$

Die Einheit der Aktivität ist 1 Bq ***(1 Becquerel)***. Es gilt:

$$1\,\text{Bq} = \frac{1\ \text{Kernumwandlung}}{1\ \text{Sekunde}}$$

Je kürzer die Halbwertszeit eines radioaktiven Isotopes ist, umso größer ist seine Aktivität.

Bis 1985 wurde als Einheit der Aktivität die Einheit ***1 Curie*** (1 Ci)verwendet. Es gilt:

$$1\,\text{Ci} = 37\,000\,000\,000\,\text{Bq}$$

Dieser Wert entspricht etwa der Anzahl der Zerfälle in 1 g Radium pro Sekunde.

Beispiel: An einer radioaktiven Quelle werden 1 200 Kernumwandlungen in 60 s festgestellt. Die Aktivität der Quelle beträgt

$$A = \frac{1\,200}{60\,\text{s}} = 20\,\text{Bq}.$$

Energiedosis

Radioaktive Strahlung ionisiert Atome. Für den einzelnen Ionisierungsvorgang ist eine bestimmte Energie notwendig. Man hat deshalb die Energie, die 1 kg eines Stoffes durch die Strahlung aufnimmt, als Maß für die ionisierende Wirkung der radioaktiven Strahlung festgelegt. Sie wird als Energiedosis bezeichnet.

Die Energiedosis *D* ist der Quotient aus der von der radioaktiven Strahlung abgegebenen Energie *E* und der Masse *m* des Körpers, der die Energie aufnimmt.

$$D = \frac{E}{m}$$

Die Einheit der Energiedosis ist 1 Gy ***(1 Gray)***. Es gilt:

$$1\,\text{Gy} = \frac{1\,\text{J}}{\text{kg}}$$

Je größer die Aktivität einer Strahlungsquelle ist, desto größer ist auch die Anzahl der Ionisierungsvorgänge im Stoff. Die Energiedosis nimmt daher mit der Aktivität zu.

In Wasser oder in tierischem Gewebe bewirkt die Energiedosis 1 Gy eine Änderung der Temperatur um knapp 0,001 K. Diese Temperaturerhöhung stellt nicht die eigentliche Gefahr der radioaktiven Strahlung dar. Die Gefahr besteht vielmehr in der Zerstörung von Atomen und Molekülen. Eine den ganzen Körper des Menschen treffende Strahlung mit 6 Gy führt fast sicher zum Tode.

Äquivalentdosis

Die biologische Wirkung radioaktiver Strahlung hängt nicht nur von der ionisierenden Wirkung, also der Energiedosis ab, sondern auch von der Strahlungsart. So ist 1 Gy α-Strahlung in der biologischen Wirkung mit 20 Gy β- oder γ-Strahlung gleich zu setzen, man sagt äquivalent.

Um die biologische Wirkung unterschiedlicher radioaktiver Strahlungsarten vergleichbar zu machen, verwendet man die Äquivalentdosis. Sie beschreibt die Strahlenbelastung unabhängig von der Strahlungsart.

Dazu muss die Energiedosis mit einem Qualitätsfaktor *Q* bewertet werden.

Die Äquivalentdosis D_q einer Strahlung ist das Produkt aus der Energiedosis *D* mit einem Qualitätsfaktor *Q*.

$$D_q = D \cdot Q$$

Die Einheit der Äquivalentdosis ist 1 Sv ***(1 Sievert)***. Es gilt:

$$1\,\text{Sv} = 1\,\frac{\text{J}}{\text{kg}}$$

Der Qualitätsfaktor *Q* ist ein Erfahrungswert. Man hat festgelegt:

für α-Strahlung: $Q_\alpha = 20$

für β-Strahlung: $Q_\beta = 1$

für γ-Strahlung: $Q_\gamma = 1$

für langsame Neutronen: $Q_n = 2{,}3$

für schnelle Neutronen: $Q_n = 10$

Die Bewertung für sehr kleine, aber über einen langen Zeitraum einwirkende Energiedosen ist noch umstritten.

Energiedosis 1 Gy

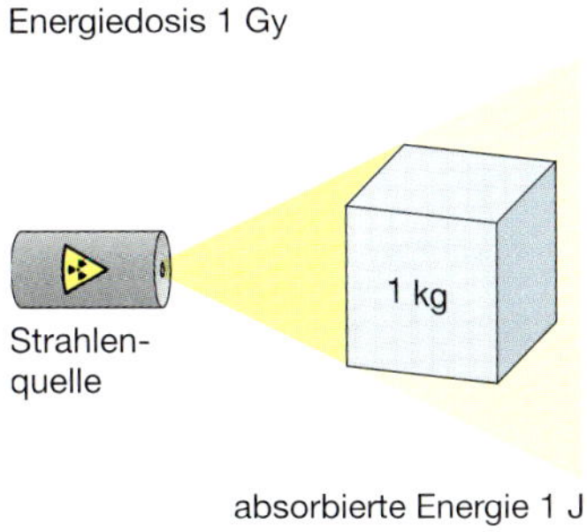

Äquivalentdosis

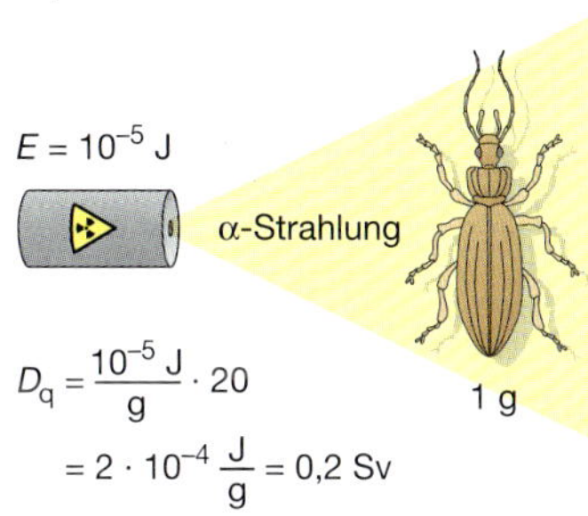

Äquivalentdosis

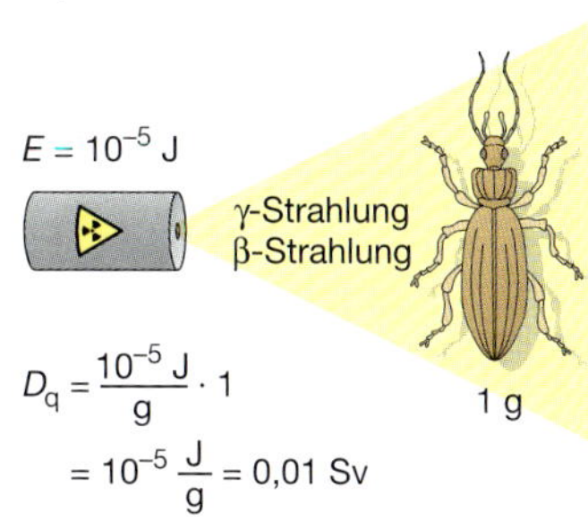

Natürliche Strahlenbelastung der Bevölkerung der Bundesrepublik Deutschland

Art der Strahlenbelastung	*Strahlungsquelle*	*Mittlere effektive Dosis in mSv a⁻¹*
Äußere Strahlenbelastung	Kosmische Strahlung – Solare Strahlung – Galaktische Strahlung – Extragalaktische Strahlung Ortsabhängigkeit • auf Meereshöhe • in 1000 m Höhe • in 3000 m Höhe	***0,3*** 0,3 0,4 1,2
	Terrestrische Strahlung – Radionuklide im Boden und Gesteinen wie z.B. $^{40}_{19}K$, $^{226}_{88}Ra$, $^{232}_{90}Th$, $^{238}_{92}U$, $^{235}_{92}U$ – Ortsabhängigkeit • Schleswig-Holstein, Niedersachsen, Bayern • Nordrhein-Westfahlen, Rheinland-Pfalz, Hessen • Saarland, bayerischer Wald, Erzgebirge	***0,6*** 0,5 0,8 1,1
Innere Strahlenbelastung	Strahlenbelastung durch Trinkwasser und Nahrungsmittel, die natürliche, radioaktve Nuklide enthalten, wie z. B. $^{40}_{19}K$, $^{14}_{6}C$, $^{137}_{55}Cs$, $^{226}_{88}Ra$, $^{232}_{90}Th$, $^{235}_{92}U$ Strahlenbelastung durch Einatmen von Radon und seinen Folgeprodukten	***0,4*** 1,1
	Gesamt	ca. ***2,4***

Durchschnittswerte der Dosisleistung der terrestrischen Strahlung und der Radonkonzentration in der Bundesrepublik Deutschland

Terrestrische Strahlung	im Freien in Gebäuden	60 $nSv\,h^{-1}$ 80 $nSv\,h^{-1}$
Radonkonzentration	in bodennaher Luft in Gebäuden	15 $Bq\,m^{-3}$ 50 $Bq\,m^{-3}$

Das Eindringen des radioaktiven Edelgases Radon in Wohnräume

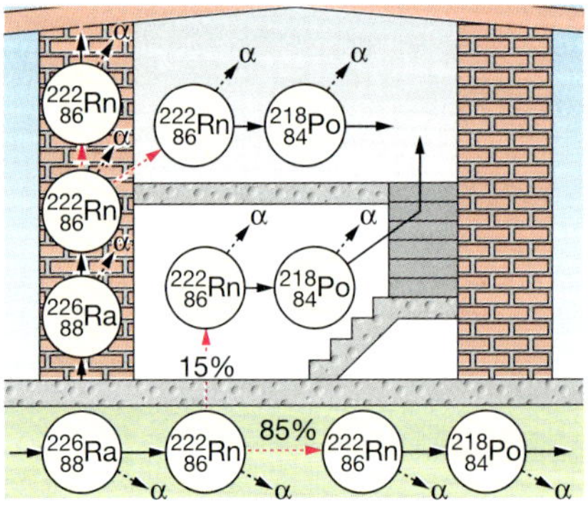

45,5 % der durchschnittlichen natürlichen Strahlenexposition kommt durch Einatmen von Radon-222 und dessen Zerfallsprodukten zustande.

Radon-222 entsteht durch Zerfälle im Erdinnern und in Baumaterialien unserer Häuser. Durch Risse im Fundament dringt es in Kellerräume ein.

Im Raum Schneeberg (Sachsen) wurden in unbelüfteten Kellerräumen bis zu 100 000 Zerfälle pro Kubikmeter Luft gemessen (100 000 $Bq\,m^{-3}$).

Strahlenbelastung im Alltag

Die Abbildung zeigt die mittlere effektive Dosis der Bevölkerung der Bundesrepublik Deutschland im Jahre 1992. Die durchschnittliche Strahlenbelastung der Bürgerinnen und Bürger beträgt rund 4 mSv im Jahr. Davon sind im Mittel 2,4 mSv natürlichen Ursprungs und rund 1,6 mSv entfallen auf zivilisatorische Quellen.

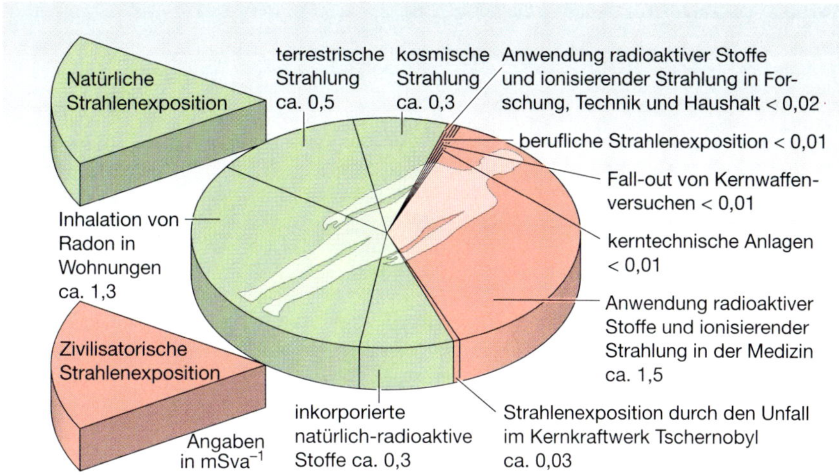

Mittelwerte der Strahlenbelastung bei einer einmaligen Röntgenuntersuchung

Organe	*einmalige effektive Dosis in mSv*
Zahn	ca. 0,01
Knochendichtemessungen	ca. 0,02
Gliedmaßen	ca. 0,05
Schädel	ca. 0,1
Brustkorb (Thorax)	ca. 0,1
Mammografie	ca. 0,5
Hüfte	ca. 0,5
Wirbelsäule	ca. 1
Becken	ca. 1
Bauchraum	ca. 1
Venen	ca. 2
Harntrakt	ca. 5
Galle	ca. 7
Magen	ca. 8
Niere	ca. 10
Darm	ca. 17
Schlagadern	ca. 20
Computertomografie Schädel	ca. 3
Computertomografie Wirbelsäule	ca. 10
Computertomografie Brustkorb	ca. 20
Computertomografie Bauchraum	ca. 27

Stichwortverzeichnis

Personenverzeichnis

Bildquellenverzeichnis

Einband: Lise Meitner: Bildarchiv Preußischer Kulturbesitz, Berlin

5.3 SILVESTRIS, Siegfried Kerscher, Kastl; – 5.4 Agentur FOCUS, Dr. R. P. Clark u. M. Goff, Hamburg; – 15.a BILDERDIENST SÜDDEUTSCHER VERLAG, München; – 15.b BILDERDIENST SÜDDEUTSCHER VERLAG, München; – 16.3 PHYWE SYSTEME, Göttingen; – 18.3 ADVANCED BIONICS GmbH, Merzig; – 21.1 ZEFA, Voigt, Düsseldorf; – 21.3 Agentur FOCUS, SPL, London, Hamburg; – 21.4 SUPERBILD ERIC BACH, RESO, Grünwald; – 21.5 OKAPIA, S. Camazine / NAS, Frankfurt am Main; – 25.1 Michael LUDWIG, Stuttgart; – 27.1 OKAPIA, Mc Intyre, Pr Science SC, Frankfurt am Main; – 31.4 MAURITIUS, Ripp, Mittenwald; – 31.5 ERNST KLETT VERLAG, Stuttgart; – 33.1 DEUTSCHES MUSEUM, München; – 33.2 DEUTSCHES MUSEUM, München; – 33.3 KEYSTONE Pressedienst GmbH, Hamburg; – 34.2 OKAPIA, NAS/C. Björnberg, Frankfurt am Main; – 34.3 OKAPIA, Dr. M. Klein / Peter Arnold, Frankfurt am Main; – 34.4 Agentur FOCUS, SPL, London, Hamburg; – 34.5 OKAPIA, S. Camazine / NAS, Frankfurt am Main; – 35.1 OKAPIA, L. Mulvehill, PR Science SC, Frankfurt am Main; – 37.5 Agentur FOCUS, SPL, London, Simon Fraser, Hamburg; – 38.1 ERNST KLETT VERLAG, Stuttgart; – 38.3 Jens WERLEIN, Schwäbisch Gmünd; – 40.2 Karl STORZ GmbH u. Co., Tuttlingen; – 40.3 SCHOTT, Mainz; – 41.1 MEDICAL TIMES, New York, USA; – 43.1 Agentur FOCUS, SPL, London, Secchi-Lecaque; Roussel-Uclaf /CNRI, Hamburg; – 43.2 IBM Deutschland, Informationssysteme GmbH; – 43.3 SUPERBILD ERIC BACH, Bernd Ducke, Grünwald; – 43.4 AKG Berlin; – 44.1 OKAPIA, Dan MC Coy / Rainbow, Frankfurt am Main; – 44.2 Prof. Dr. Frank BITTMANN, Potsdam; – 44.4 MAURITIUS, ACE, Mittenwald; – 50.1 Volker STEGER, Stuttgart; – 52,1 DEUTSCHES TECHNIKMUSEUM, Berlin; – 52.4 MAURITIUS, ACE, Mittenwald; – 54.1 OKAPIA, Omikron, PR Sience Source, Frankfurt am Main; – 56.1 BAVARIA, FPG, Gauting; – 58.1 Agentur FOCUS, SPL, London Secchi-Lecaque; Roussel-Uclaf /CNRI, Hamburg; – 58.3 Agentur FOCUS, SPL, London, Biophoto Associates, Hamburg; – 60.2 Prof. Dr. Hans J. MARKOWITSCH, Bielefeld; – 65.1 Helga LADE, B. Radelt, Fotoagentur, Frankfurt am Main; – 65.2 TRANSGLOBE Agency, Rolf Richardson, Hamburg; – 65.3 Agentur FOCUS, George Hall, Woodfin Camp, Hamburg; – 65.4 OKAPIA, H. Reinhard, Frankfurt am Main; – 67.3 ROEBILD, Röhrich; – 68.1 MAURITIUS, Pigneter, Mittenwald; – 68.4a – d Bundesamt für Strahlenschutz, Salzgitter; – 69.2 Agentur FOCUS, SPL, London, Hamburg; – 69.3 OKAPIA, Neufried, Frankfurt am Main; – 69.4 BAVARIA, TCL, Gauting; – 72.1 Gunter Klar, Konz-Könen; – 72.4 DEUTSCHES MUSEUM, München; – 73.3 Dr. Wieland MÜLLER, Potsdam; – 75.2 OKAPIA, John W. Warden, Frankfurt am Main; – 75.3 MAURITIUS, Ritschel, Mittenwald; – 75.5 BPK, Berlin; – 76.1 TRANSGLOBE Agency, Pilots (MR) Hamburg; – 76.2 MUSEUM für NATURKUNDE, W. Harre, Humboldt-Universität, Berlin; – 77.3 Gesellschaft für Strahlen- u. Umweltforschung, München; – 77.4 Gesellschaft für Strahlen- u. Umweltforschung, München; – 78.1 C. H. F. Müller, PHILIPS GmbH, Hamburg; – 78.2 Gerolf LIECKFELD, Jetzendorf – Badershausen; – 78.3 Hannelore PILS, Jetzendorf–Badershausen; – 78.4 WERKSTATT FOTOGRAFIE, Ginger Neumann – Thomas Zörlein, Stuttgart; – 80.1 Helga LADE, Fotoagentur, Bildart, Frankfurt am Main; – 80.2 Agentur FOCUS, SPL, London, Prof. P. Motta, Hamburg; – 80.3 Eckhard MÜLLER, Böbingen an der Rems; – 80.4 Helga LADE, Fotoagentur, Klaus Baier, Frankfurt am Main; – 85.1 Thomas NELSON and Sons Ltd, Andover, England.